AI影像辨識與
智慧裝置的必學組合

AIoT智慧物聯網與邊緣AI專題實戰

Node-RED+YOLO
+ESP32-CAM

陳會安 —— 著

**零基礎也能打造AI物聯網，用Node-RED整合
YOLO與LLM，全方位建構你的AIoT與邊緣AI應用！**

視覺化開發×無痛入門	整合主流AI技術與實作	完成AIoT跨領域整合專案
不需寫程式也能用 Node-RED 建置儀表板與REST API	從Teachable Machine、YOLO到LLM，掌握 AI 應用	ESP32-CAM 實作影像辨識與車牌識別的邊緣裝置

作　　者：陳會安
責任編輯：Cathy

董 事 長：曾梓翔
總 編 輯：陳錦輝

出　　版：博碩文化股份有限公司
地　　址：221 新北市汐止區新台五路一段 112 號 10 樓 A 棟
　　　　　電話 (02) 2696-2869　傳真 (02) 2696-2867

發　　行：博碩文化股份有限公司
郵撥帳號：17484299　戶名：博碩文化股份有限公司
博碩網站：http://www.drmaster.com.tw
讀者服務信箱：dr26962869@gmail.com
訂購服務專線：(02) 2696-2869 分機 238、519
（週一至週五 09:30 ～ 12:00；13:30 ～ 17:00）

版　　次：2025 年 7 月初版

博碩書號：MP32503
建議零售價：新台幣 680 元
Ｉ Ｓ Ｂ Ｎ：978-626-414-260-1
律師顧問：鳴權法律事務所 陳曉鳴律師

本書如有破損或裝訂錯誤，請寄回本公司更換

國家圖書館出版品預行編目資料

Node-RED + YOLO + ESP32-CAM：AIoT 智
慧物聯網與邊緣 AI 專題實戰 / 陳會安作 . --
初版 . -- 新北市：博碩文化股份有限公司，
2025.07
　面；　公分

ISBN 978-626-414-260-1(平裝)

1.CST: 人工智慧　2.CST: 物聯網　3.CST: 雲端運算

312.83　　　　　　　　　　　　　114009198

Printed in Taiwan

博 碩 粉 絲 團　歡迎團體訂購，另有優惠，請洽服務專線
　　　　　　　(02) 2696-2869 分機 238、519

商標聲明

本書中所引用之商標、產品名稱分屬各公司所有，本書引用純屬介紹之用，並無任何侵害之意。

有限擔保責任聲明

雖然作者與出版社已全力編輯與製作本書，唯不擔保本書及其所附媒體無任何瑕疵；亦不為使用本書而引起之衍生利益損失或意外損毀之損失擔保責任。即使本公司先前已被告知前述損毀之發生。本公司依本書所負之責任，僅限於台端對本書所付之實際價款。

著作權聲明

本書著作權為作者所有，並受國際著作權法保護，未經授權任意拷貝、引用、翻印，均屬違法。

作者序

在人工智慧與物聯網技術迅速融合的今日，跨領域整合能力已經成為科技人才的重要指標。而本書正是一本回應此趨勢的實作指南，為讀者提供一套完整的解決方案，從 Node-RED 入門到進階，從概念到實作 YOLO 模型，全方位引導讀者建構出你自己的 AIoT 與邊緣 AI 應用。

Node-RED 是一套 Low-code 低程式碼的視覺化流程工具，可以讓物聯網應用的開發變得更加直觀和易懂。在實務上，你可以將本書內容從 Windows 搬移至 Raspberry Pi 樹莓派，輕鬆建構出你的邊緣 AI 應用，不只如此，在整合 Teachable Machine 和 YOLO 等 AI 模型後，Node-RED 已經華麗轉身成為一個功能強大的 AI 整合平台，幫助我們建立 AI Vision 電腦視覺的人工智慧應用，而且，在導入 LLM 大型語言模型後，更進一步替這些 AI 應用注入理解與生成內容的能力。

本書最大的特色在於實用性與即戰力，在內容上不僅僅提供詳細的理論解釋，更提供完整的實作步驟、範例和解決方案。從基礎 Node-RED 流程的建立，到複雜的 YOLO 模型訓練，在每一個環節都提供有清晰的步驟說明與範例，你只需依樣畫葫蘆，每一位讀者都可以訓練出你自己的 YOLO 物體偵測模型。

特別值得一提的是：筆者已經替本書開發出名為 fChartEasy 綠化版開發套件，幫助讀者大幅簡化開發環境建立的準備工作，可以讓讀者快速地投入實際學習與實作，而不會被複雜的環境安裝和配置所困擾。

對於教育工作者、學生、工程師或對 AI 和 AIoT 物聯網有興趣的愛好者來說，本書提供你一條清晰的學習路徑，從基礎知識到實際應用，循序漸進，易於掌握。無論你是希望了解物聯網的基礎、學習 AI 應用，還是想要開發實用的 AIoT 解決方案，本書都能提供你有用且完整的解決方案。

在 AI 與物聯網快速發展的今天，掌握這些技術並不是選擇，而是你必需擁有的能力。透過本書的學習，你將迅速的站在技術的浪頭上，創造出你的 AI 物聯網應用，為未來的智慧生活貢獻出你自己的力量。

本書的章節導讀

本書內容是循序漸進的從 Node-RED 儀表板、MVC 網站和 MySQL 資料庫開始，到物聯網資料交換的 MQTT 和 Open Data 後，說明 AI 模型的建立和 LLM 的使用，最後是 AIoT 物聯網與邊緣 AI 專題實戰。

▌第一部分：使用 Node-RED 打造監控儀表板與 REST API

第 1 至 5 章是在奠定本書的基礎。從 Node-RED 的基本概念與視覺化流程的建立開始，逐步引導讀者建構 Node-RED 儀表板，理解 JSON 結構，實作 MVC 架構的網站和 REST API，最後說明如何與 MySQL 資料庫整合。讓讀者能夠掌握 Node-RED 的核心功能，為後續更複雜的應用打下堅實的基礎。

▌第二部分：Node-RED 網路資料交換：MQTT+OpenData+ 訊息通知

第 6 至 8 章深入網路通訊與資料交換。MQTT 是物聯網廣泛應用的輕量級通訊協定，這也是 AIoT 應用的關鍵技術；OpenData 資料取得與 JSON 資料剖析，可以讓我們整合外部資料，增加專案的實用性；電子郵件與 Telegram 通知功能的實作，更能夠為 AIoT 應用增添即時互動與通知的能力。

▌第三部分：訓練你自己的 TensorFlow 和 YOLO 模型 +LLM 的 AI 應用

第 9 至 12 章是本書的核心亮點，將 AI 技術與物聯網完美的結合。從使用 Teachable Machine 訓練簡單的影像分類模型，到使用 LabelImg 標註數據並訓練專業的 YOLO 物體偵測模型，再到 OpenAI、Groq API 和 Ollama API 整合 LLM 能力，這部分內容可以讓讀者掌握當今最火紅 AI 技術在物聯網的應用。

第四部分：AIoT 物聯網與邊緣 AI 專題實戰

第 13 至 16 章是將前面所學的知識整合到實際的應用專案。從 ESP32-CAM 開發板的設置與 MQTT 連接，到結合 Teachable Machine、YOLO 和 LLM 的綜合應用，這部分內容展示如何將各種技術元素組合成完整的解決方案，幫助你解決 AIoT 物聯網的實際問題，例如：車牌識別與路況分析等。

附錄提供了 fChartEasy 綠化版套件的使用指南，幫助讀者快速建構本書所需的開發環境。

編著本書雖力求完美，但學識與經驗不足，謬誤難免，尚祈讀者不吝指正。

陳會安

於台北 hueyan@ms2.hinet.net

2025.5.30

範例檔案說明

為了方便讀者學習 Node-RED + YOLO 的 AIoT 物聯網應用和邊緣 AI，筆者已經將本書 fChartEasy 套件、Node-RED 流程（.json）、Python 工具程式（.py）和相關檔案都收錄在書附範例檔案，如下表所示：

資料夾與檔案	說明
ch01~ch16	本書各章 Node-RED 範例流程、Python 工具程式、測試圖檔和相關工具程式
fChartEasy.exe	本書 Node-RED+YOLO 整合開發套件，這是 7-Zip 格式的自解壓縮檔，其安裝說明請參閱附錄 A

在 fChart 流程圖教學工具的官方網站，提供使用 fChart 流程圖來學習 Python 程式設計的相關資源，並且提供有舊版 Node-RED 整合開發環境，其 URL 網址如下所示：

https://fchart.github.io/

● 線上資源下載 ●

範例程式下載：

https://www.drmaster.com.tw/Bookinfo.asp?BookID=MP32503

fChart 程式設計教學工具官方網址：

https://fchart.github.io/

範例檔案說明

版權聲明

本書範例檔案提供的共享軟體或公共軟體，其著作權皆屬原開發廠商或著作人，請於安裝後詳細閱讀各工具的授權和使用說明。在本書內含的軟體都為隨書贈送，僅提供本書讀者練習之用，與各軟體的著作權和其它利益無涉，如果在使用過程中因軟體所造成的任何損失，與本書作者和出版商無關。

目錄

第一篇
Node-RED 視覺化流程打造監控儀表板和 REST API

01 Node-RED 基礎與視覺化流程

1-1	物聯網與 Node-RED 基礎	1-1
1-2	啟動 Node-RED 建立第一個流程	1-3
1-3	匯出、匯入和編輯 Node-RED 流程	1-10
1-4	Node-RED 常用節點和 msg 訊息結構	1-15

02 建立監控的 Node-RED 儀表板

2-1	認識 Node-RED 儀表板	2-1
2-2	儀表板的功能執行元件	2-5
2-3	儀表板的資料輸入元件	2-8
2-4	儀表板的資料輸出元件	2-15
2-5	客製化儀表板的版面配置	2-24

03 初始 Node-RED 流程與資料分享

3-1	Node-RED 流程的資料分享	3-1
3-2	初始 Node-RED 流程	3-10
3-3	認識 JSON	3-17
3-4	使用檔案初始 Node-RED 流程	3-19

04 建立 Node-RED MVC 網站和 REST API

4-1	認識 Web 網站、Web 應用程式和 MVC	4-1
4-2	建立 MVC 的 Web 網站	4-3
4-3	使用其他資料來源建立 Web 網站	4-14
4-4	使用檔案建立 REST API	4-20

05 Node-RED 與 MySQL 資料庫

5-1	認識與使用 MySQL 資料庫	5-1
5-2	SQL 結構化查詢語言	5-10
5-3	Node-RED 的資料庫查詢	5-16
5-4	Node-RED 的資料庫操作	5-22
5-5	使用 MySQL 資料庫查詢結果建立 REST API	5-25

第二篇
Node-RED 網路資料交換：MQTT+OpenData+ 訊息通知

06 物聯網資料交換：MQTT 通訊協定

6-1	認識 MQTT 通訊協定	6-1
6-2	MQTT 代理人和客戶端	6-4
6-3	使用 Node-RED 建立 MQTT 客戶端	6-13
6-4	整合應用：使用 MQTT 建立溫溼度監控儀表板	6-17

07 取得網路資料：OpenData 與 JSON 資料剖析

| 7-1 | 認識 HTTP 通訊協定 | 7-1 |

7-2	使用 Node-RED 取得網路資料	7-2
7-3	認識 Open Data 與 Web API	7-8
7-4	Node-RED 的 JSON 資料剖析	7-11
7-5	整合應用：取得網路資料繪製 Node-RED 圖表	7-16
7-6	整合應用：剖析 JSON 資料繪製 Node-RED 圖表	7-18

08　訊息通知：寄送 Email 電郵與 Telegram 通知

8-1	自動化寄送 Email 電子郵件通知	8-1
8-2	申請與使用 Telegram Notification 通知	8-8
8-3	取得 OpenWeatherMap 天氣的 JSON 資料	8-16
8-4	整合應用：使用 Telegram Notification 送出天氣通知	8-24

第三篇
訓練你自己的 TensorFlow 和 YOLO 模型 +LLM 的 AI 應用

09　Teachable Machine 訓練 TensorFlow 影像分類模型

9-1	認識 TensorFlow 與 TensorFlow.js	9-1
9-2	相關 Node-RED 節點的安裝與使用	9-2
9-3	使用 Teachable Machine 訓練機器學習模型	9-11
9-4	整合應用：在 Node-RED 使用 Teachable Machine 模型	9-20

10　取得與標註 YOLO 訓練資料：LabelImg

10-1	認識 Ultralytics 的 YOLO	10-1
10-2	Thonny Python IDE 的基本使用	10-5
10-3	取得訓練 YOLO 模型的圖檔資料	10-9

10-4	使用 LabelImg 標註圖檔建立訓練資料	10-17
10-5	整合應用：在 Node-RED 顯示標註圖檔	10-27

11 訓練你自己的 YOLO 物體偵測模型

11-1	整理與瀏覽 Roboflow Universal 取得的資料集	11-1
11-2	建立 YAML 檔訓練與驗證你的 YOLO 模型	11-5
11-3	在 Node-RED 使用 YOLO 預訓練模型	11-14
11-4	整合應用：在 Node-RED 使用 YOLO 客製化模型	11-22

12 Node-RED+LLM 生成式 AI 應用

12-1	認識生成式 AI 與 LLM	12-1
12-2	使用 OpenAI 的 ChatGPT API	12-2
12-3	LLM API 服務：Groq API	12-12
12-4	使用 Ollama 打造本機 LLM	12-21
12-5	整合應用：在 Node-RED 儀表板使用 LLM	12-33

第四篇
AIoT 物聯網與邊緣 AI 專題實戰

13 AI 之眼：ESP32-CAM 開發板 +MQTT

13-1	認識 ESP32-CAM 開發板	13-1
13-2	安裝和設定 Arduino IDE	13-7
13-3	建立 AI 之眼：燒錄 ESP32-CAM 程式	13-11
13-4	在 Node-RED 流程使用 MQTT 操控 AI 之眼	13-18
13-5	整合應用：本機 MQTT 代理人連線 AI 之眼	13-24

14 AIoT 與邊緣 AI 專題：Node-RED+Teachable Machine

14-1	在 Node-RED 儀表板顯示影像與上傳圖檔節點	14-1
14-2	在 Node-RED 儀表板即時分類 Webcam 影像	14-5
14-3	AIoT 與邊緣 AI 專題：上傳圖檔建立 AI 猜拳遊戲	14-8
14-4	AIoT 與邊緣 AI 專題：建立 AI 之眼＋MQTT 的猜拳遊戲	14-16

15 AIoT 與邊緣 AI 專題：Node-RED+YOLO

15-1	Node-RED 影像工具箱與條碼生成節點	15-1
15-2	使用 Tesseract-OCR 文字識別	15-10
15-3	訓練 YOLO 車牌偵測模型	15-14
15-4	AIoT 與邊緣 AI 專題：YOLO + Tesseract -OCR 車牌辨識	15-20
15-5	AIoT 與邊緣 AI 專題：上傳圖檔的 YOLO 蘋果物體偵測	15-24
15-6	AIoT 與邊緣 AI 專題：YOLO＋Streamlit 即時串流偵測	15-26

16 AIoT 與邊緣 AI 專題：Node-RED+LLM

16-1	Node-RED 的螢幕擷圖節點	16-1
16-2	使用 Llama Vision 多模態模型	16-2
16-3	AIoT 與邊緣 AI 專題：Llama Vision 模型的車牌辨識	16-12
16-4	AIoT 與邊緣 AI 專題：Llama Vision 的路況分析	16-19
16-5	AIoT 與邊緣 AI 專題：IP Camera＋MQTT 的 AI 之眼	16-26

A 在 Windows 安裝本書 Node-RED+YOLO fChartEasy

A-1	安裝 Node-RED＋YOLO 開發環境：fChartEasy	A-1
A-2	在 Node-RED 刪除沒有使用的配置節點	A-6

PART 1

Node-RED 視覺化流程打造監控儀表板和 REST API

CHAPTER 01　Node-RED 基礎與視覺化流程

CHAPTER 02　建立監控的 Node-RED 儀表板

CHAPTER 03　初始 Node-RED 流程與資料分享

CHAPTER 04　建立 Node-RED MVC 網站和 REST API

CHAPTER 05　Node-RED 與 MySQL 資料庫

CHAPTER 01

Node-RED 基礎與視覺化流程

▶ 1-1 物聯網與 Node-RED 基礎
▶ 1-2 啟動 Node-RED 建立第一個流程
▶ 1-3 匯出、匯入和編輯 Node-RED 流程
▶ 1-4 Node-RED 常用節點和 msg 訊息結構

1-1 物聯網與 Node-RED 基礎

Node-RED 是一套 Web 介面的 Web 網站架設和物聯網開發工具,可以使用視覺化流程來幫助我們快速建立 IoT 物聯網專案。

1-1-1 認識物聯網

物聯網的英文全名是:Internet of Things,縮寫 IoT,簡單的說,就是萬物連網,所有東西(物體)都可以上網,因為所有東西都連上了網路,所以就可以透過任何連網裝置來遠端控制這些連網的東西、就算遠在天涯海角也一樣可以進行遠端監控,如下圖所示:

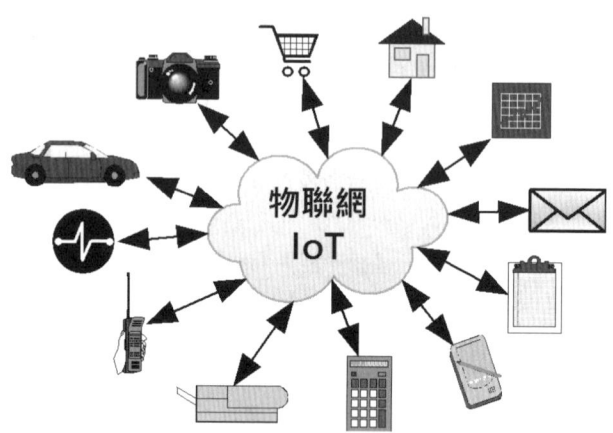

對於物聯網來說，每一個人都可以將真實東西連接上網，我們可以輕易地在物聯網查詢這個東西的位置，和對這些東西進行集中管理與控制，例如：遙控家電用品、汽車遙控、行車路線追蹤和防盜監控等自動化操控，或建立更聰明的智慧家電、更安全的自動駕駛和住家環境等。

不只如此，透過從物聯網上大量裝置和感測器取得的資料，就可以建立大數據（Big Data）來進行分析，並且從取得的數據分析結果來重新設計流程，改善我們的生活，例如：減少車禍、災害預測、犯罪防治與流行病控制等。

1-1-2 Node.js 和 Node-RED

Node.js（https://nodejs.org/en/）是在 2009 年由 Ryan Dahl 開發，使用 Google 的 V8 JavaScript 引擎建立的 JavaScript 執行環境。Node-RED（https://nodered.org/）是 IBM Emerging Technology 開發，這是架構在 Node.js 開放原始碼 Web 介面的一種流程基礎的視覺化開發工具。

Node-RED 是一種低程式碼程式設計（Low-code Programming），直接使用視覺化拖拉節點和連接節點來建立流程（Flows），其程式邏輯是以節點和連接線來呈現，節點是不同功能的軟體模組，在節點之間使用連接線（Edge）連接來定義訊息傳遞的方向，如右圖所示：

Node-RED 基礎與視覺化流程　**01**

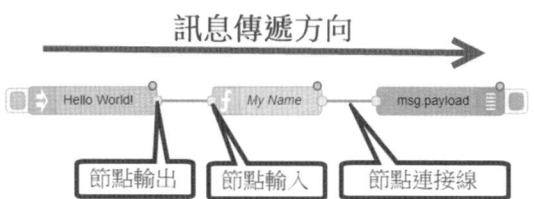

上述節點的前後方有輸入和輸出端點來串接連接線，可以將訊息通過節點來進行處理或轉換，在輸入部分允許連接多個節點的輸入訊息，也就是從多個前一個節點來接收訊息，輸出部分可以將訊息傳遞至多個下一個節點來進行處理。

1-2 啟動 Node-RED 建立第一個流程

請參閱附錄 A-1 節安裝客製化 Node-RED + YOLO 開發環境套件：fChartEasy 後，就可以啟動 Node-RED 開發工具來建立第一個流程。在我們建立的第一個流程，點選 inject 節點前的按鈕，可以在 debug 節點顯示「Hello World! 陳會安」訊息文字，每按一次顯示 1 個，其建立步驟如下所示：

Step 1　請開啟解壓縮的「\fChartEasy」目錄且捲動至最後，雙擊【startfChartMenu.exe】執行 fChart 主選單，可以看到訊息視窗顯示已經成功在工作列啟動主選單，請按【確定】鈕。

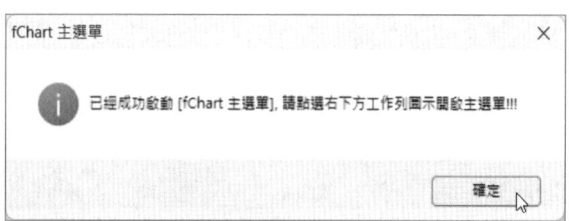

1-3

Step 2 在右下方工作列可以看到 fChart 圖示，點選圖示，在主選單執行【Step 1: 啟動 Node-RED 伺服器】命令啟動 Node-RED 伺服器。

Step 3 如果看到「Windows 安全性」警訊對話方塊，請按【允許】或【允許存取】鈕，等到成功啟動 Node-RED 伺服器，可以在最後看到 Server now running at http://127.0.0.1:1880/ 訊息文字（請注意！此視窗不可關閉）。

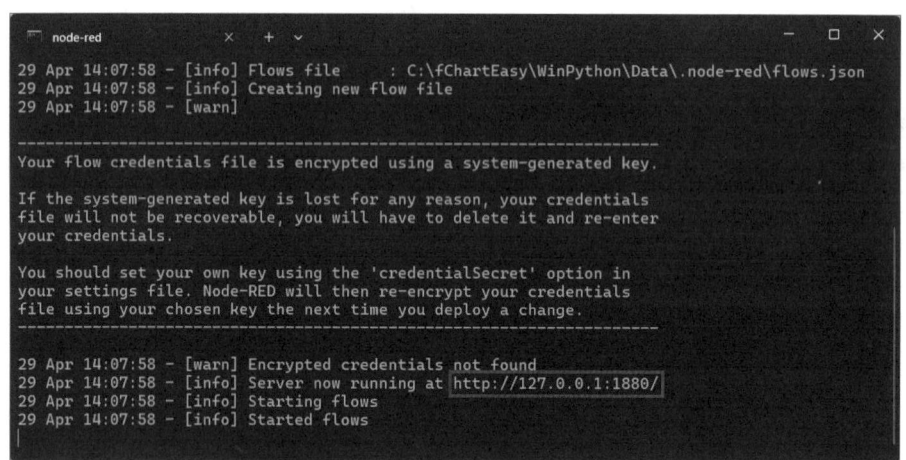

Step 4 請再次開啟 fChart 主選單，執行【Step 2: 開啟 Node-RED 工具】命令，就可以看到啟動瀏覽器開啟 Node-RED 的 Web 使用介面，如右圖所示：

Node-RED 基礎與視覺化流程　**01**

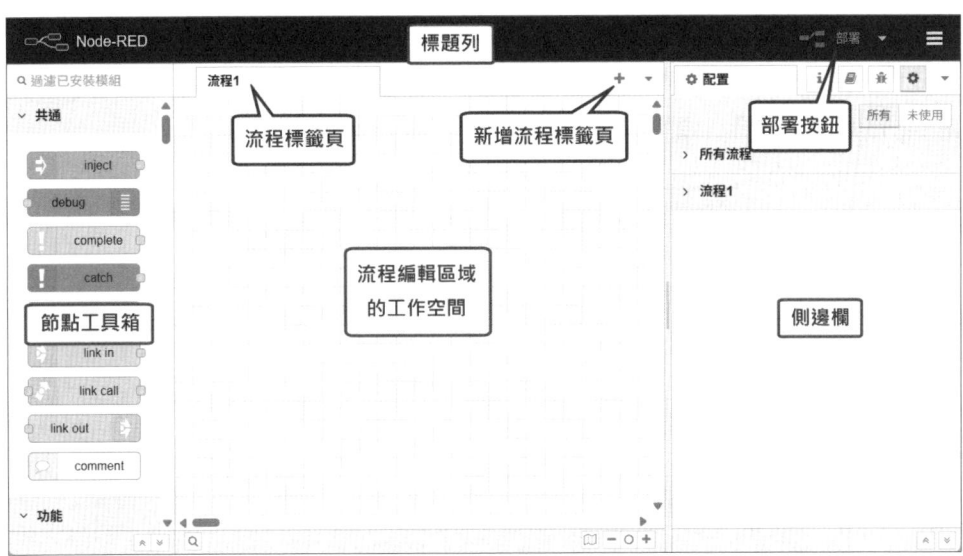

上述 Node-RED 編輯器的上方是標題列（Header），位在標題列的最右方是部署鈕，在下方從左至右分成三大部分：節點工具箱（Palette）、流程標籤頁和側邊欄（Sidebar）。

Step 5 Node-RED 預設新增【流程 1】標籤，請拖拉左邊位在「共通」區段的【inject】節點至中間流程編輯區域，此節點可以觸發事件和送出訊息至流程的下一個節點，如下圖所示：

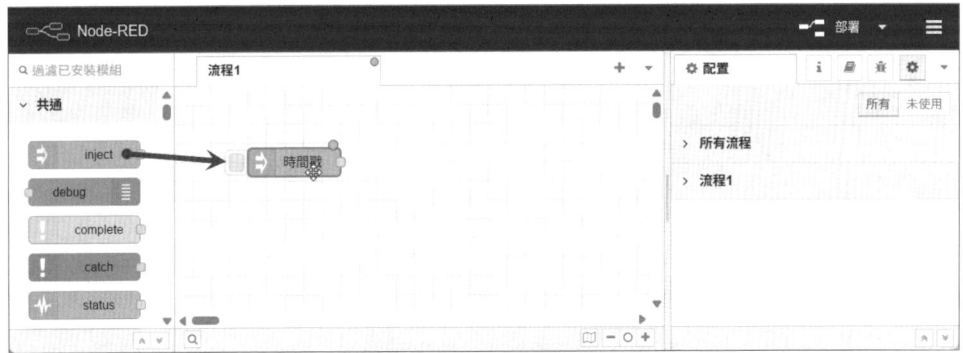

1-5

Step 6 雙擊 inject 節點，開啟「編輯 inject 節點」對話方塊，在【msg.payload】屬性「=」後的值欄位，點選向下小箭頭的下拉式清單選【文字列】的字串，即指定 payload 屬性的資料類型。

Step 7 然後在欄位輸入【Hello World!】字串，在下方重複欄可以設定週期送出 msg 訊息，以此例是【無】，按右上方【完成】鈕完成編輯。

Step 8 可以看到節點成為 Hello World!，如下圖所示：

Step 9 請拖拉左邊位在「功能」區段的【function】節點至流程編輯區域，此節點是一個 JavaScript 函式，可以撰寫 JavaScript 程式碼來處理 msg 訊息，如下圖所示：

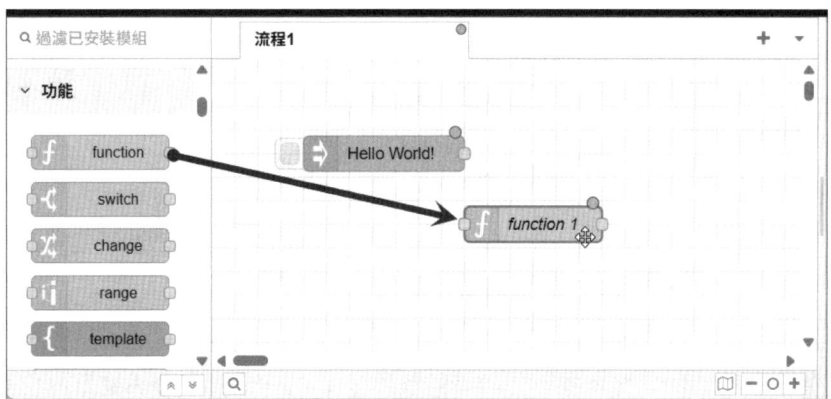

Step 10 雙擊 function 節點開啟「編輯 function 節點」對話方塊，在【名稱】欄輸入節點名稱【My Name】後，在下方【函數】標籤輸入 JavaScript 程式碼將訊息 msg.payload 使用「+=」運算子加上姓名字串，然後按【完成】鈕，如下所示：

```
msg.payload += "陳會安";
return msg;
```

Step 11 接著拖拉「共通」區段的【debug】節點至流程編輯區域，如下圖所示：

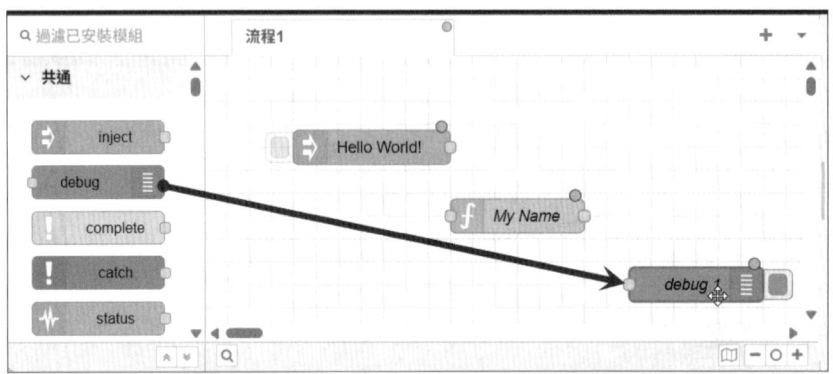

Step 12 我們可以開始連接節點，請將游標移至【inject】節點後方端點的小圓點，按住滑鼠左鍵後開始拖拉，可以看到一條橙色線，請拖拉至【function】節點前方端點的小圓點，如下圖所示：

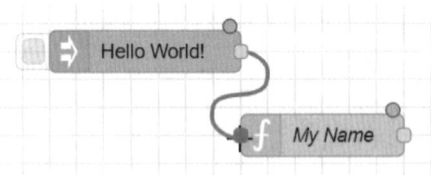

Step 13 放開滑鼠左鍵，可以建立 2 個節點之間的連接線（刪除節點或連接線請選取後，按 Del 鍵），接著將游標移至【function】節點後的小圓點，按住滑鼠左鍵拖拉至【debug】節點前方的小圓點，建立之間的連接線，如下圖所示：

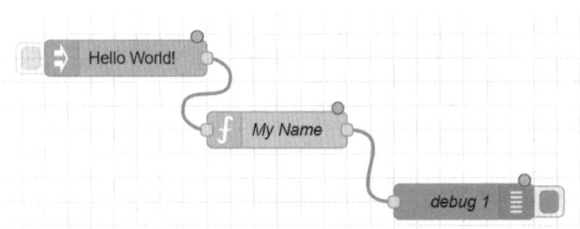

1-8

Step 14 請按右上方紅色【部署】鈕儲存和部署 Node-RED 流程。

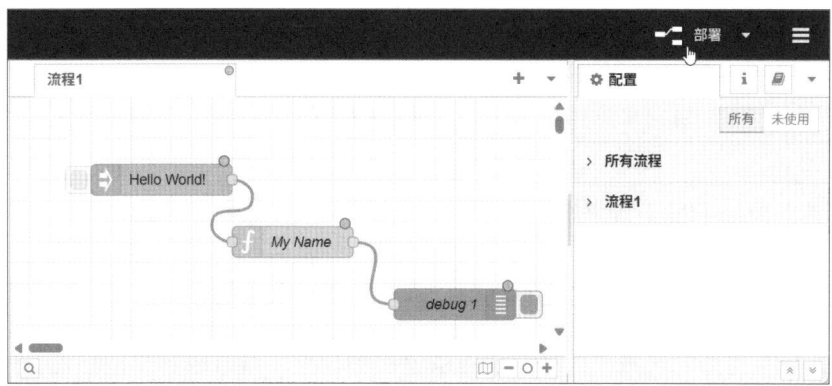

Step 15 可以在上方看到部署成功的訊息文字，表示已經成功儲存和部署 Node-RED 流程。請按【inject】節點前方游標所在的圓角方框鈕執行流程，在側邊欄選【名稱】（debug）工具，可以在「除錯窗口」標籤頁看到送出的訊息文字，每按一次顯示 1 個「Hello World! 陳會安」，如下圖所示：

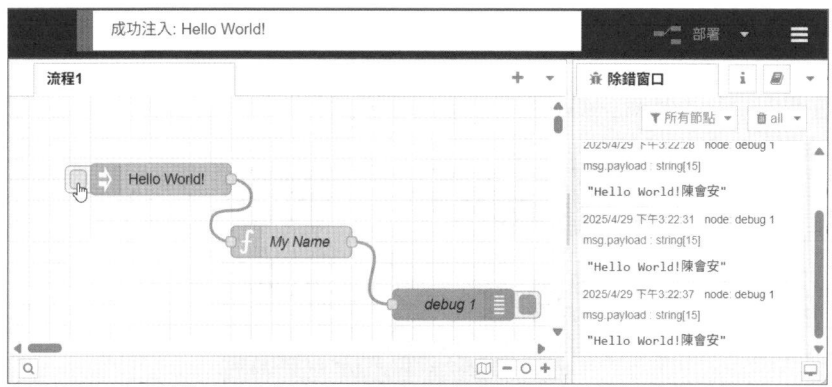

上述第一個流程就是一個標準 Node-RED 程式，包含輸入、處理和輸出節點，從輸入 inject 節點觸發事件送出【Hello World!】字串的訊息，在處理節點的 JavaScript 函式替訊息最後加上【陳會安】，最後在輸出節點輸出 msg.payload 屬性值。

1-3 匯出、匯入和編輯 Node-RED 流程

Node-RED 編輯器是在流程標籤頁的工作空間來建立流程，我們可以匯出 / 匯入流程，和使用滑鼠 / 鍵盤來編輯 Node-RED 流程的節點。

匯出 Node-RED 流程

我們準備匯出第 1-2 節建立的 Node-RED 流程，其步驟如下所示：

Step 1 請使用滑鼠拖拉出方框來選擇欲匯出的節點，共選取到 3 個節點，可以看到選取節點都顯示橘色的外框。

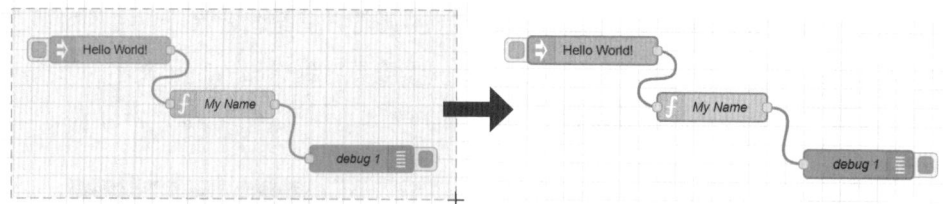

Step 2 執行右上方垂直三條線主功能表的【匯出】命令。

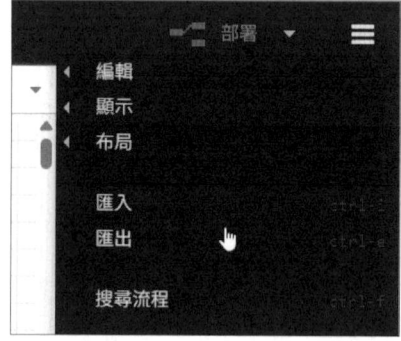

Step 3 在「匯出節點至剪貼簿」對話方塊，按【下載】鈕下載流程檔，預設檔名是 flows.json。

上述標籤可以切換已選擇節點（selected nodes）、現在的節點（流程）（current flow）或所有流程（all flows），選上方【JSON】標籤可以看到流程的 JSON 資料（在右上方可切換編排方式），如下圖所示：

請自行將下載的 flows.json 檔案更名成 ch1-2.json 檔案。

刪除連接線、節點和整個 Node-RED 流程

在選取連接線成為橘色線後,按 Del 鍵可以刪除 2 個節點之間的連接線,如下圖所示:

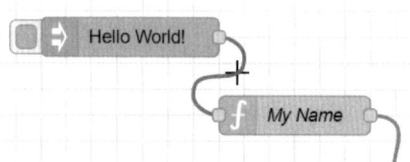

不論多少個節點,請按住 Ctrl 鍵選取多個節點顯示橘色外框和連接線後,按 Del 鍵,就可以刪除所有選取的節點,如下圖所示:

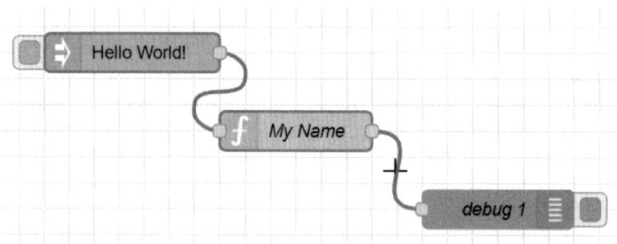

在 Node-RED 如果需要刪除整個流程,請使用滑鼠拖拉選取整個流程後,按 Del 鍵刪除選取的整個流程,如下圖所示:

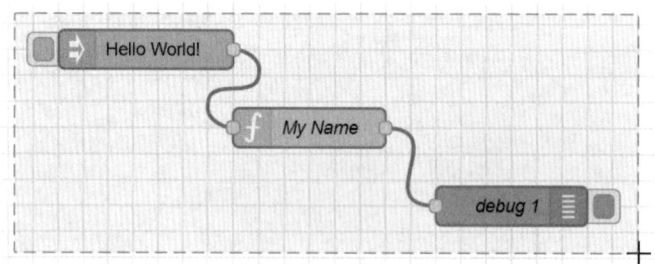

請注意!如果不小心誤刪了,請馬上按 Ctrl + Z 鍵來復原刪除操作。

匯入 Node-RED 流程

本書 Node-RED範例檔案是副檔名為 .json 的 JSON 檔案，我們可以在 Node-RED 匯入範例的流程檔，例如：ch1-2.json，其步驟如下所示：

Step 1 請刪除第 1-2 節建立的第一個 Node-RED 流程後，在主功能表執行【匯入】命令。

Step 2 在「匯入節點」對話方塊按【匯入所選檔案】鈕匯入 JSON 檔案（如果是 JSON 字串，請直接複製字串後，貼至下方的方框）。

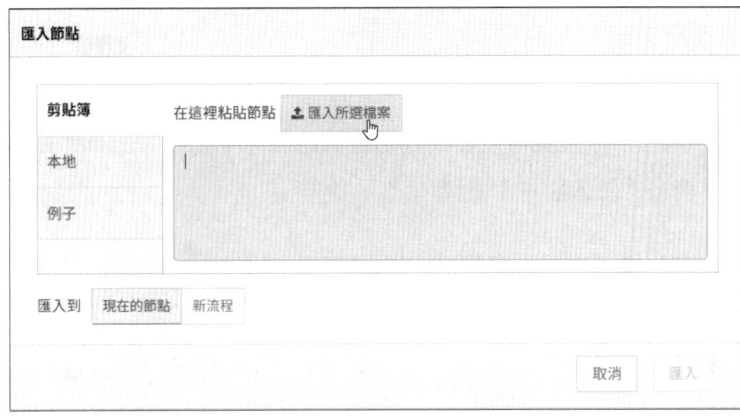

Step 3 在「開啟」對話方塊選 ch1-2.json，按【開啟】鈕開啟流程。

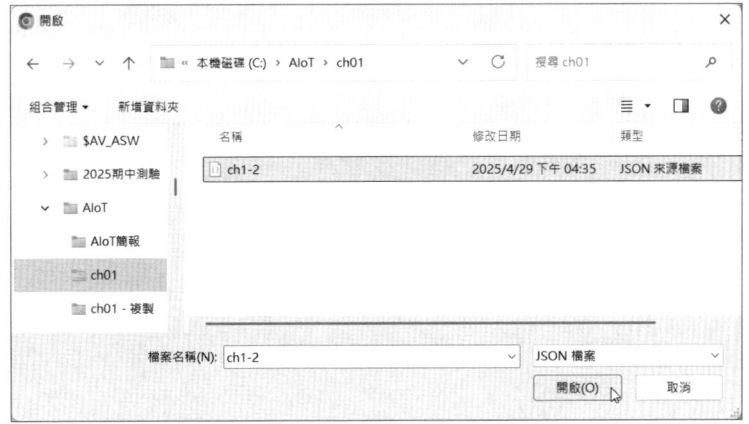

Step 4 可以看到載入流程檔的 JSON 字串，按【匯入】鈕匯入流程。

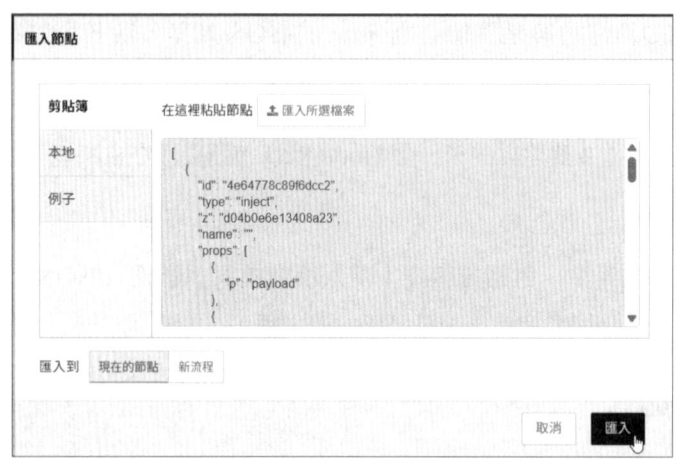

Step 5 在【流程 1】標籤頁可以看到我們匯入的流程（如果顯示有節點存在工作空間的訊息框，請按【導入副本】鈕匯入流程）。

編輯 Node-RED 節點的屬性

當選取 Node-RED 節點後，按 Enter 鍵，或雙擊節點，都可以開啟編輯節點對話方塊，以 inject 節點為例，如下圖所示：

Node-RED 節點都有不同的欄位設定，在這一小節說明的是每一種節點都擁有的共通欄位和按鈕，在最上方的按鈕列說明，如下所示：

- 刪除鈕：位於左上角的是刪除按鈕，可以刪除此節點。
- 完成/取消鈕：在完成編輯後，按右上角【完成】鈕完成編輯，【取消】鈕是取消編輯。
- 名稱欄位或 Name 欄位：在此欄位可以輸入節點名稱，這是節點顯示在編輯器工作空間的名稱。
- 有效/無效：Node-RED 新增的節點預設是啟用，所以最下方顯示【有效】，點選即可切換成無效，表示停用此節點，可以看到節點成為虛線框，如下圖所示：

1-4 Node-RED 常用節點和 msg 訊息結構

在這一節是說明一些 Node-RED 流程的常用節點和 msg 訊息結構。

1-4-1 msg 訊息結構與 debug 除錯節點

Node-RED 的 debug 除錯節點預設輸出 msg.payload 屬性值來幫助我們進行流程除錯，為了方便判斷是哪一個 debug 節點的輸出值，其預設節點名稱會自動增加之後的計數，例如：debug 1、debug 2…等。

Node-RED 流程：ch1-4-1.json 新增 1 個 inject 和 1 個 debug 節點，在部署和執行後（點選 inject 節點前的按鈕），可以在「除錯窗口」標籤頁輸出 inject 節點送出的

Unix 時間戳記（從 1970 年 1 月 1 日至今的計數），這是 node: debug 2 節點的輸出，如下圖所示：

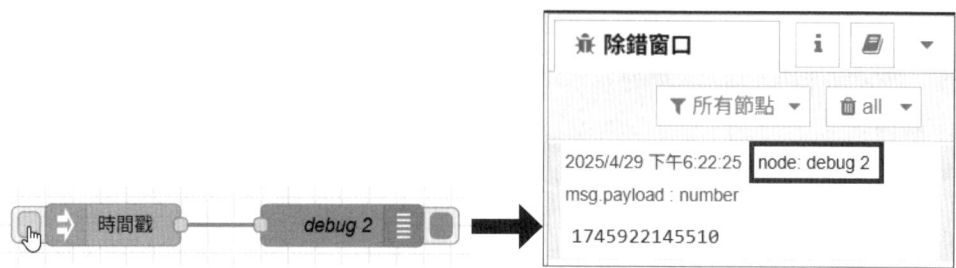

請編輯 debug 節點，點選 msg 再選【與調試輸出相同】，此為翻譯問題，英文是 complete msg object，改為輸出完整 msg 物件，請再次部署執行，可以看到完整 msg 物件的內容（Node-RED 流程：ch1-4-1a.json），如下圖所示：

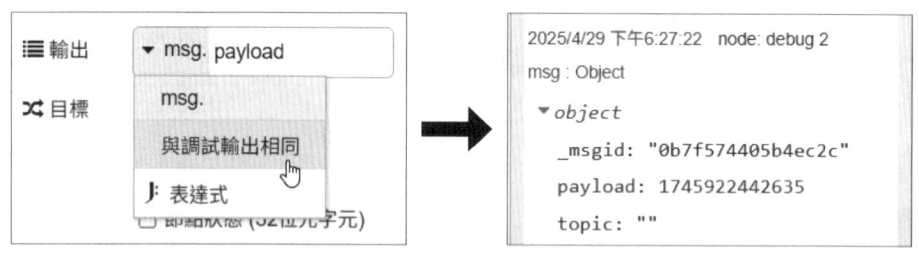

上述 msg 物件是一個擁有 3 個屬性的 JavaScript 物件（預設是 3 個屬性，不同節點的 msg 物件可能有更多的屬性），其說明如下所示：

- _msgid：訊息識別的唯一名稱。
- topic：文字內容的訊息主題。
- payload：在節點之間的傳遞的資料是 payload 屬性值，即下一個節點讀取的屬性值，其值可以是物件、日期、布林、字串或數字等。

1-4-2 inject 排程啟動節點

Node-RED 流程屬於一種事件驅動程式設計，需要使用事件來啟動程式流程的執行，我們可以使用 inject 節點觸發一個事件，並且將 msg 物件傳遞至下一個節點，例如：點選 inject 節點前的按鈕來觸發事件，就可以啟動執行 Node-RED 流程。

▌建立 msg 物件內容　　　　　　　　　　　　 | ch1-4-2.json

在 inject 節點可以建立 msg 物件的內容，預設是 payload 和 topic 屬性，例如：payload 是數字 100；topic 是文字列 score，如下圖所示：

按左下方【添加】鈕可以新增 age 屬性，值是數字 20（點選之後的【x】鈕可以刪除屬性），如下圖所示：

在「除錯窗口」標籤頁輸出的是完整 msg 物件，可以看到 topic 屬性值和新增的 age 屬性值，如下圖所示：

```
2025/4/29 下午6:32:45   node: debug 2
score : msg : Object
▶{ _msgid: "92737d22260aafcf",
payload: 100, topic: "score",
age: 20 }
```

排程定時觸發事件　　　　　　　　　　　　| ch1-4-2a~2c.json

在 inject 節點支援重複觸發的排程功能，可以定時週期的觸發事件，如下所示：

- 間隔固定時間週期性的執行（ch1-4-2a.json）：在 inject 節點每 2 秒觸發一次，請在【重複】欄選【週期性執行】後，在下方【每隔】欄輸入 2 秒，即可週期間隔 2 秒來輸出時間戳記，如下圖所示：

- 在固定時間範圍來週期觸發（ch1-4-2b.json）：只在一周的星期一、三、五早上 00:00～02:00 之間，每分鐘週期的觸發執行，如下圖所示：

- 在指定時間點觸發事件（ch1-4-2c.json）：指定在星期一 12:00 觸發執行，如下圖所示：

1-4-3 change 更改節點

Node-RED 的 change 更改節點可以建立多個規則來設定屬性值、取代屬性值、刪除屬性或轉移屬性，在 Node-RED 流程共有 inject、change 和 debug 三個節點，如下圖所示：

上述第 2 個 change 節點的規則編輯介面，如下圖所示：

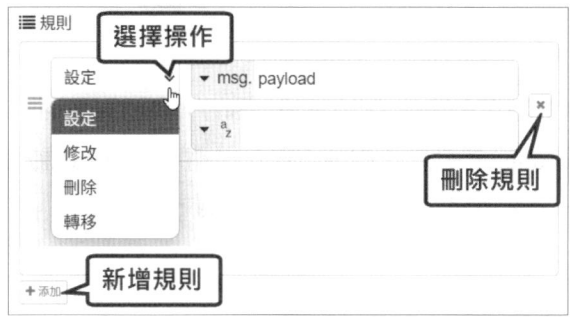

點選下方【添加】鈕可以新增規則，然後選擇操作，即可設定操作內容，在同一個 change 節點可以新增多條規則，其執行順序是從上而下依序地執行每一條規則。change 更改節點的相關操作，如下所示：

- 【設定】操作是更改屬性值（ch1-4-3.json）：除了更改 msg 物件的屬性值外，也可以更改 flow 和 global 分享物件的屬性值（詳見第 3 章）。我們在 inject 節點送出 payload 屬性值是數字 100，change 節點的【設定】操作，可以將 payload 屬性值改成【to the value】欄的數字 200，如下圖所示：

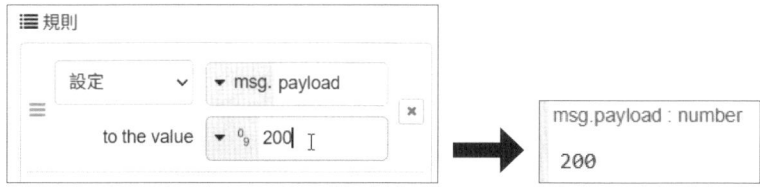

- 【修改】操作是搜尋和取代屬性值（ch1-4-3a.json）：我們在 inject 節點送出 payload 屬性值是文字列 This is a book.，change 節點是【修改】操作，在 payload 屬性值搜尋【搜索】欄的文字列 book，取代成【替代為】欄的文字列 pen，如下圖所示：

- 【刪除】操作是刪除指定屬性（ch1-4-3b.json）：我們在 inject 節點送出 payload 屬性值後，在 change 節點是【刪除】操作來刪除 payload 屬性，因為屬性已經刪除，所以 debug 節點顯示的是 undefined，如下圖所示：

- 【轉移】操作是將指定屬性轉移成其他屬性（ch1-4-3c.json）：我們在 inject 節點送出 payload 屬性值是數字 20，change 節點是【轉移】操作，可以將 msg.payload 轉移成【到】欄的 msg.age 屬性，換句話說，payload 屬性已經不存在，在 debug 節點顯示完整 msg 物件，如下圖所示：

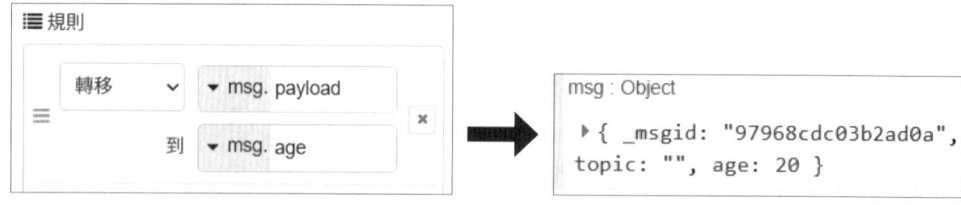

1-4-4 switch 分支節點

Node-RED 的 switch 分支節點是條件判斷，可以依據條件來傳遞 msg 物件至不同的下一個節點。Node-RED 流程：ch1-4-4.json 建立 2 個 inject 節點分別送出 0 和 1，然後使用 switch 和 change 節點來分別輸出成 ON 和 OFF，如下圖所示：

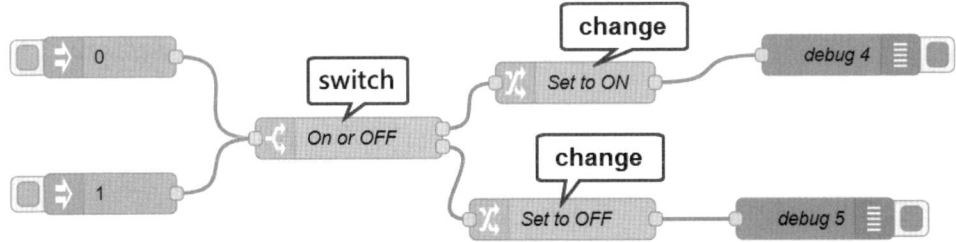

- 2 個 inject 節點：payload 屬性分別指定數字 0 和 1。
- switch 節點：新增 2 個條件，因為有 2 個條件，所以 switch 節點的輸出端點也有 2 個，在【屬性】欄位是條件運算式「op1==op2」的相等比較，每一個條件比較一個值，值是 op2，當條件成立，輸出 msg.payload 屬性值，之後的值是輸出至第幾條流程，值 1 是第 1 條，值 2 是第 2 條，依序類推，如下圖所示：

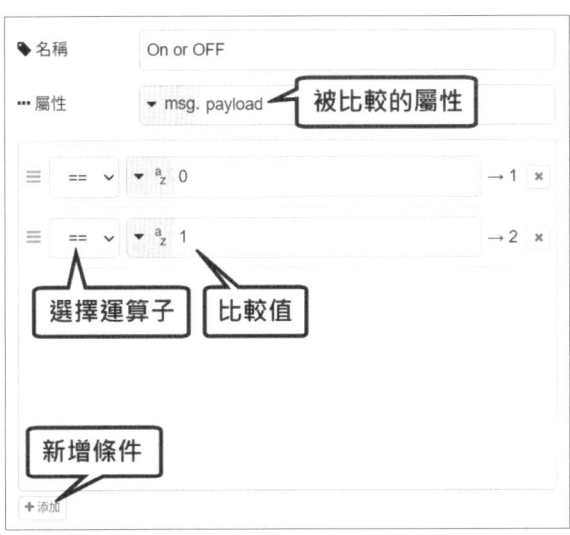

- change 節點（Set to ON）：新增【設定】操作，將 payload 屬性值改成【to the value】欄的文字列 ON，如下圖所示：

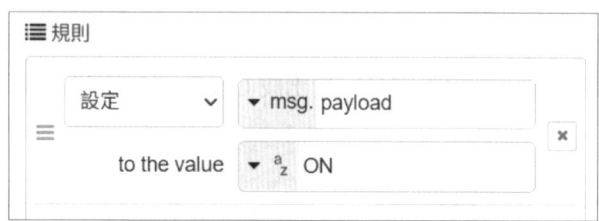

- change 節點（Set to OFF）：新增【設定】操作，將 payload 屬性值改成【to the value】欄的文字列 OFF，如下圖所示：

- 2 個 debug 節點：預設值。

Node-RED 流程的執行結果，點選 inject 節點 0，可以看到輸出 ON；點選 1 輸出 OFF，如下圖所示：

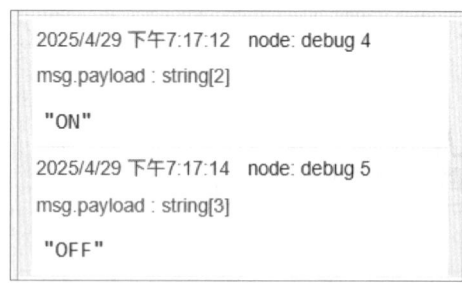

1-4-5 function 函式節點

Node-RED 的 function 函式節點可以建立 JavaScript 函式來處理 msg 物件，Node-RED 流程：ch1-4-5.json 先使用 change 節點指定 x 和 y 屬性值，然後使用 function 節點將 x 和 y 的值相加，可以在 debug 節點顯示相加結果，如下圖所示：

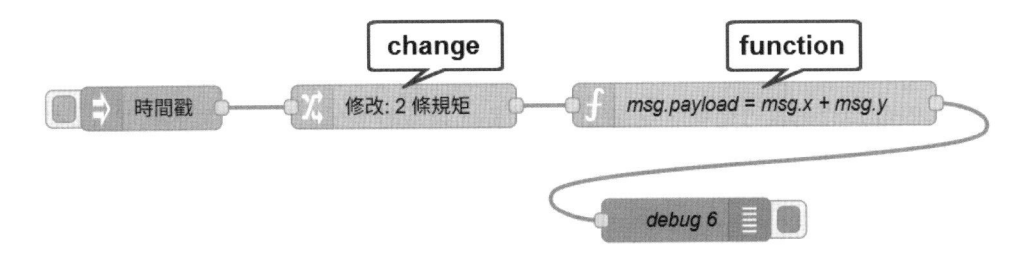

- inject 節點：預設值。
- change 節點：新增 2 個【設定】操作，分別指定 msg.x 屬性值是數字 1，和 msg.y 屬性值是數字 2，如下圖所示：

- function 節點：在【函數】標籤輸入 JavaScript 程式碼，可以計算 msg.x 和 msg.y 的和，如下所示：

```
msg.payload = msg.x + msg.y;
return msg;
```

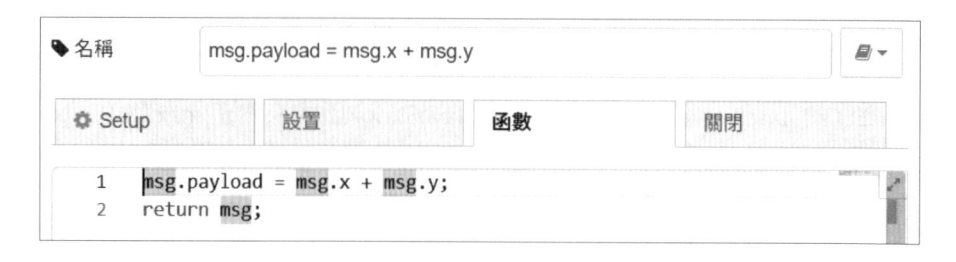

- debug 節點：預設值。

Node-RED 流程的執行結果，點選 inject 節點，可以看到輸出計算結果的和是 3，如下圖所示：

學習評量

1. 請問何謂物聯網？什麼是 Node.js 和 Node-RED 開發工具？

2. 請簡單說明 Node-RED 的 msg 訊息結構。

3. 請問 inject 節點的排程有哪幾種？debug 節點的功能為何？

4. 請修改第 1-2 節的第一個 Node-RED 流程，改為輸出讀者姓名。

5. 請繼續學習評量 4.，匯出修改的 Node-RED 流程成為 test.json 檔。

6. 請建立 Node-RED 流程，新增 2 個 inject 節點分別送出數字 56 和 90 的成績，可以在 debug 節點顯示成績是否及格。

CHAPTER
02

建立監控的 Node-RED 儀表板

▶ 2-1 認識 Node-RED 儀表板
▶ 2-2 儀表板的功能執行元件
▶ 2-3 儀表板的資料輸入元件
▶ 2-4 儀表板的資料輸出元件
▶ 2-5 客製化儀表板的版面配置

2-1 認識 Node-RED 儀表板

「儀表板」(Dashboard) 是將所有達成單一或多個目標所需的最重要資訊整合顯示在同一頁,可以讓我們快速存取重要資訊,讓這些重要資訊一覽無遺。例如:股市資訊儀表板在同一頁面連接多種圖表、統計摘要資訊和關聯性等重要資訊。

2-1-1 Node-RED 儀表板

Node-RED 儀表板是使用 node-red-dashboard 節點建立 (需要額外安裝),可以輕鬆幫助我們建立 IoT 物聯網監控所需的 Web 使用介面,如下圖所示:

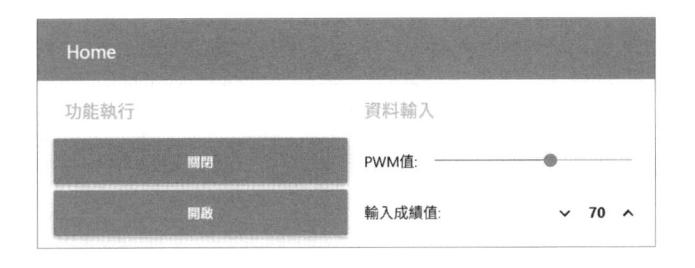

上述 Node-RED 儀表板擁有一頁名為 Home 的 Tab 標籤，在此標籤下擁有 2 個 Group 群組，每一個群組擁有 1～多個元件的 Widget 小工具，其組成結構如下圖所示：

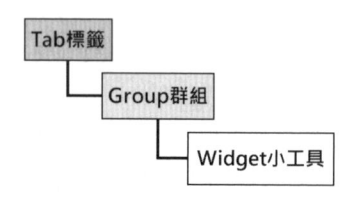

```
Tab標籤
  └─ Group群組
        └─ Widget小工具
```

上述 Tab、Group 和 Widget 的說明，如下所示：

- Tab 標籤：每一個 Tab 標籤是一頁儀表板網頁，如果有多個標籤，可以點選左上方三條線的主功能表來切換顯示指定標籤的頁面。
- Group 群組：在每一個 Tab 標籤的頁面是使用 Group 群組多個儀表板元件的小工具。
- Widget 小工具：小工具就是在 Node-RED 儀表板顯示的元件。

2-1-2 新增 Tab 標籤和 Group 群組

請在 Node-RED 工具的側邊欄點選右上方的向下箭頭圖示，可以在下拉式功能表選【Dashboard】命令，開啟 Dashboard 工具標籤頁，如下圖所示：

新增 Tab 標籤

在 Dashboard 工具標籤頁的【Layout】標籤可以新增標籤和群組。例如：新增名為 Home 的標籤，其步驟如下所示：

`Step 1` 在【Layout】標籤點選【+tab】鈕新增 Tab 標籤，預設新增名為 Tab 1 的標籤（因為沒有標籤，所以是 1，有就是依序新增）。

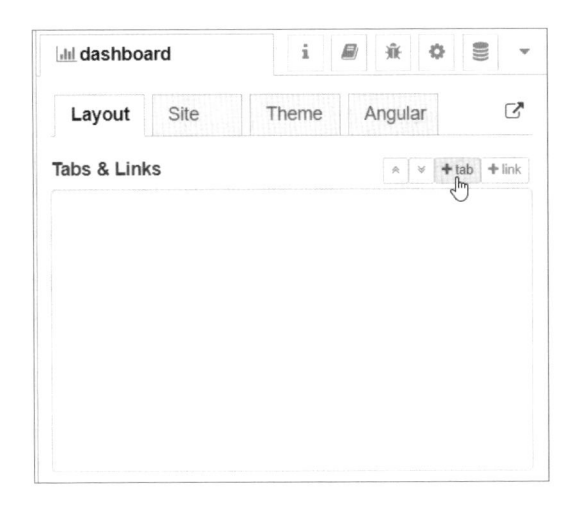

`Step 2` 請將游標移至 Tab 1 標籤上，按後面【edit】鈕，在【Name】欄輸入【Home】，按【更新】鈕更新標籤名稱。

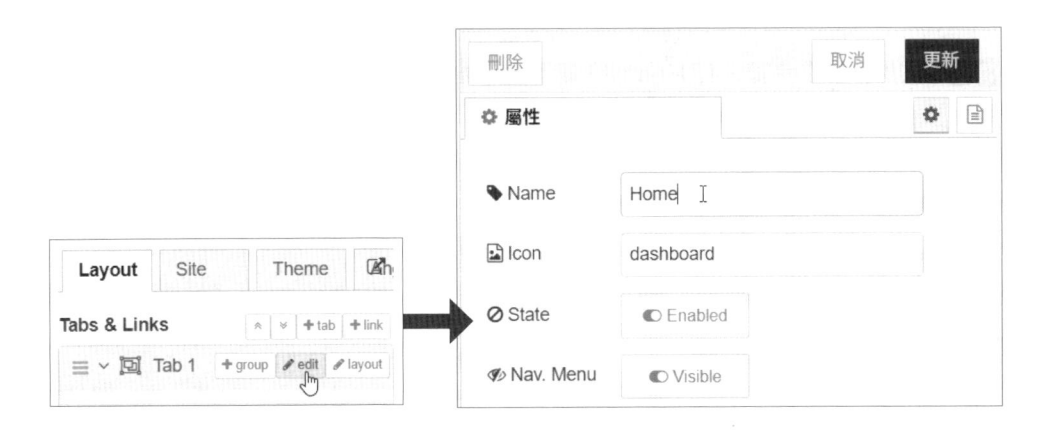

2-3

新增 Group 群組

在新增 Home 標籤後,可以在此標籤新增名為【功能執行】的群組,其步驟如下所示:

Step 1 請將游標移至 Home 標籤上,按後面【+group】鈕,可以在之下新增名為 Group 1 的群組(因為在標籤下沒有群組,所以是 1)。

Step 2 將游標移至 Group 1 群組上,按後面【edit】鈕,在【Name】欄輸入【功能執行】,按【更新】鈕更新群組名稱。

Step 3 重複上述步驟,在 Home 標籤下再新增【資料輸入】和【資料輸出】兩個群組,目前共新增 3 個群組,如下圖所示:

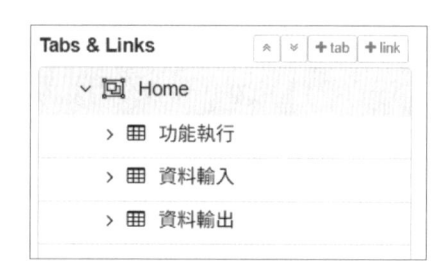

2-2 儀表板的功能執行元件

Node-RED 儀表板的功能執行元件是 Button 按鈕元件，其功能類似 inject 節點，點選按鈕，可以送出一個 msg 物件，我們可以指定送出的 payload 和 topic 屬性值。

Node-RED 流程：ch2-2.json 是在【功能執行】群組新增開啟和關閉共 2 個 Button 元件，可以分別送出的 msg.payload 是數字 1 和 0，其步驟如下所示：

Step 1 請從節點工具箱的「dashboard」區段拖拉 button 節點至編輯區域，就可以新增 Button 元件。

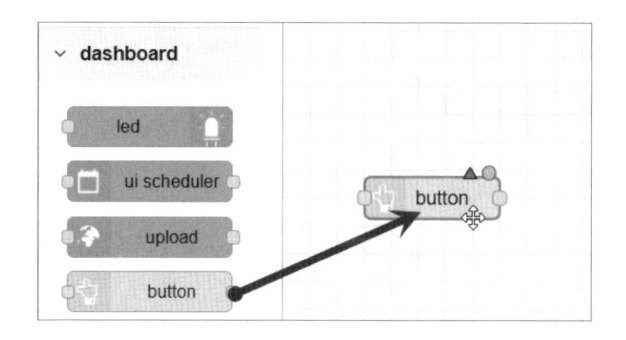

Step 2 雙擊 button 節點，在編輯節點對話方塊的【Group】欄，選【[Home] 功能執行】群組。

Step 3 在下方【Label】欄輸入按鈕標題文字【開啟】，【Payload】欄選數字後輸入【1】後，按【完成】鈕。

Group	[Home] 功能執行
Size	auto
Icon	optional icon
Label	開啟
Tooltip	optional tooltip
Color	optional text/icon color
Background	optional background color

When clicked, send:

Payload	1
Topic	msg. topic

Step 4 再新增一個 Button 元件，在【Group】欄選【[Home] 功能執行】,【Label】欄輸入【關閉】，將 Payload 屬性值輸入數字 0 後，按【完成】鈕，如下圖所示：

Group	[Home] 功能執行
Size	auto
Icon	optional icon
Label	關閉
Tooltip	optional tooltip
Color	optional text/icon color
Background	optional background color

When clicked, send:

Payload	0
Topic	msg. topic

Step 5 在新增使用預設值的 debug 節點後，將 2 個 button 節點連接至 debug 節點來建立 Node-RED 流程。

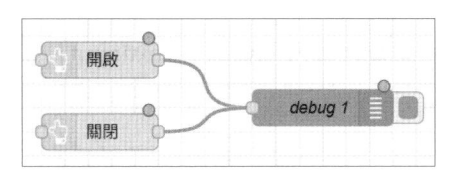

Step 6 按右上方紅色【部署】鈕部署 Node-RED 流程，可以看到訊息指出配置節點沒有使用，這是因為第 2-1-2 節新增 3 個 Group 節點，我們有 2 個尚未使用，請按【關閉】鈕。

Node-RED 儀表板的網址是 http://localhost:1880/ui，可以看到儀表板的【功能執行】群組有 2 個 Button 元件，如下圖所示：

請注意！在群組新增元件的排列順序有可能不同，例如：上方是開啟；下方才是關閉鈕，此部分請使用第 2-5-1 節的版面配置來調整。按【開啟】鈕可以輸出 1，按【關閉】鈕是輸出 0，如下圖所示：

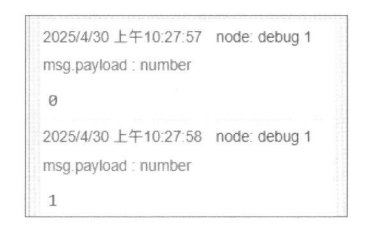

2-7

2-3 儀表板的資料輸入元件

在 Node-RED 儀表板常用的資料輸入元件有：TextInput、Slider、Numeric、Switch 和 Dropdown 元件等。

2-3-1 TextInput 文字輸入元件

在 Node-RED 儀表板可以使用 TextInput 文字輸入元件來輸入文字、數值、密碼、電子郵件地址、電話號碼、色彩和日期 / 時間資料。Node-RED 流程：ch2-3-1.json 是在 Home 標籤的【資料輸入】群組，新增 TextInput 元件，其步驟如下所示：

Step 1 請從節點工具箱的「dashboard」區段拖拉 text input 節點至編輯區域，就可以新增 TextInput 元件。

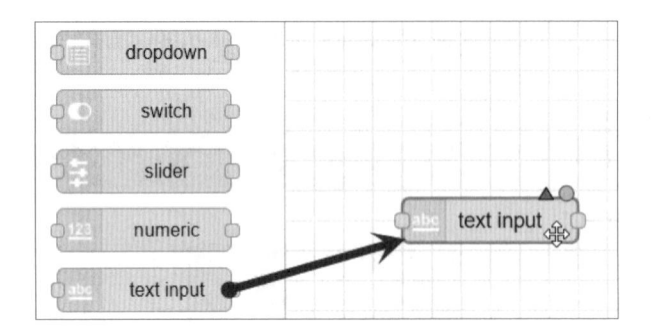

Step 2 雙擊 text input 節點，在【Group】欄選【[Home] 資料輸入】群組，【Label】欄輸入【輸入溫度:】後，按【完成】鈕。

Step 3 最後新增預設值的 debug 節點，和連接 text input 至 debug 節點來建立 Node-RED 流程。

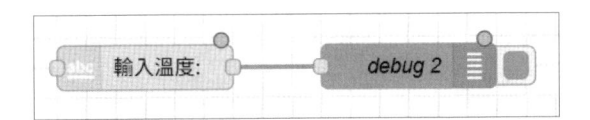

在部署後，可以在 Node-RED 儀表板（http://localhost:1880/ui/）看到在【資料輸入】群組新增的 TextInput 元件，如下圖所示：

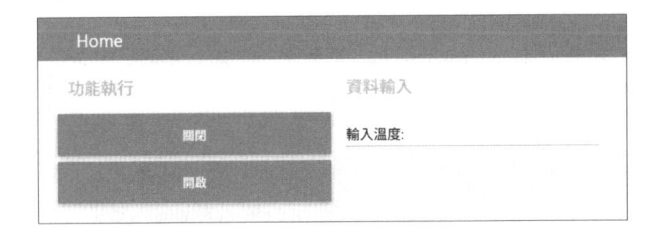

點選 TextInput 元件，即可輸入溫度值，在「除錯窗口」標籤頁可以顯示輸入的字串值，如下圖所示：

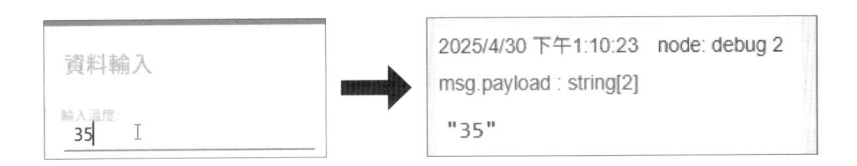

2-3-2 Slider 滑桿元件

Slider 元件可以拖拉滑桿來輸入最大 / 最小範圍之間的數值，例如：Arduino 開發板類比輸出的 PWM 值範圍是 0 ~ 255，我們可以使用 Slider 滑桿元件來輸入此範圍的數值。

Node-RED 流程：ch2-3-2.json 是在 Node-RED 儀表板新增 Slider 元件後，拖拉滑桿輸出 0～255 的值至 debug 節點，如下圖所示：

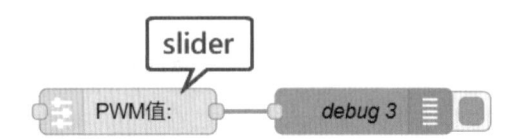

- slider 節點：在【Group】欄選【[Home] 資料輸入】，【Label】欄輸入【PWM值：】，在 Range 欄範圍的【min】最小值設為 0；【max】最大值設為 255，【step】增量是 1，如下圖所示：

- debug 節點：預設值。

在部署後，可以在 Node-RED 儀表板（http://localhost:1880/ui/）看到 Slider 元件，拖拉元件的圓形滑桿，可以在「除錯窗口」標籤頁顯示輸入的數值，如下圖所示：

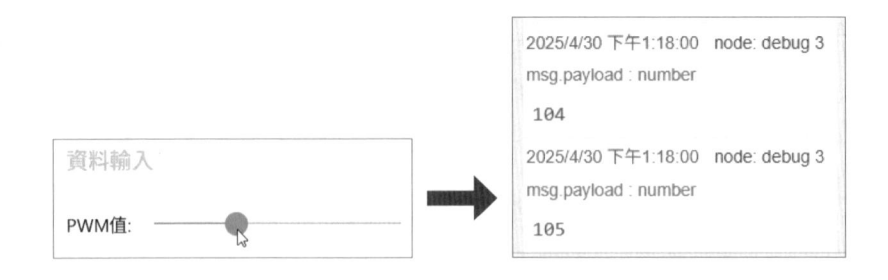

2-3-3 Numeric 數值輸入元件

Numeric 元件是使用上 / 下鈕來輸入數值資料。Node-RED 流程：ch2-3-3.json 新增 Numeric 元件來輸入 0～100 分的成績值後，輸出至 debug 節點來顯示，如下圖所示：

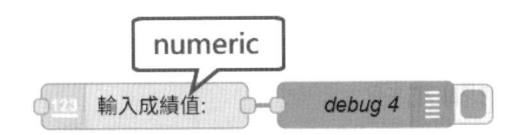

- numeric 節點：在【Group】欄選【[Home] 資料輸入】,【Label】欄輸入【輸入成績值:】，在 Range 欄範圍的【min】最小值設為 0；【max】最大值設為 100，【step】增量是 1，如下圖所示：

- debug 節點：預設值。

在部署後，可以在 Node-RED 儀表板（http://localhost:1880/ui/）看到 Numeric 元件，請使用上 / 下鈕調整數字，可以在「除錯窗口」標籤頁顯示輸入的數值，如下圖所示：

2-11

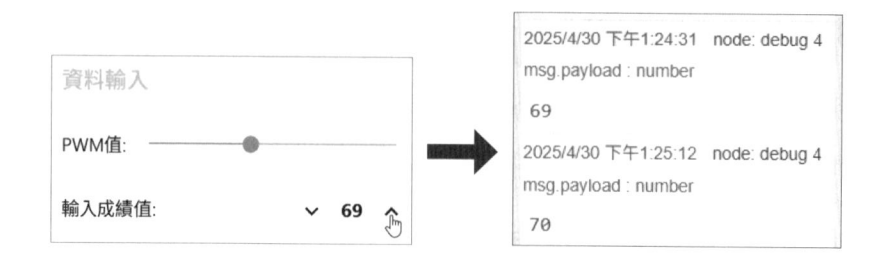

2-3-4　Switch 開關元件

Switch 元件是一個開關元件，可以切換 2 個狀態，即 1 或 0、打開或關閉、ON 或 OFF 等。Node-RED 流程：ch2-3-4.json 新增 Switch 元件的電源開關，當打開時輸出 true；關閉時輸出 false 至 debug 節點，如下圖所示：

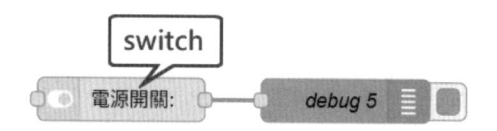

- switch 節點：在【Group】欄選【[Home] 資料輸入】，【Label】欄輸入【電源開關：】，On Payload 欄預設輸出 true；Off Payload 欄輸出 false，如下圖所示：

■ debug 節點：預設值。

在部署後，可以在 Node-RED 儀表板（http://localhost:1880/ui/）看到 Switch 元件，這是一個開關元件，可以在「除錯窗口」標籤頁顯示 true 或 false 的值，如下圖所示：

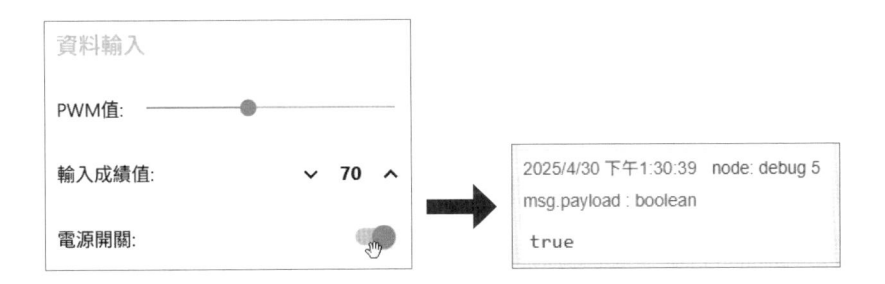

2-3-5 Dropdown 選單元件

Dropdown 選單元件是一個下拉式選單，可以讓使用者選取選項。Node-RED 流程：ch2-3-5.json 新增 Dropdown 元件，可以提供選單來選擇 3 種感測器，然後在 debug 節點顯示使用者的選擇，如下圖所示：

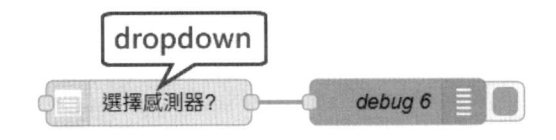

■ dropdown 節點：在【Group】欄選【[Home] 資料輸入】，【Label】欄輸入【選擇感測器？】標題文字，在【Placeholder】欄輸入預設文字【感測器種類】，在下方【Options】欄輸入 3 個選項，請按最下方【option】鈕來新增選項，在 Options 欄位的第 1 欄是選項值，以此例是數字 0、1 和 2；第 2 欄是選項名稱的溫度、溼度和光線，按最後【x】鈕可以刪除選項，如下圖所示：

■ debug 節點：預設值。

在部署後，可以在 Node-RED 儀表板（http://localhost:1880/ui/）看到 Dropdown 選單元件，點選即可顯示選單的 3 個選項，請選取選項，例如：溼度，如下圖所示：

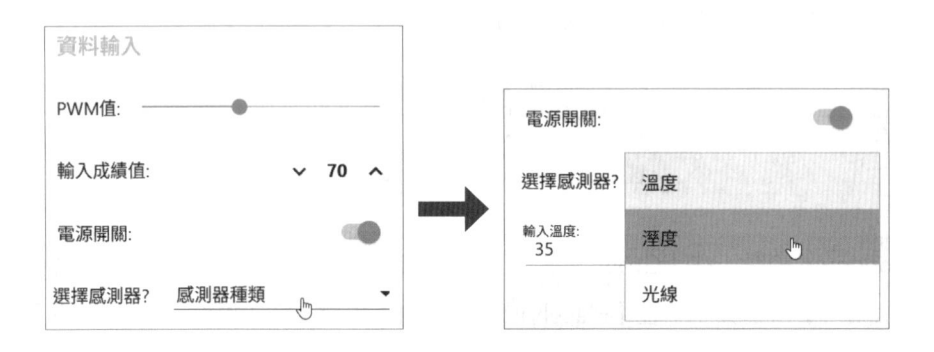

在 Node-RED 的「除錯窗口」標籤頁顯示的是使用者選取的選項值，即 1，如下圖所示：

2-4 儀表板的資料輸出元件

在 Node-RED 儀表板常用的資料輸出元件有：Text、Gauge、Notification 和 Chart 元件等。

2-4-1 Text 元件輸出文字內容

Node-RED 的 Text 元件類似 Windows 視窗的 Label 標籤元件，可以作為輸出元件在儀表板顯示文字內容。Node-RED 流程：ch2-4-1.json 修改 ch2-3-1.json 流程，新增 Text 元件來顯示 TextInput 元件輸入的內容，如下圖所示：

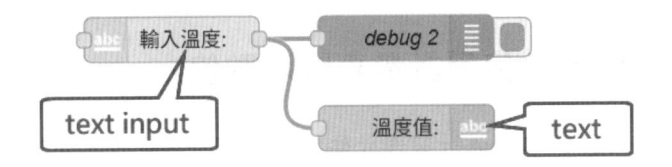

- text 節點：在【Group】欄選【[Home] 資料輸出】,【Label】欄輸入【溫度值：】,【Layout】欄位指定編排方式，如下圖所示：

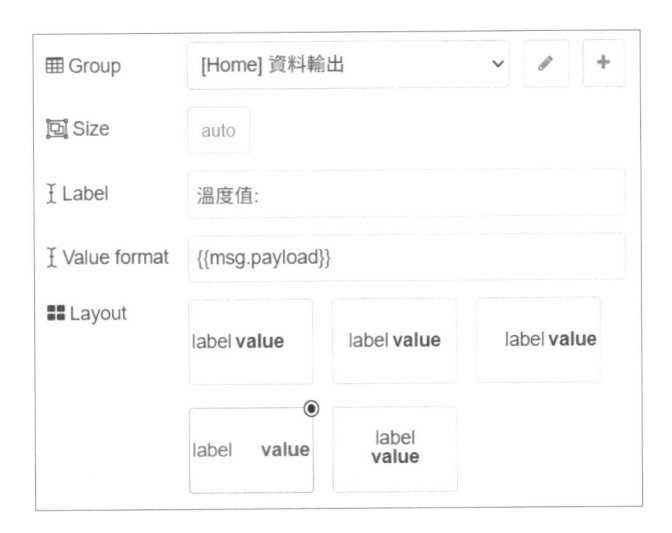

在部署後，可以在 Node-RED 儀表板（http://localhost:1880/ui/）看到 Text 元件，當在 TextInput 元件輸入值，就可以在 Text 元件顯示我們輸入的值，如下圖所示：

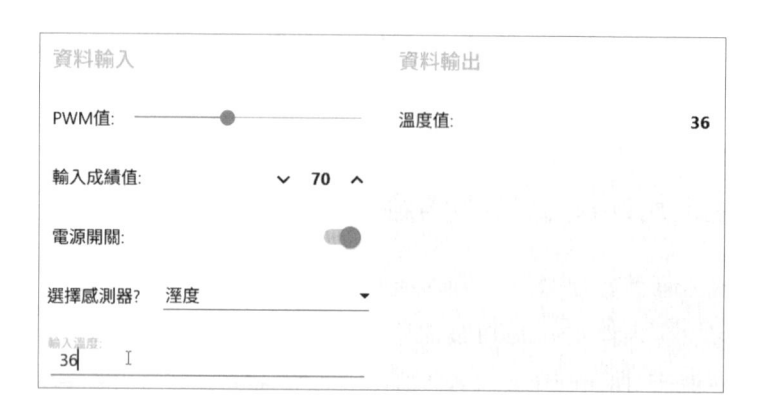

2-4-2 Gauge 元件使用計量表顯示數值

在 Node-RED 儀表板的 Gauge 計量表元件，可以使用指針方式來顯示數值資料。Gauge 元件的【Type】欄位可以選擇 4 種類型的計量表，預設值是 Gauge，如下圖所示：

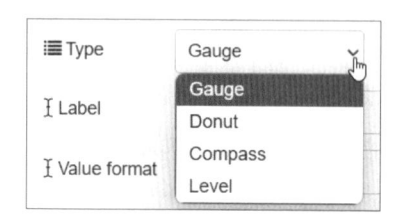

Node-RED 流程：ch2-4-2.json 修改 ch2-3-2.json 流程，在儀表板新增 Gauge 元件來顯示 Slider 元件 0～255 的輸入值，如下圖所示：

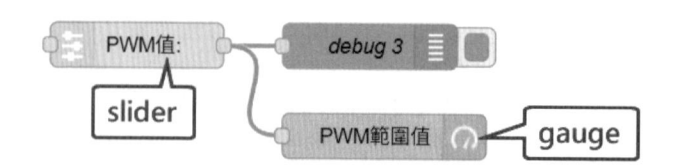

- gauge 節點：在【Group】欄選【[Home] 資料輸出】,【Label】欄輸入【PWM 範圍值】,【Units】欄的單位是【單位值】,【Range】欄輸入值的範圍和 Slider 相同,【min】最小值設為 0；【max】最大值設為 255，如下圖所示：

在部署後，可以在 Node-RED 儀表板（http://localhost:1880/ui/）看到 Gauge 元件，拖拉 Slider 元件的滑桿，就可以在 Gauge 元件的計量表顯示輸入值，如下圖所示：

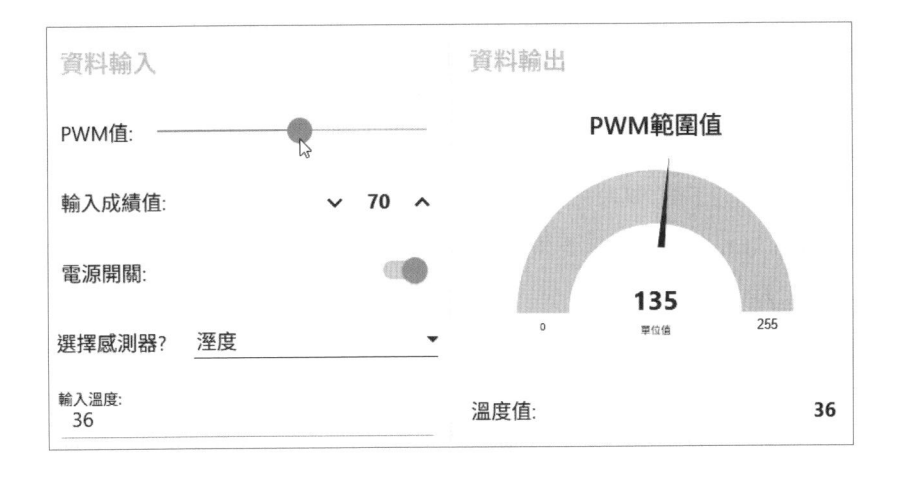

2-17

在 Gauge 元件的【Colour gradient】和【Sectors】欄位可以設定三種值範圍顯示的色彩，以此例是 0~85、86~170 和 171~255 範圍分別顯示綠、黃和紅色，點選色塊可更改色彩，如下圖所示：

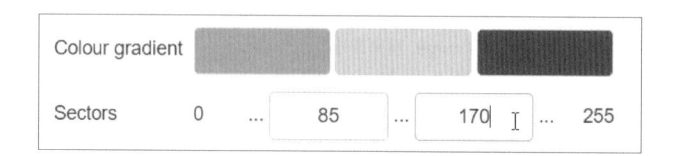

Node-RED 流程：ch2-4-2a.json 改用 Donut 類型，可以顯示 3 種範圍不同的色彩，如下圖所示：

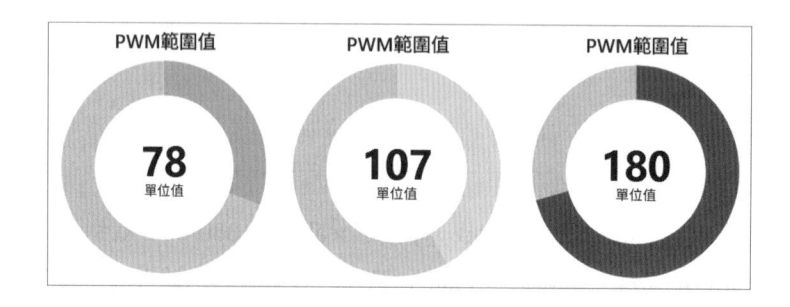

2-4-3 Notification 元件顯示警告訊息框

Notification 元件可以在螢幕畫面的四個角落顯示一個彈出的警告訊息框，或是使用訊息視窗來顯示一個警告訊息。在【Layout】欄位可以指定訊息框顯示的位置是：右上角（Top Right）、右下角（Bottom Right）、左上角（Top Left）或左下角（Bottom Left），如下圖所示：

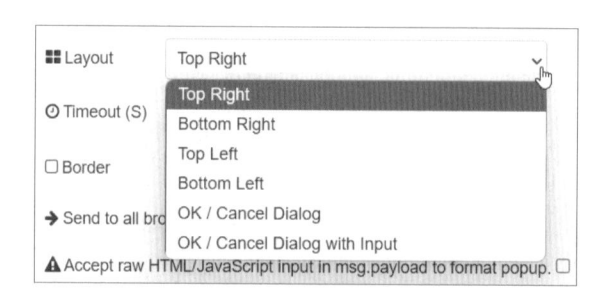

建立監控的 Node-RED 儀表板　**02**

Node-RED 流程：ch2-4-3.json 修改 ch2-3-1.json 流程，新增 switch 和 Notification 元件，我們是使用 switch 節點判斷溫度是否超過 40 度，如果是，就在右上角彈出警告訊息框顯示溫度太高，如下圖所示：

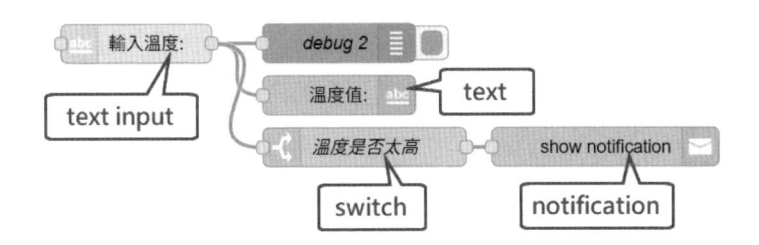

- text input 節點：在【Mode】欄位指定輸入資料是 number 數字，如下圖所示：

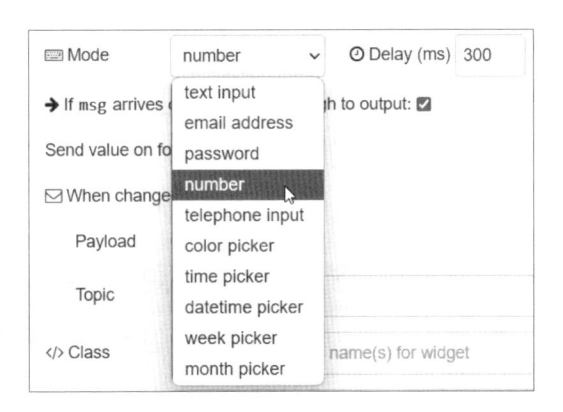

- switch 節點：在【名稱】欄輸入【溫度是否太高】；【屬性】欄位是 msg.payload，然後新增 1 個條件，即條件運算式「msg.payload >= 40」，40 是數字，如下圖所示：

2-19

- notification 節點：在【Layout】欄選【Top Right】顯示在右上角，【Timeout】欄是顯示時間，3 是 3 秒，【Topic】欄是訊息內容【溫度太高！】，如下圖所示：

在部署後，可以在 Node-RED 儀表板（http://localhost:1880/ui/）的 TextInput 元件輸入溫度數值，如果溫度超過 40 度，就在右上角彈出一個警告訊息框，如下圖所示：

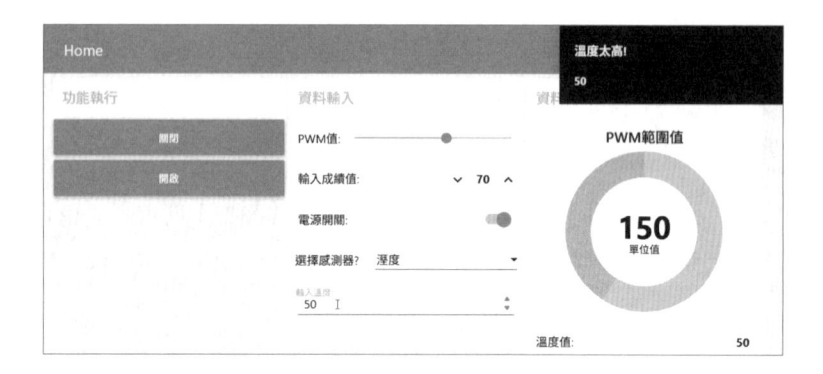

2-4-4 Chart 元件繪製統計圖表

Node-RED 的 Chart 元件支援繪製折線圖、長條圖和圓餅圖等多種統計圖表，可以讓我們在儀表板繪出即時和多組數據的圖表。在【Type】欄位可以指定使用的圖表種類，如右圖所示：

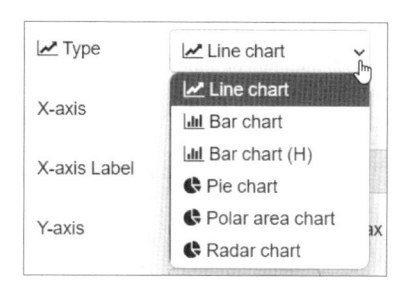

我們準備使用 Chart 元件繪出即時資料的折線圖，為了模擬即時資料，這些資料是使用 random 亂數節點來產生所需的數據。

使用 random 節點產生亂數值　　　　　　　　| ch2-4-4.json

請在 Node-RED 節點管理安裝 node-red-node-random 節點來產生亂數值，然後建立 Node-RED 流程新增節點工具箱「功能」區段的 random 節點，可以產生 1～100 之間的整數亂數值，如下圖所示：

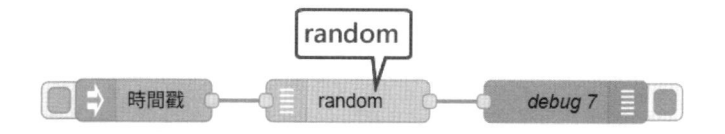

- inject/debug 節點：預設值。
- random 節點：在【Generate】欄選【a whole number - integer】產生整數亂數，範圍是從【From】欄的 1 至【To】欄的 100，即 1～100 之間的整數亂數，如下圖所示：

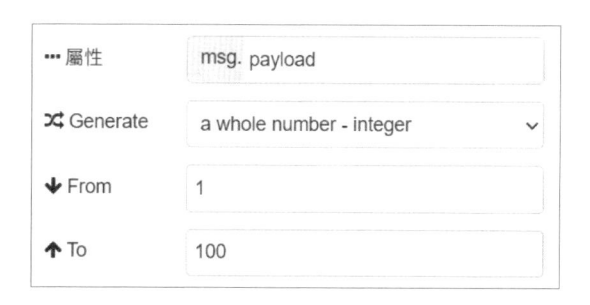

Node-RED 流程的執行結果，每點選一次 inject 節點，可以產生 1 個 1～100 之間的整數亂數，如下圖所示：

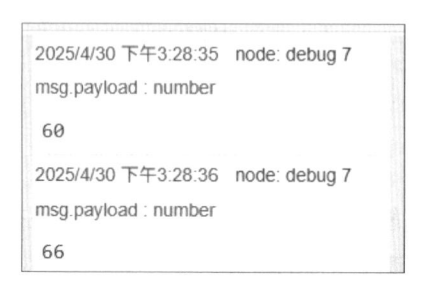

```
2025/4/30 下午3:28:35  node: debug 7
msg.payload : number
60
2025/4/30 下午3:28:36  node: debug 7
msg.payload : number
66
```

▌在儀表板繪出即時資料的折線圖　　　　| ch2-4-4a.json

請修改 ch2-4-4.json 流程，新增 chart 節點的折線圖，inject 節點每 2 秒週期執行，使用 random 節點產生 1～100 之間的亂數後，送入 chart 節點繪出此數據的折線圖，圖表只顯示最後 20 筆資料，如下圖所示：

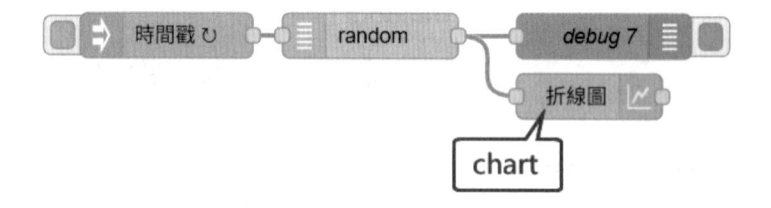

- inject 節點：每隔 2 秒鐘週期的執行，如下圖所示：

建立監控的 Node-RED 儀表板　**02**

- chart 節點：在【Group】欄選【[Home] 資料輸入】,【Label】欄輸入【折線圖】, 在【Type】欄選 Line chart 折線圖, X 軸是【X-axis】欄, 可以指定顯示最後多久時間, 或最後幾筆數據, 以此例是顯示最後 20 個點, 如下圖所示：

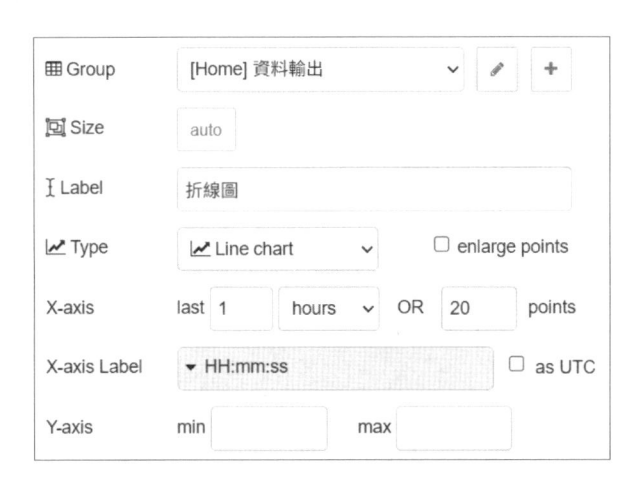

在部署後, 可以在 Node-RED 儀表板 (http://localhost:1880/ui/) 看到 Chart 元件繪出的即時折線圖, 每 2 秒鐘新增一筆數據, 如下圖所示：

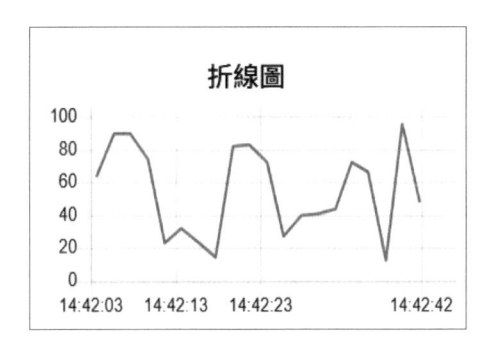

Chart 元件的折線圖可以同時繪出多條線 (Legend 圖例欄位改為 Show), 此時需要使用 change 節點更改 msg.topic 屬性值來分別指定不同資料集的名稱, 詳見第 6-4 節的說明。

2-23

2-5 客製化儀表板的版面配置

在 Node-RED 側邊欄提供 Dashboard 工具標籤頁，我們可以在相關介面來建立版面配置和客製化佈景樣式。

2-5-1 儀表板的版面配置

Node-RED 在 Dashboard 工具標籤頁的【Layout】標籤是版面配置，可以看到新增 Home 標籤和 3 個群組，請點選位在上方標籤旁被框起的小圖示，可以馬上開啟 Node-RED 儀表板網頁，如下圖所示：

在上述圖例點選群組前的【>】，例如：【資料輸入】群組，可以展開下層小工具（Widgets）清單，即元件清單，當游標移至項目上，可以在後面看到【edit】鈕，按下按鈕即可編輯項目，如果項目順序不對，請直接拖拉項目來調整順序，如右圖所示：

建立監控的 Node-RED 儀表板 **02**

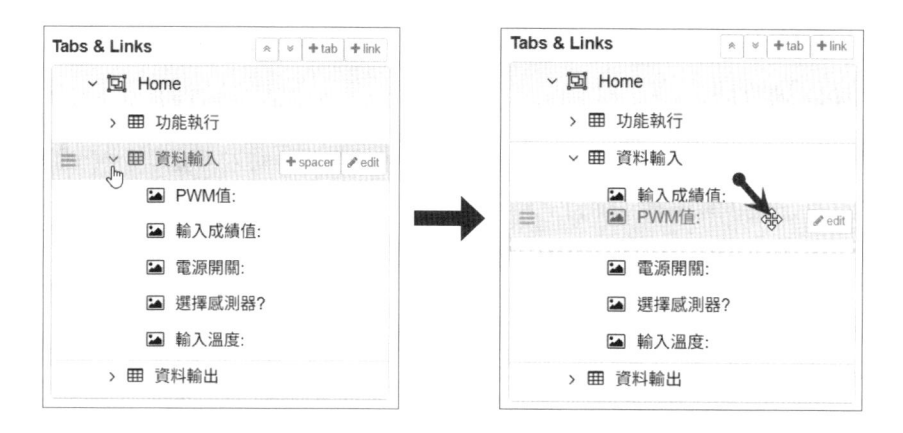

上述【資料輸入】群組後面的【+spacer】鈕是用來新增空白列小工具，可以增加元件之間的間距。當游標移至 Home 標籤時，按後面【layout】鈕，可以使用視覺化方式來拖拉編排此標籤的群組與元件，如下圖所示：

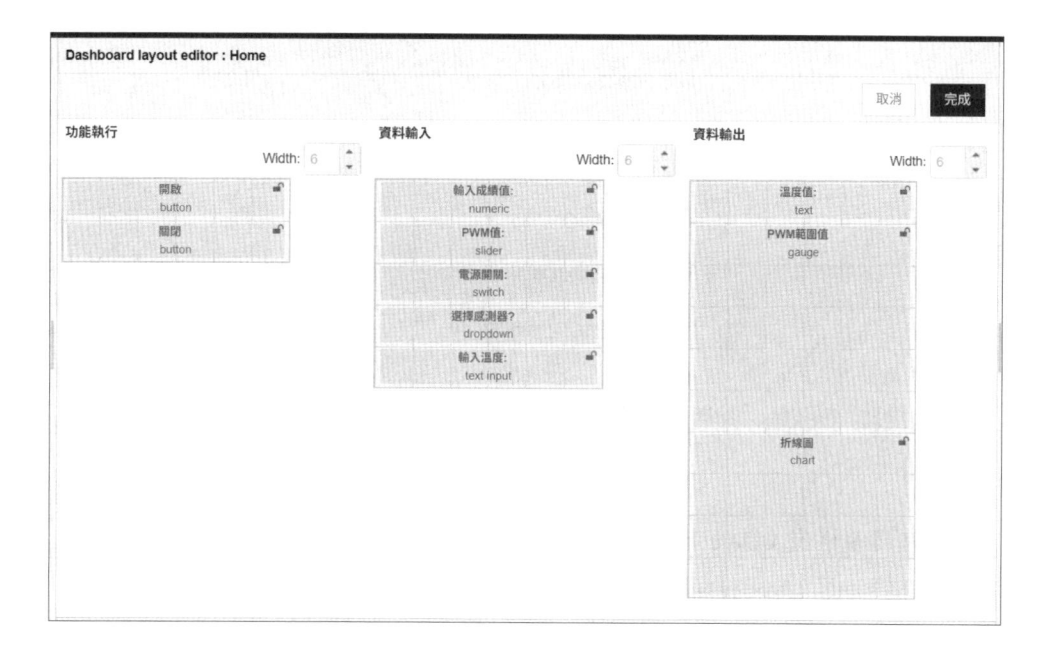

上述 Node-RED 儀表板的版面配置（Layout）是使用一個一個格子（Grid）來編排，每一個群組的寬度預設是 6 單元（Units，1 單元是 48px 寬和 6px 間隙）的格

2-25

子,小工具預設寬度是 auto 自動,會自動填滿上一層群組的寬度,當然,我們可以自行指定小工具寬度的單元數。

基本上,版面配置編排的方法是盡可能填滿群組的寬度,從左至右排列,超過群組寬度,就自動排至下一列,例如:在寬度 6 單元的群組排列 6 個寬度 2 單元的小工具,就會排列成 2 列,在每一列有 3 個小工具。

2-5-2 儀表板網站設定

在 Dashboard 工具標籤頁的【Site】標籤是網站設定,首先是網站名稱(Title)和選項設定(Options),如下圖所示:

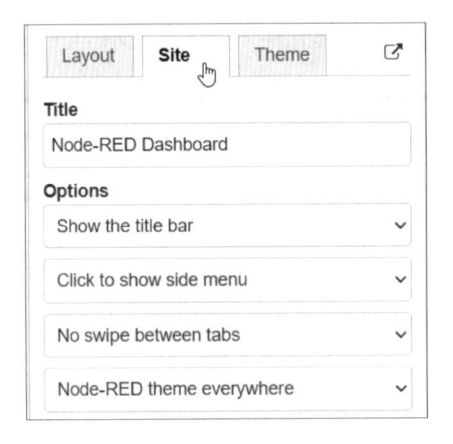

上述選項設定依序是:是否顯示標題列、主選單顯示方式、切換標籤頁方式和如何套件佈景。

在下方是日期格式(Date Format),最後是尺寸(Sizes),可以設定小工具的尺寸和間隙(預設是 48px 和 6px),然後是群組的填充和間隙(預設是 0px 和 6px),如右圖所示:

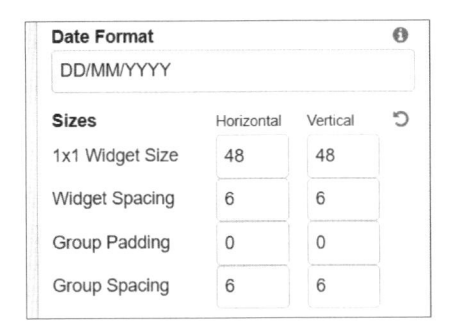

2-5-3 客製化儀表板的佈景樣式

Node-RED 在 Dashboard 工具標籤頁的【Theme】標籤可以客製化佈景樣式，如下圖所示：

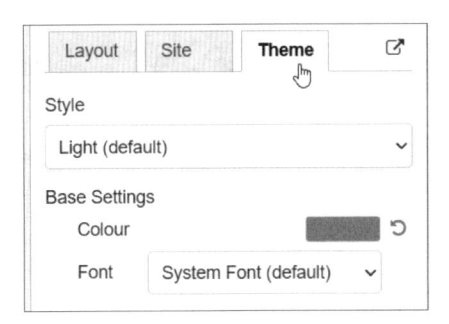

上述 Style 欄位預設提供 2 種佈景 Light（淺色系，預設值）和 Dark（深色系），如下圖所示：

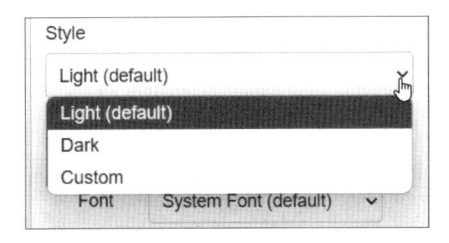

選【Custom】可以在下方欄位客製化佈景樣式，自行指定小工具、群組和標籤的文字、框線和背景色彩。在【Base Settings】欄是指定基礎色彩（Colour）和字型（Font），如下圖所示：

學習評量

1. 請説明什麼是儀表板？Node-RED 儀表板的組成結構？輸入元件有哪些？輸出元件有哪些？

2. 請舉例説明 Node-RED 儀表板的版面配置是如何編排元件？

3. 請問 Gauge 元件有幾種類型？Chart 元件可以繪出幾種統計圖表？

4. 請建立 Node-RED 儀表板的登入表單，擁有 2 個欄位可以輸入使用者名稱和密碼後，在 debug 節點顯示輸入的資料。

5. 請建立 Node-RED 儀表板建立四則計算機的 Web 介面，使用 2 種不同元件來輸入 2 個運算元的數字後，在 text 節點顯示輸入的數字。

6. 請繼續學習評量 5，新增 Dropdown 元件選擇運算子是加、減、乘或除法。

CHAPTER

03

初始 Node-RED 流程與資料分享

- ▶ 3-1 Node-RED 流程的資料分享
- ▶ 3-2 初始 Node-RED 流程
- ▶ 3-3 認識 JSON
- ▶ 3-4 使用檔案初始 Node-RED 流程

3-1 Node-RED 流程的資料分享

Node-RED 流程的資料分享是當建立多個流程時,如何在同一個流程、不同流程和不同流程標籤頁之間來分享資料,簡單的說,就是如何跨流程來存取一些共享的資料。

3-1-1 Node-RED 流程是如何分享資料

Node-RED 流程的資料分享是使用不同範圍(Scope)的特殊變數,這是三種不同範圍的變數,如下所示:

- context 變數:在單一節點保留資料,可以記得上一次執行此節點時的資料(例如:保留計數器值 1、2、3…)。
- flow 變數:在同一流程標籤頁中的不同流程之間分享資料。
- global 變數:在不同標籤頁的所有流程之間來分享資料。

上述 context、flow 和 global 變數就是 context、flow 和 global 物件的屬性，在 Node-RED 可以使用 change 節點或 function 節點來建立和存取這些分享變數，如下所示：

- function 節點：撰寫 JavaScript 程式碼存取 context（僅 function 節點可存取）、flow 和 global 變數，這是使用 set() 和 get() 方法分別指定和取得變數值。JavaScript 程式語言的教學網址，如下所示：

```
https://www.w3schools.com/js/default.asp
```

- change 節點：可以存取 flow 和 global 物件的屬性來存取分享資料，如下圖所示：

3-1-2 在 function 節點保留上次執行的資料

在 function 節點可以使用 context 物件保留上一次執行此節點時的資料，JavaScript 程式碼是呼叫 context.set() 方法指定變數值，方法的第 1 個參數是變數名稱字串 'counter'（字串可用單引號或雙引號括起），第 2 個參數是變數值，如下所示：

```
context.set('counter', count);
```

然後使用 context.get() 方法取出參數指定變數名稱字串 'counter' 的值，如下所示：

```
var count = context.get('counter');
```

上述方法是 Node-RED 建議存取的方法。不過，因為 context 是物件，JavaScript 也可以使用屬性來存取 context 變數 counter 的值，如下所示：

```
context.counter = count;
var count = context.counter;
```

在 Node-RED 流程：ch3-1-2.json 是 2 個計數器流程，每點選一次 inject 節點，就可以將計數值加 1，所以我們需要記住目前的計數值，如下圖所示：

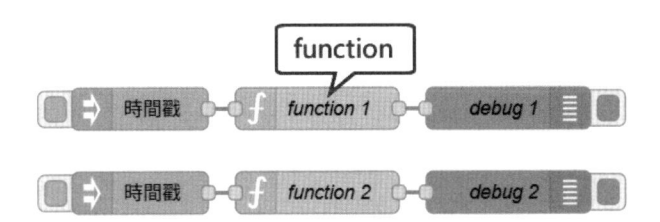

- 2 個 inject 和 2 個 debug 節點：預設值。
- function 1 節點：請輸入下列 JavaScript 程式碼，在第 1 行呼叫 get() 方法取得 counter 變數值，「||」運算子是當 counter 變數沒有值時，指定 count 變數值的初值是 0，然後將計數值加 1，在指定給 msg.payload 屬性後，呼叫 set() 方法儲存 counter 變數值如下所示：

```
var count = context.get('counter') || 0;
count = count + 1;
msg.payload = count;
context.set('counter', count);
return msg;
```

- function 2 節點：請輸入下列 JavaScript 程式碼，改用 context 物件的 counter 屬性來存取 context 變數值，如下所示：

```
var count = context.counter || 0;
count = count + 1;
msg.payload = count;
context.counter = count;
return msg;
```

Node-RED 流程的執行結果，每點選一次 inject 節點，可以在「除錯窗口」標籤頁顯示計數值加 1，如下圖所示：

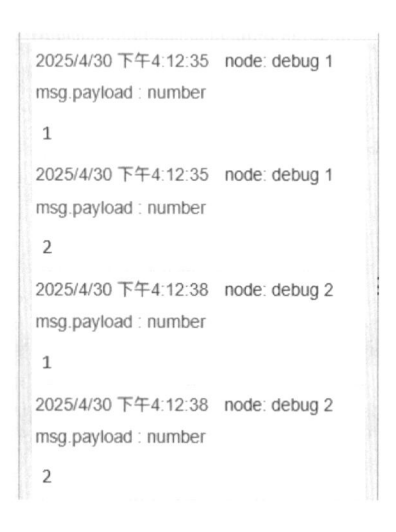

```
2025/4/30 下午4:12:35   node: debug 1
msg.payload : number
1

2025/4/30 下午4:12:35   node: debug 1
msg.payload : number
2

2025/4/30 下午4:12:38   node: debug 2
msg.payload : number
1

2025/4/30 下午4:12:38   node: debug 2
msg.payload : number
2
```

上述計數值會逐漸增加，因為已經使用 context 變數 'counter' 記住目前的計數值。

3-1-3 使用 flow 物件在不同流程分享資料

當在同一標籤頁建立了多個流程，如果需要在不同流程之間分享資料，我們可以使用 flow 變數來分享資料。

使用 function 節點存取 flow 變數　　　　　　　　　　| ch3-1-3.json

在 function 節點也是使用 set() 和 get() 方法存取 flow 變數，2 個流程的第 1 個流程送出數值 30 後，儲存至 flow 變數 "temp"，然後在第 2 個流程取出 flow 變數 "temp" 值和顯示出來，如下圖所示：

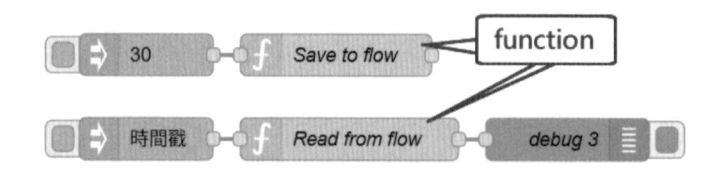

- 第 1 個 inject 節點（30）：送出數字 30。
- 第 2 個 inject 節點和 debug 節點：預設值。
- function 節點（Save to flow）：請輸入下列 JavaScript 程式碼呼叫 set() 方法指定 flow 變數 "temp" 的值，如下所示：

```
flow.set("temp", msg.payload);
return msg;
```

- function 節點（Read from flow）：請輸入下列 JavaScript 程式碼呼叫 get() 方法取得 flow 變數 "temp" 的值，如下所示：

```
var v = flow.get("temp");
msg.payload = v;
return msg;
```

Node-RED 流程的執行結果，請先點選第 1 個流程的 inject 節點，可以建立 flow 變數 "temp" 的值，然後點選第 2 個流程的 inject 節點，可以在「除錯窗口」標籤頁顯示流程分享的數字 30，如下圖所示：

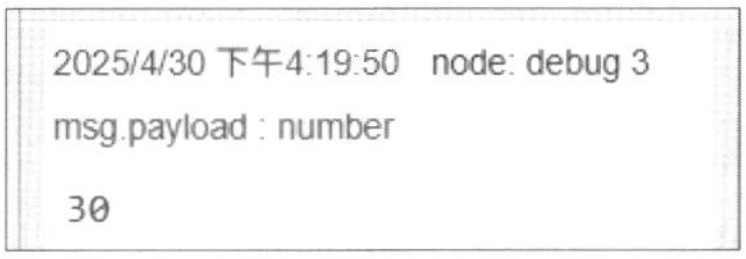

```
2025/4/30 下午4:19:50   node: debug 3
msg.payload : number
30
```

使用 change 節點存取 flow 變數的屬性　　　| ch3-1-3a.json

在 change 節點也可以存取 flow 變數值，使用的是 flow 物件的屬性，在第 1 個流程送出數字 70 後，儲存至 flow 物件 humi 屬性值的 flow 變數，然後在第 2 個流程取出 flow 物件的 humi 屬性值和顯示出來，如下圖所示：

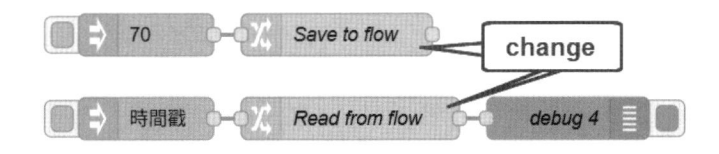

3-5

- 第 1 個 inject 節點（70）：送出數字 70。
- 第 2 個 inject 節點和 debug 節點：預設值。
- change 節點（Save to flow）：使用【設定】操作，指定 flow.humi 屬性值是 msg.payload 屬性值（如果值是物件或陣列，勾選【Deep copy value】是真的複製，而不是參考到同一個物件或陣列），如下圖所示：

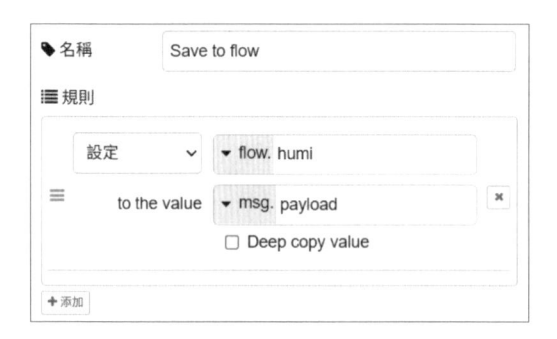

- change 節點（Read from flow）：使用【設定】操作，指定 msg.payload 屬性值是 flow.humi 屬性值，如下圖所示：

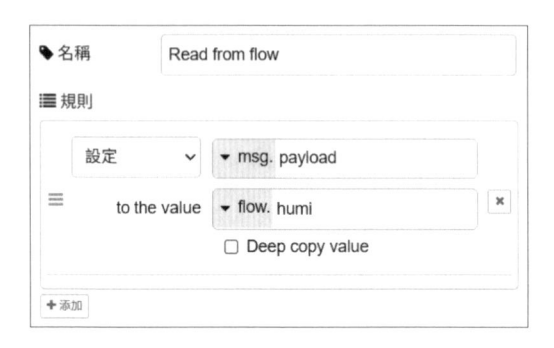

Node-RED 流程的執行結果，請先點選第 1 個流程的 inject 節點，可以建立 flow 物件 humi 屬性值的 flow 變數，然後點選第 2 個流程的 inject 節點，可以在「除錯窗口」標籤頁顯示流程分享的數字 70，如下圖所示：

3-1-4 使用 global 物件在所有流程分享資料

如果是在不同 Node-RED 流程標籤頁建立的流程，我們需要使用 global 物件來分享資料，global 物件是全域物件，所有標籤頁的流程都可以存取此分享資料。

▍在【流程 1】標籤的 2 個流程　　　　　　　　　| ch3-1-4.json

在此標籤的 2 個流程是使用 2 個 inject 節點分別送出數字身高 175 和體重 75 後，依序使用 function 和 change 節點儲存至 global 變數 "height" 和 "weight"，如下圖所示：

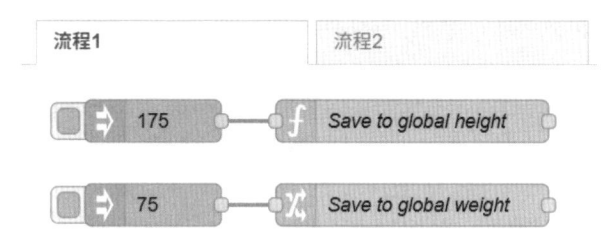

- inject 節點（175 和 75）：分別送出數字 175 和 75。
- function 節點（Save to global height）：請輸入下列 JavaScript 程式碼呼叫 set() 方法指定 global 變數 "height" 值是 msg.payload，如下所示：

```
global.set("height", msg.payload);
return msg;
```

- change 節點（Save to global weight）：使用【設定】操作，指定 global.weight 屬性值是 msg.payload 屬性值，如下圖所示：

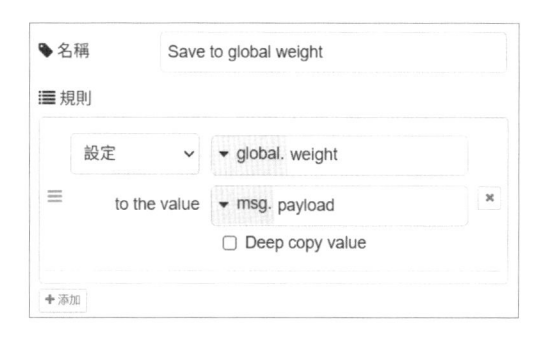

3-7

請注意！Node-RED 流程 ch3-1-4.json 需要和 ch3-1-4a.json 流程一併執行，才能測試 global 變數 "height" 和 "weight" 的資料分享。

■ 在【流程 2】標籤的 2 個流程　　　　　　　　| ch3-1-4a.json

在此標籤的 2 個流程分別使用 change 和 function 節點，可以取出 global 變數 "height" 和 "weight" 的值和顯示出來，如下圖所示：

- 2 個 inject 節點和 2 個 debug 節點：預設值。
- change 節點（Read from global height）：使用【設定】操作，指定 msg.payload 屬性值是 global.height 屬性值，如下圖所示：

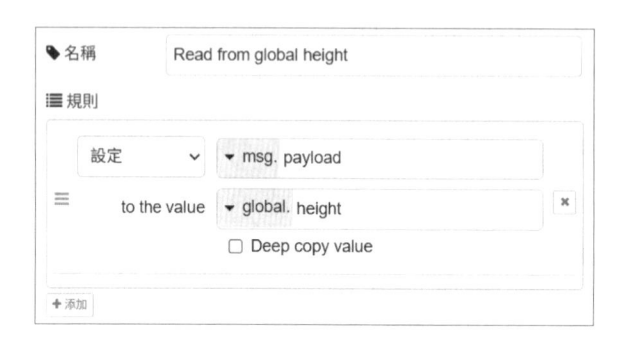

- function 節點（Read from global weight）：請輸入下列 JavaScript 程式碼呼叫 get() 方法取出 global 變數 "weight" 的值，如下所示：

```
var w = global.get("weight");
msg.payload = w;
return msg;
```

Node-RED 流程的執行結果，請先點選【流程 1】標籤頁的 2 個 inject 節點建立 global 變數 "height" 和 "weight" 的值，然後選【流程 2】標籤頁，點選 2 個 inject 節點，就可以在「除錯窗口」標籤頁顯示流程分享的數字 175 和 75，如下圖所示：

```
2025/4/30 下午4:31:25   node: debug 5
msg.payload : number
175
2025/4/30 下午4:31:28   node: debug 6
msg.payload : number
75
```

3-1-5 同時存取多個 context、flow 和 global 變數值

Node-RED 的 context、flow 和 global 物件可以使用 set() 方法同時指定多個值。因為操作方式相同，只以 flow 物件為例，首先指定單一值，然後指定多個值的陣列，如下所示：

```
flow.set("v1", 1);
flow.set("v2", 2);

flow.set(["v3", "v4"], [3, 4]);
```

同理，我們可以使用 get() 方法取出多個值的陣列。首先取出單一值，然後取出索引 0 和 1 的兩個陣列元素值，如下所示：

```
var v1 = flow.get("v1");
var v2 = flow.get("v2");

var values = flow.get(["v3", "v4"]);
var v3 = values[0];
var v4 = values[1];
```

3-9

在 Node-RED 流程：ch3-1-5.json 測試存取多值的 flow 變數，如下圖所示：

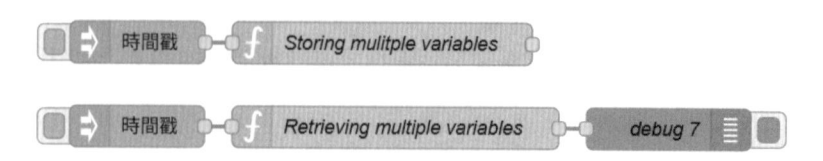

```
時間戳 → Storing mulitple variables

時間戳 → Retrieving multiple variables → debug 7
```

3-2 初始 Node-RED 流程

初始 Node-RED 流程就是在執行流程時初始變數的初值，因為當變數沒有初值，就有可能在執行時產生一些未知錯誤，在 Node-RED 可以使用 function 節點或 config 節點來初始流程所需的變數初值。

3-2-1 使用 function 節點初始流程的變數值

在 Node-RED 流程可以使用 function 節點來初始 JavaScript 變數、context、flow 和 global 變數值。

▌初始 JavaScript 變數值　　　　　　　　　　　　　| ch3-2-1.json

在 function 節點初始 JavaScript 變數值有二種寫法，第一種是使用邏輯運算子 OR，如下所示：

```
var value = msg.payload || 100;
```

上述程式碼當 msg.payload 沒有值時，就指定變數 value 值是 100。第二種方法是使用 if/else 二選一條件敘述，條件可以使用「＝＝ undefined」（三個等號是值需相等，而且資料型態也需相等），或「＝＝ null」，如右所示：

```
var value;
if (msg.payload === undefined) {
    value = 100;
}
else {
    value = msg.payload;
}
```

Node-RED 流程使用 function 節點測試初始 JavaScript 變數值,如下圖所示:

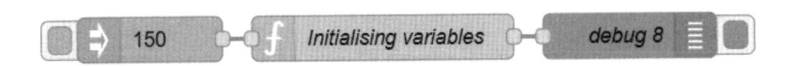

- inject 節點:送出數字 150。
- function 節點:輸入下列 JavaScript 程式碼,如下所示:

```
var value = msg.payload || 100;
msg.payload = value;
return msg;
```

- debug 節點:預設值。

Node-RED 流程的執行結果,請點選 inject 節點,可以輸出數字 150,然後請修改 inject 節點,按之後的【x】鈕,刪除 inject 節點的 msg.payload 屬性,如下圖所示:

3-11

當成功部署後,再次點選 inject 節點,可以在「除錯窗口」標籤頁顯示預設初值是 100,如下圖所示:

```
2025/4/30 下午6:22:44   node: debug 8
msg.payload : number
 150
2025/4/30 下午6:27:25   node: debug 8
msg.payload : number
 100
```

Node-RED 流程:ch3-2-1a.json 改用 if/else 條件來初始 JavaScript 變數值。

初始 context、flow 和 global 變數　　　　| ch3-2-1b.json

我們一樣可以使用「||」運算子來初始 context、flow 和 global 變數的純量值,只以 context 變數為例,如下所示:

```
var count = context.get('counter') || 0;
```

上述「||」運算子的功能相當於下列 if 條件,可以判斷是否有 context 變數,如果沒有,就指定成 0,如下所示:

```
var count = context.get('counter') ;
if (typeof count == "undefined") {
    count = 0;
}
```

如果 context、flow 和 global 變數的初值是物件,其初值是 {},如下所示:

```
var local = context.get('data') || {};
if (local.count === undefined) {
    local.count = 0;
}
```

上述程式碼如果 context 變數不存在，就指定成 {} 空物件，if 條件判斷 count 屬性是否存在，如果不存在，就指定屬性的初值是 0。

在下列 2 個 Node-RED 流程是使用 function 節點來測試初始 context 變數值（一樣適用 flow 和 global 變數），這是 2 個計數器流程，一個使用純量值 'counter' 變數；一是使用物件的 count 屬性，如下圖所示：

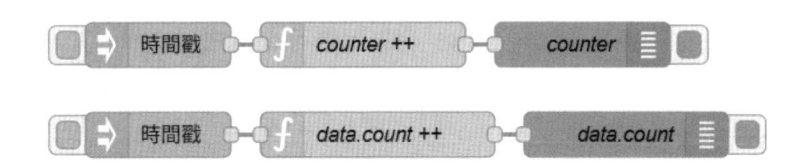

- 2 個 inject 節點：預設值。
- function 節點（counter++）：輸入下列 JavaScript 程式碼，將 context 變數 'counter' 的值加 1，如下所示：

```
var count = context.get('counter') || 0;
count++;
msg.payload = count;
context.set("counter", count);
return msg;
```

- function 節點（data.count++）：輸入下列 JavaScript 程式碼，將 data 物件的 count 屬性的計數值加 1，如下所示：

```
var local = context.get('data') || {};
if (local.count === undefined) {
    local.count = 0;
}
local.count++;
msg.payload = local.count;
context.set("data", local);
return msg;
```

- 2 個 debug 節點：將名稱改成 counter 和 data.count。

Node-RED 流程的執行結果，請分別點選 2 個 inject 節點，都可以看到計數器的數字加 1 輸出，我們可以從 debug 節點名稱看出是哪一個流程的輸出值。

在設置標籤初始 context、flow 和 global 變數　　| ch3-2-1c.json

在 function 節點的【設置】（On Start）標籤，也可以初始 context、flow 和 global 變數值，例如：修改 ch3-2-1b.json 的第 1 個流程，改在【設置】標籤初始 context 變數 "counter"，如下圖所示：

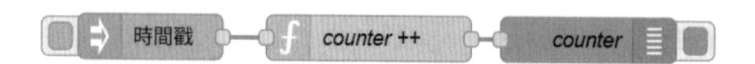

- inject 節點和 debug 節點：預設值。
- function 節點：在【設置】標籤輸入下列 JavaScript 程式碼，如果沒有 "counter" 變數，就初始值是 0，如下所示：

```
if (context.get("counter") === undefined) {
    context.set("counter", 0);
}
```

在【函數】（On Message）標籤輸入將計數器值加 1 的程式碼，如下所示：

```
var count = context.get("counter");
count++;
msg.payload = count;
context.set("counter", count);
return msg;
```

```
  Setup         設置           函數           關閉
1  var count = context.get("counter");
2  count++;
3  msg.payload = count;
4  context.set("counter", count);
5  return msg;
```

Node-RED 流程的執行結果，請點選 inject 節點，可以看到計數器的數字加 1 輸出。

3-2-2 使用 config 節點初始流程的變數值

在 Node-RED 流程初始 flow 和 global 變數值，除了使用 function 節點，也可以自行在【節點管理】安裝 node-red-contrib-config 節點來初始 flow 和 global 變數值。

當成功安裝 config 節點後，在「功能」區段可以看到 config 節點，請直接拖拉至編輯區即可新增節點，然後開啟編輯節點對話方塊，就可以按下方【添加】鈕新增 flow 或 global 變數的初值，【Property】欄是變數名稱（使用的是屬性方式）；【Value】欄是變數初值，如下圖所示：

Node-RED 流程：ch3-2-2.json 是使用 config 節點初始 flow 變數，和改用 flow 變數建立計數器，可以看到 2 個流程都可以將計數值加 1，如下圖所示：

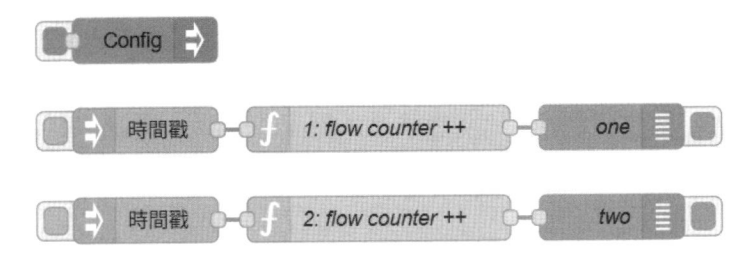

- config 節點：初始 flow 變數 "counter" 值是 0（使用屬性方式），如下圖所示：

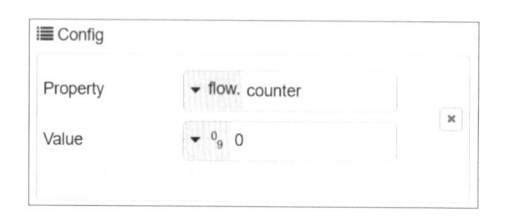

```
≡ Config
Property    ▼ flow. counter
Value       ▼ ⁰₉ 0
```

- 2 個 inject 節點：預設值。
- 2 個 function 節點：2 個節點是輸入下列相同的 JavaScript 程式碼，都是將 flow 變數 "counter" 的值加 1，如下所示：

```
var count = flow.get("counter");
count++;
msg.payload = count;
flow.set("counter", count);
return msg;
```

- 2 個 debug 節點：將名稱改成 one 和 two。

Node-RED 流程的執行結果，請分別點選 2 個 inject 節點，都可以看到計數器的數字加 1 輸出，我們可以從 debug 節點名稱看出不同的 debug 節點的計數值都會加 1，如下圖所示：

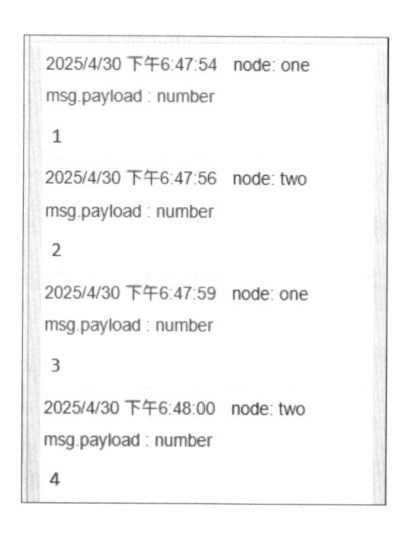

```
2025/4/30 下午6:47:54   node: one
msg.payload : number
1

2025/4/30 下午6:47:56   node: two
msg.payload : number
2

2025/4/30 下午6:47:59   node: one
msg.payload : number
3

2025/4/30 下午6:48:00   node: two
msg.payload : number
4
```

3-3 認識 JSON

「JSON」全名（JavaScript Object Notation）是由 Douglas Crockford 創造的一種輕量化資料交換格式，JSON 資料結構就是 JavaScript 物件文字表示法，不論是 JavaScript 語言或其他程式語言都可以輕易解讀，這是和語言無關純文字的資料交換格式。

在 Node-RED 的 msg.payload 屬性值可以是 JSON 格式的資料，inject 節點也可以送出此格式的資料，不只如此，Node-RED 也可以讀取 JSON 檔案，和在第 4 章建立回傳 JSON 資料的 REST API。

JSON 是一種可以自我描述和容易了解的資料交換格式，使用大括號定義成對的鍵和值（Key-value Pairs），相當於物件的屬性和值，如下所示：

```
{
   "key1": "value1",
   "key2": "value2",
   "key3": "value3",
   ...
}
```

JSON 如果是物件陣列，每一個物件是一筆記錄，我們可以使用方括號「[ ]」來定義多筆記錄，如同一個表格資料，如下圖所示：

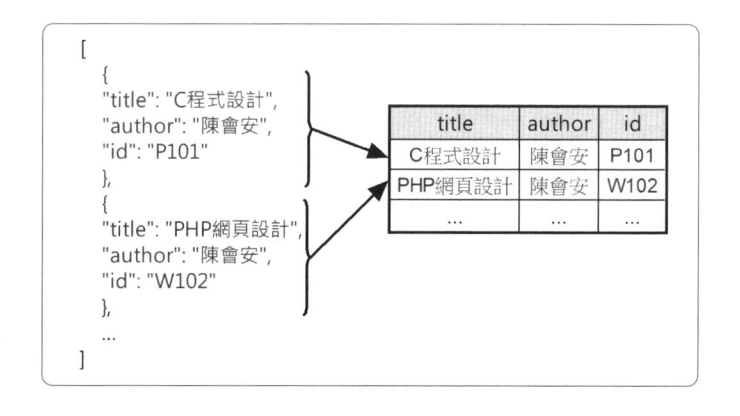

```
[
  {
    "title": "C程式設計",
    "author": "陳會安",
    "id": "P101"
  },
  {
    "title": "PHP網頁設計",
    "author": "陳會安",
    "id": "W102"
  },
  ...
]
```

title	author	id
C程式設計	陳會安	P101
PHP網頁設計	陳會安	W102
...	...	...

JSON 語法規則

JSON 語法就是使用 JavaScript 語法來描述資料，屬於 JavaScript 語法的子集。JSON 語法並沒有關鍵字，其基本語法規則，如下所示：

- 資料是成對鍵和值（Key-value Pairs），使用「:」符號分隔。
- 在資料之間使用「,」符號分隔。
- 使用大括號定義物件。
- 使用方括號定義物件陣列。

JSON 檔案的副檔名為 .json；MIME 型態為 "application/json"。

JSON 的鍵和值

JSON 資料是成對的鍵和值（Key-value Pairs），首先是欄位名稱，接著「:」符號，再加上值，如下所示：

```
"author": "陳會安"
```

上述 "author" 是欄位名稱，"陳會安" 是值，JSON 的值可以是整數、浮點數、字串（使用「"」括起）、布林值（true 或 false）、陣列（使用方括號括起）和物件（使用大括號括起）。

JSON 物件

JSON 物件是使用大括號包圍的多個 JSON 鍵和值，如下所示：

```
{
  "title": "ASP.NET網頁設計",
  "author": "陳會安",
  "category": "Web",
  "pubdate": "06/2015",
  "id": "W101"
}
```

JSON 物件陣列

JSON 物件陣列可以擁有多個 JSON 物件,例如:"Employees" 欄位的值是一個物件陣列,擁有 3 個 JSON 物件,如下所示:

```
{
  "Boss": "陳會安",
  "Employees": [
    { "name": "陳允傑", "tel": "02-22222222" },
    { "name": "江小魚", "tel": "03-33333333" },
    { "name": "陳允東", "tel": "04-44444444" }
  ]
}
```

3-4 使用檔案初始 Node-RED 流程

在 Node-RED 流程可以使用檔案來初始變數值,也就是從檔案讀取資料來指定變數值,我們可以使用文字檔、CSV 檔案或 JSON 檔案(即第 3-3 節 JSON 格式的資料)來初始 Node-RED 流程的變數值。

3-4-1 文字檔案處理

Node-RED 文字檔案處理是使用「存儲」區段的 write file 和 read file 節點,可以讀取文字檔案內容來進行處理,或初始變數值,如下圖所示:

上述 write file 和 read file 節點的說明，如下所示：

- write file 節點：寫入檔案，可以將 msg.payload 屬性值以【編碼】欄選擇的編碼，寫入【檔案名】欄指定路徑的檔案，其操作有三種：追加至文件（新增資料至檔尾，預設值）、複寫文件（建立全新內容的檔案）和刪除檔案，如下圖所示：

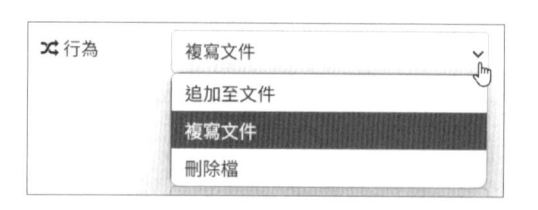

- read file 節點：讀取檔案，可以讀取檔案內容輸出成單一 utf8 編碼字串、檔案中每一行是一個 msg 訊息、Buffer 二進位資料或二進位串流，如下圖所示：

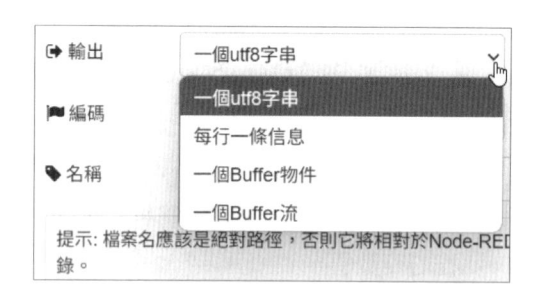

Node-RED 流程：ch3-4-1.json 可以將字串 "This is a pen." 寫入檔案 file.txt 後，讀取 file.txt 檔案內容和顯示出來，如下圖所示：

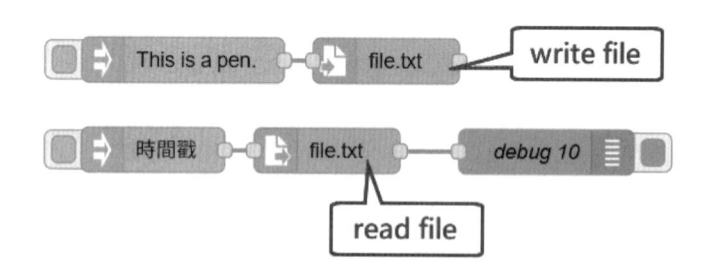

- 2 個 inject 節點：第 1 個送出 This is a pen. 字串，第 2 個是預設值。
- write file 節點：寫入【檔案名】欄的檔案，因為沒有路徑，所以 file.txt 是寫入預設的「…\WinPython\Data」目錄，也可以使用檔案的完整路徑，例如：「D:\file.txt」,【行為】欄是複寫文件，和在下方勾選在 msg.payload 後加上「\n」字元，【編碼】欄是 utf8，如下圖所示：

- read file 節點：讀取【檔案名】欄的檔案，輸出是 utf8 編碼的一個字串，如下圖所示：

- debug 節點：預設值。

Node-RED 流程的執行結果，首先點選第 1 個 inject 節點寫入檔案，然後點選第 2 個 inject 節點，可以看到讀取和輸出的檔案內容，如下圖所示：

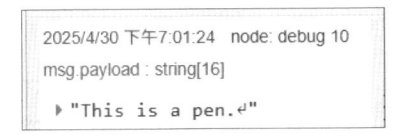

file.txt 檔案位置是在「…\WinPython\Data\」目錄（Node-RED 流程：ch3-4-1a.json 是儲存在「D:\file.txt」），如下圖所示：

3-4-2 使用 CSV 檔案取得變數的初值

CSV（Comma-Separated Values）檔案的內容是使用純文字方式表示的表格資料，這是一個文字檔案，每一行是表格的一列，每一個欄位使用「,」逗號來分隔，第 1 列是標題列，例如：身高和體重的 CSV 資料，如下所示：

```
Name,height,weight
Joe,170,70
Mary,160,49
```

Node-RED 流程：ch3-4-2.json 使用「解析」區段的 csv 節點來剖析上述 CSV 資料（預設分隔符號是「,」逗號），我們可以使用剖析後的資料來初始變數值，如下圖所示：

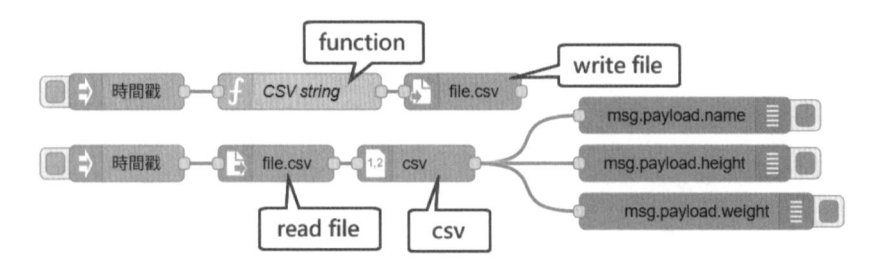

- 2 個 inject 節點：預設值。
- function 節點：請輸入 JavaScript 程式碼來指定 CSV 字串，如下所示：

```
msg.payload = "Name,height,weight\nJoe,170,70\nMary,160,49";
return msg;
```

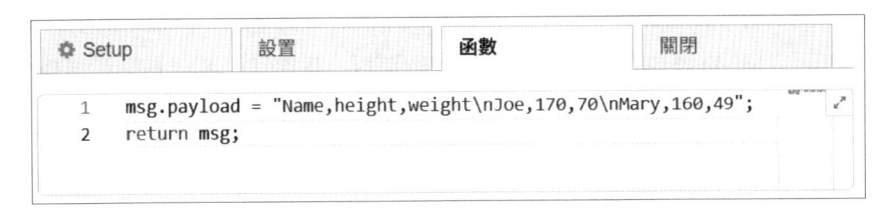

- write file 節點：將 CSV 資料使用 utf8 編碼寫入檔案 file.csv。
- read file 節點：讀取 file.csv 檔案，輸出是 utf8 編碼的一個字串。
- csv 節點：剖析 CSV 資料，【列】欄是「,」逗號分隔的欄位名稱字串，【分隔符號】欄是【逗號】，因為第 1 列是標題列，所以在【輸入】欄忽略前 1 行，【輸出】欄是一行一條訊息，如下圖所示：

- 3 個 debug 節點：輸出 CSV 列的 3 個欄位值，如下所示：

```
msg.payload.name
msg.payload.height
msg.payload.weight
```

Node-RED 流程的執行結果，首先點選第 1 個 inject 節點將 CSV 資料寫入檔案，然後點選第 2 個 inject 節點，可以看到輸出 3 筆資料，依序是姓名、身高和體重。

3-4-3 使用 JSON 檔案取得變數的初值

Node-RED 的 json 節點可以將 JSON 資料的字串轉換成 JavaScript 物件，然後使用物件屬性取出資料來進行處理和初始變數值。Node-RED 流程：ch3-4-3.json 可以建立和讀取 JSON 檔案的資料，我們可以剖析 JSON 資料來指定變數初值，如下圖所示：

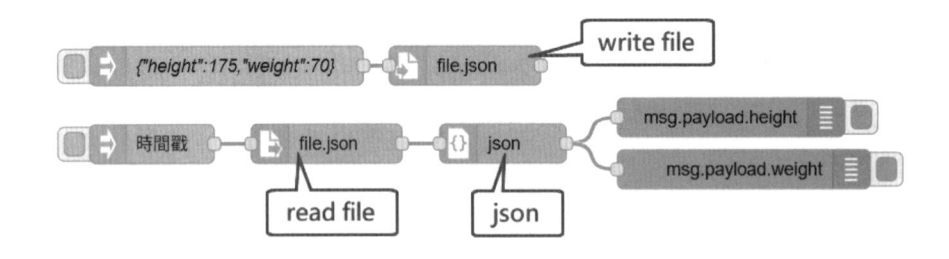

- 2 個 inject 節點：第 1 個送出 JSON 資料 {"height":175,"weight":75}，第 2 個是預設值。
- write file 節點：將 JSON 資料使用 utf8 編碼寫入檔案 file.json。
- read file 節點：讀取 file.json 檔案，輸出是 utf8 編碼的一個字串。
- json 節點：使用預設操作【JSON 字串與物件互轉】，將 JSON 字串轉換成 JavaScript 物件，如下圖所示：

- 2 個 debug 節點：分別輸出身高 height 和體重 weight，如下所示：

```
msg.payload.height
msg.payload.weight
```

Node-RED 流程的執行結果，首先點選第 1 個 inject 節點將 JSON 資料寫入檔案，然後點選第 2 個 inject 節點，可以看到輸出身高 175 和體重 75。

學習評量

1. 請簡單說明 Node-RED 流程的資料分享。我們可以使用哪三種變數來處理資料分享？

2. Node-RED 可以使用 _____ 或 _____ 節點來建立和存取分享變數。Node-RED 檔案處理是使用 ____ 和 _____ 節點。

3. 請問什麼是 JSON 資料？

4. 請說明什麼是初始 Node-RED 流程？我們有幾種方法來初始流程？

5. 請修改 ch3-1-2.json 的 Node-RED 流程，改用 global 變數來建立跨標籤頁的計數器。

6. 請繼續第 2 章學習評量 5. 和 6. 建立的四則計數機介面，請將 2 個運算元和運算子分別儲存成 flow 變數後，新增 Button 元件和 Text 元件，可以按下按鈕，在 Text 元件顯示四則運算的結果。

CHAPTER 04

建立 Node-RED MVC 網站和 REST API

▶ 4-1 認識 Web 網站、Web 應用程式和 MVC
▶ 4-2 建立 MVC 的 Web 網站
▶ 4-3 使用其他資料來源建立 Web 網站
▶ 4-4 使用檔案建立 REST API

4-1 認識 Web 網站、Web 應用程式和 MVC

「Web 應用程式」(Web Application)是一種使用 HTTP 通訊協定作為溝通橋梁,在 WWW 建立的主從架構應用程式,而目前網站架構的主流架構就是 MVC。

Web 網站和 Web 應用程式

Web 網站(Website)是一組網頁集合,包含圖片、文字、音效和影片等資源。Web 應用程式(Web Applications)就是一種透過瀏覽器執行的應用程式(對比 Windows 視窗應用程式),這是可以提供特定功能和互動元素的 Web 網站。請注意!Web 應用程式是在 Web 伺服器執行,並不是在客戶端瀏覽器執行。

基本上,Web 應用程式就是一種「Web 基礎」(Web-Based)的資訊處理系統(Information Processing Systems),其主要的功能是回應使用者的請求,和與使用者進行互動，例如：在網路商店輸入關鍵字查詢商品後，將商品放入購物車和進行信用卡結帳等。

目前 Internet 擁有多種不同類型的 Web 應用程式，例如：網路銀行、電子商務網站、搜尋引擎、網路商店、拍賣網站和電子公共論壇等都是不同用途的 Web 應用程式。

MVC 架構的 Web 應用程式

「MVC 設計模式」(Model-View-Controller design pattern) 是一種物件導向設計模式，將應用程式的資料模型、使用介面和控制邏輯分割成 Model、View 和 Controller 三種元件，如下圖所示：

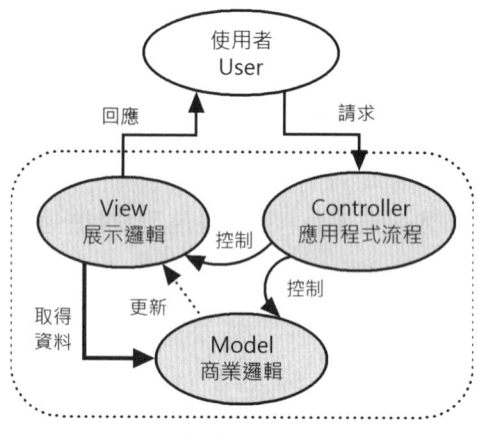

上述圖例的使用者是向 Web 應用程式的 Controller 元件提出 HTTP 請求，當收到請求後，負責控制應用程式的執行，即控制 Model 和 View 元件的狀態變更，View 元件負責產生回應的 HTML 網頁，其資料來源就是 Model 元件，如下所示：

- Model 元件：負責 Web 應用程式的資料存取和處理，即存取和處理儲存在資料庫、文字檔案和 JSON 檔案等資料來源的資料。在 Node-RED 是使用 mysql 或 read file 節點。

- View 元件：負責產生 Web 應用程式的回應資料，可以使用 Model 物件的資料整合至 View 元件的模版來產生 HTTP 回應訊息，通常就是 HTML 網頁。在 Node-RED 就是 template 節點。
- Controller 元件：負責接收使用者從瀏覽器送出的 HTTP 請求，依據請求執行所需操作，可以下達指令給 Model 取出資料，然後送至 View 元件來產生回應的 HTML 網頁。在 Node-RED 是使用 http in 和 function 節點。

4-2 建立 MVC 的 Web 網站

Node-RED 提供 http in 和 http response 節點，可以讓我們輕鬆建立 Web 網站、Web 應用程式和回應 JSON 資料。

4-2-1 建立靜態和動態 Web 網頁

在 Node-RED 流程只需使用 http in、template 和 http response 三個節點就可以建立 Web 網站的路由（Route），在瀏覽器取得回應的 HTML 網頁或 JSON 資料。

▌認識路由

路由（Route）如同 Windows 檔案的路徑用來定位檔案位置，路由就是一個 URL 網址路徑，用來對應到 MVC 的 Controller 元件中的指定方法（在 Node-RED 是對應一個流程），如下圖所示：

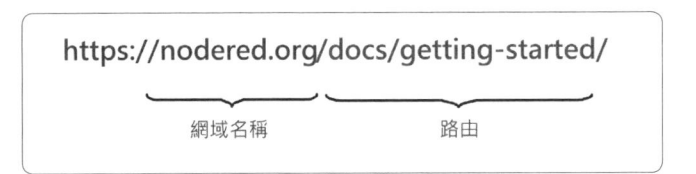

```
https://nodered.org/docs/getting-started/
        └─────┬─────┘└────────┬────────┘
           網域名稱              路由
```

4-3

上述「/docs/getting-started」是路由，例如：Node-RED 網址是 http://localhost:1880，儀表板的路由是「/ui」，所以 Node-RED 儀表板的 URL 網址，如下所示：

```
http://localhost:1880/ui
```

在 Node-RED 是使用一個流程來回應使用者的 HTTP 請求，我們是在 http in 節點定義路由，例如：「/hello」，此時的 URL 網址，如下所示：

```
http://localhost:1880/hello
```

Node-RED 的 template 節點

在「功能」區段的 template 節點是一個模版，可以用來產生網頁內容的 HTML 標籤字串。當新增 template 節點後，可以開啟編輯 template 節點對話方塊，如下圖所示：

上述編輯節點對話方塊的屬性說明，如下所示：

- 屬性：節點輸入預設是 msg.payload 屬性，在【屬性】欄位可以指定套用模版後輸出的屬性名稱，預設也是 msg.payload 屬性。
- 模版：在此方框是類似程式碼編輯器的模版文字編輯區域，支援多種語法高亮度顯示的模版文字內容，如右圖所示：

建立 Node-RED MVC 網站和 REST API　04

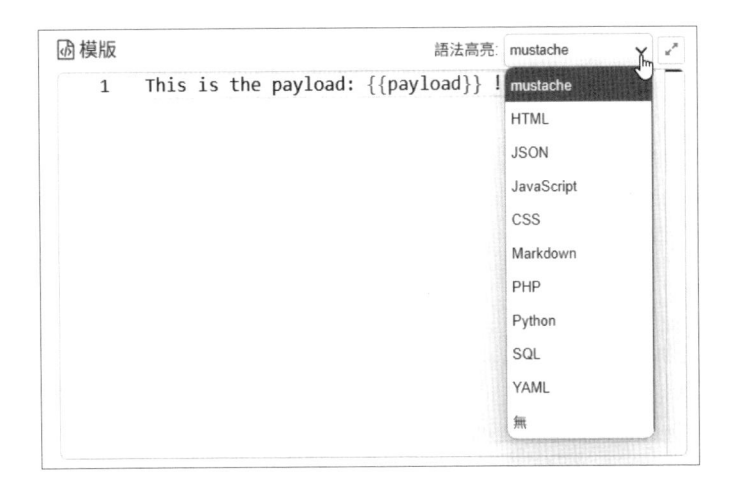

- 格式：選擇使用 Mustache 模版（預設值）或純文字格式。
- 輸出為：設定輸出內容是純文字（預設值）、JSON 或 YAML（Yet Another Markup Language）。

建立靜態 Web 網頁內容　　　　　　　　　　　　| ch4-2-1.json

Node-RED 流程可以回應一頁靜態的 HTML 網頁內容，路由是「/hello」，這是使用「網路」區段的 http in 和 http response 節點，再加上「功能」區段的 template 節點建立回應的 HTML 標籤字串，如下圖所示：

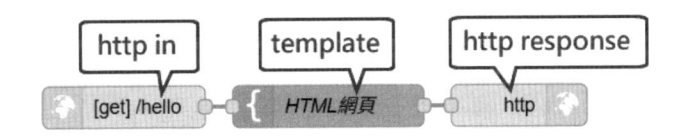

- http in 節點：建立 Web 網站的路由，在【請求方式】欄選 HTTP 方法，支援 GET、POST、PUT、DELETE 和 PATCH，以此例是 GET 方法，在【URL】欄位輸入路由「/hello」，如下圖所示：

4-5

- template 節點：建立 Web 網頁內容，輸入的 HTML 標籤就是回應資料（在此範例並沒有使用 Mustache 模版，只有單純 HTML 標籤），如下所示：

```html
<html>
    <head>
        <title>Hello</title>
    </head>
    <body>
        <h1>我的Hello World!網頁</h1>
    </body>
</html>
```

```
📋 模版                          語法高亮： mustache        ⌄
1   <html>
2       <head>
3           <title>Hello</title>
4       </head>
5       <body>
6           <h1>我的Hello World!網頁</h1>
7       </body>
8   </html>
```

HTML 教學網站：https://www.w3schools.com/html/default.asp。

- http response 節點：使用預設值，可以建立 msg.payload 屬性值的 HTTP 回應給瀏覽器。

在部署流程後，請啟動瀏覽器輸入下列網址，可以看到 HTML 網頁內容，如下所示：

```
http://localhost:1880/hello
```

我的Hello World!網頁

建立動態 Web 網頁 | ch4-2-1a.json

在 Node-RED 流程可以使用 function 節點新增資料,例如:新增 myname 屬性值,然後在 template 節點的模版填入此屬性值,即可建立回應的動態 Web 網頁,路由是「/test」,如下圖所示:

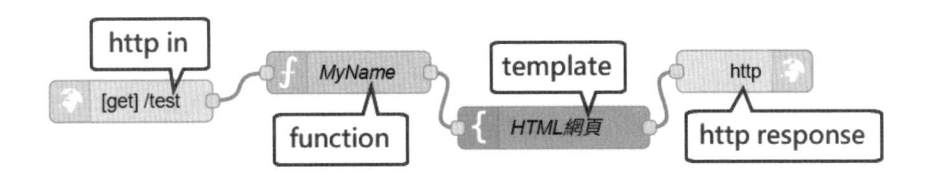

- http in 節點:在【請求方式】欄選 GET 方法,在【URL】欄位輸入路由「/test」,如下圖所示:

- function 節點:請輸入下列 JavaScript 程式碼新增 msg.payload.myname 屬性,其值是 "陳會安",如下所示:

```
msg.payload.myname = "陳會安";
return msg;
```

- template 節點:HTML 模版網頁是在 <h1> 標籤顯示 msg.payload.myname 屬性值,這是使用「{{」和「}}」括起的物件屬性值,即 {{payload.myname}}(請注意!不需要 msg),而屬性值就是插入在此位置,如下所示:

```
<html>
    <head>
        <title>Test</title>
    </head>
    <body>
        <h1>這是{{payload.myname}}的網頁</h1>
```

4-7

```
        </body>
</html>
```

- http response 節點：使用預設值，可以建立 msg.payload 屬性值的 HTTP 回應給瀏覽器。

在部署流程後，請啟動瀏覽器輸入下列網址，可以看到網頁內容，姓名就是在 function 節點建立的 myname 屬性值，如下所示：

```
http://localhost:1880/test
```

4-2-2 使用 JSON 資料建立 Web 網站

實務上，MVC 架構的 Model 資料來源大多是資料庫，在 Node-RED 可以回傳資料庫資料成為 JSON 物件，換句話說，我們可以直接使用 JSON 物件來模擬 Model 元件的資料來源，將這些資料整合至 View 元件的 template 節點來建立 HTML 動態網頁。

Node-RED 流程：ch4-2-2.json 建立路由「/data」，這是使用 change 節點新增 JSON 物件，然後在 template 節點顯示 JSON 物件的內容，如下圖所示：

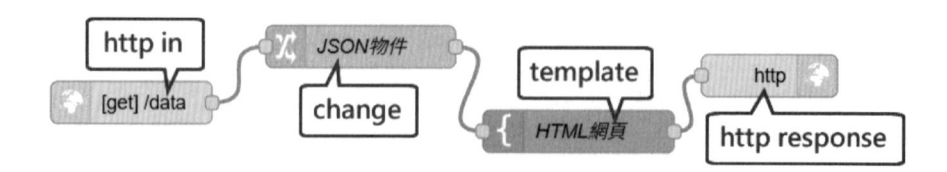

- http in 節點：在【請求方式】欄選 GET 方法，在【URL】欄位輸入路由「/data」，如下圖所示：

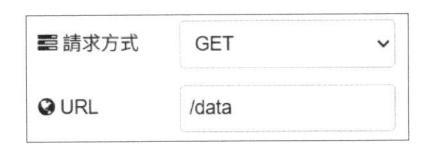

- change 節點：使用【設定】操作，指定 msg.payload 屬性值是 JSON 物件，如下所示：

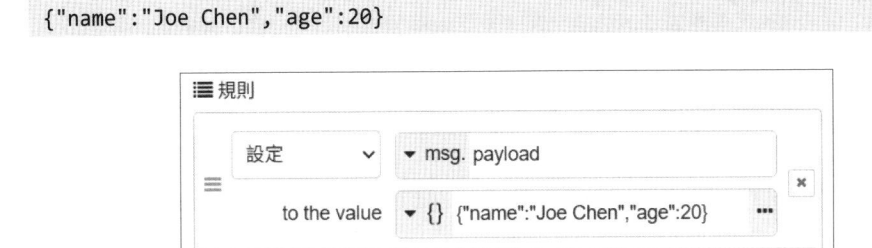

```
{"name":"Joe Chen","age":20}
```

- template 節點：在 HTML 模版網頁的 <h1> 標籤內容顯示 msg.payload.name 屬性值，即 {{payload.name}}，和 <h2> 標籤內容顯示 msg.payload.age 屬性值，即 {{payload.age}}（請注意！並不需要 msg），如下所示：

```
<html>
    <head>
        <title>JSON Object</title>
    </head>
    <body>
        <h1>姓名: {{payload.name}}</h1>
        <h2>年齡: {{payload.age}}</h2>
    </body>
</html>
```

- http response 節點：預設值。

在部署流程後,請啟動瀏覽器輸入下列網址,可以看到網頁內容,Joe Chen 和 20 的資料來源是 JSON 物件,如下所示:

```
http://localhost:1880/data
```

姓名: Joe Chen

年齡: 20

4-2-3 路由的查詢和 URL 參數

在 http in 節點的 HTTP 請求會建立 req 物件,可以使用 req 物件取得路由的查詢參數和 URL 參數值。

▌路由的查詢參數　　　　　　　　　　　　　　　| ch4-2-3.json

在路由的最後可以加上「?」符號的查詢參數,如下所示:

```
http://localhost:1880/query?name=Joe
```

上述網址有 1 個名為 name 的查詢參數,其值為 Joe。如果參數不只一個,請使用「&」符號分隔,如下所示:

```
http://localhost:1880/query?name=Joe&age=22
```

上述路由傳遞參數 name 和 age,其值分別是「=」等號後的 Joe 和 22。我們準備建立路由「/query」的流程,在 template 節點可以使用 msg.req.query 再加上參數名稱 name 和 age 來取得查詢參數值,即 msg.req.query.name 和 msg.req.query.age,如下圖所示:

[get] /query ─── { HTML網頁 } ─── http

4-10

- http in 節點：在【請求方式】欄選 GET 方法，在【URL】欄位輸入路由「/query」。
- template 節點：在 HTML 模版網頁使用 msg.req.query 取得查詢參數 name 和 age 的值，即 {{req.query.name}} 和 {{req.query.age}}（請注意！並不需要 msg），如下所示：

```html
<html>
    <head>
        <title>Query Parameters</title>
    </head>
    <body>
        <h1>姓名: {{req.query.name}}</h1>
        <h2>年齡: {{req.query.age}}</h2>
    </body>
</html>
```

- http response 節點：預設值。

在部署流程後，請啟動瀏覽器輸入下列網址，在「?」號後是查詢參數，名稱是 name；值是 Joe，可以看到網頁內容顯示參數值 Joe，但是沒有 age，如下所示：

```
http://localhost:1880/query?name=Joe
```

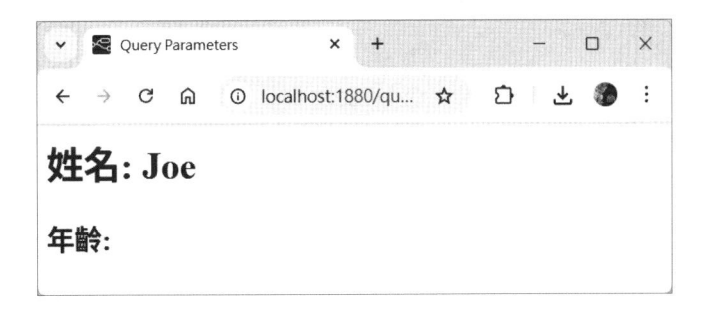

請在最後輸入「&」符號後，再加上第 2 個參數 age，就可以在網頁內容顯示年齡參數值，如下所示：

```
http://localhost:1880/query?name=Joe&age=22
```

4-11

姓名: Joe

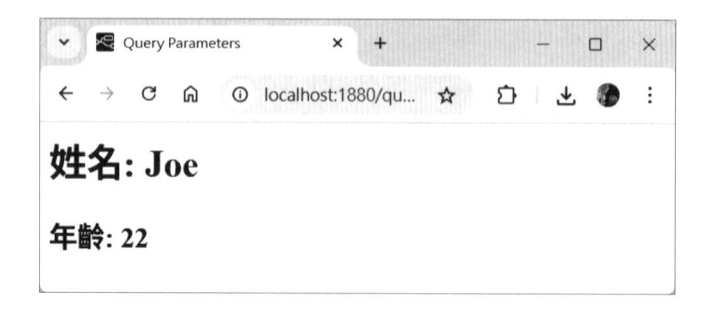

年齡: 22

路由的 URL 參數　　　　　　　　　　　　　　| ch4-2-3a.json

除了查詢參數，在路由「/url」之後也可以加上 URL 參數，在 Node-RED 流程是使用「/url/:name」路由定義 name 參數，在 template 節點可以使用 msg.req.params 屬性取得 URL 參數值，因為在路由已經指定參數名稱是 name，所以可以使用 msg.req.params.name 屬性來取得參數值，如下圖所示：

- http in 節點：在【請求方式】欄選 GET 方法，在【URL】欄位輸入路由「/url/:name」，「:name」就是參數名稱 name，如下圖所示：

- template 節點：在 HTML 模版網頁使用 msg.req.params 取得 URL 參數 name 的值，即 {{req.params.name}}（請注意！並不需要 msg），如下所示：

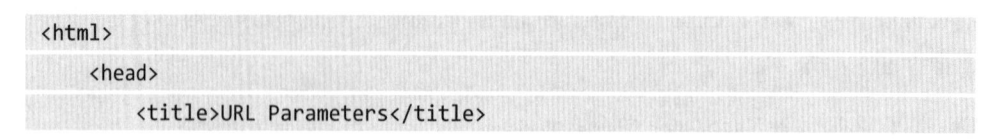

```
<html>
    <head>
        <title>URL Parameters</title>
```

```
    </head>
    <body>
        <h1>姓名: {{req.params.name}} </h1>
    </body>
</html>
```

- http response 節點：預設值。

在部署流程後,請啟動瀏覽器輸入下列網址,在「/url」路由後是 URL 參數值「/Joe」,可以看到網頁內容顯示參數值 Joe,如下所示:

```
http://localhost:1880/url/Joe
```

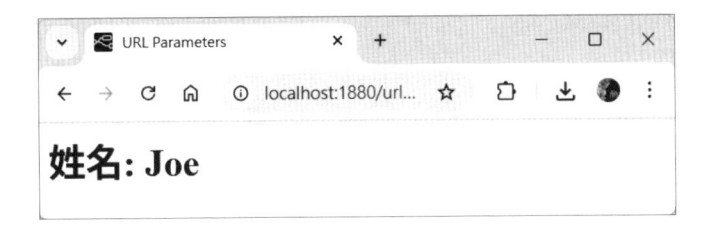

姓名: Joe

4-2-4 建立回傳 JSON 資料的路由

Node-RED 流程也可以回傳 JSON 資料,而不是 HTML 網頁。Node-RED 流程:ch4-2-4.json 建立路由「/json」來回傳 JSON 資料,如下圖所示:

- http in 節點：在【請求方式】欄選 GET 方法,在【URL】欄位輸入路由「/json」。
- template 節點：在模版建立回傳的 JSON 資料,如下所示:

```
{ "name" : "Joe" }
```

- http response 節點：按下方【添加】鈕新增 HTTP 標頭資訊，第 1 欄是 Content-Type，第 2 欄是 application/json，即指定回傳的是 JSON 資料，如下圖所示：

在部署流程後，請啟動瀏覽器輸入下列網址，可以看到回應內容是 JSON 資料，如下所示：

```
http://localhost:1880/json
```

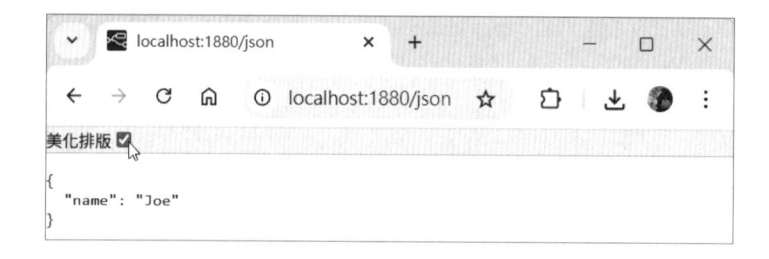

4-3 使用其他資料來源建立 Web 網站

Model 是建立網頁內容的資料來源，我們可以使用 flow 變數的分享資料來建立回應的 HTML 網頁，或使用 read file 節點開啟 HTML 網頁檔案或圖檔來建立 Web 網站。

4-3-1 使用 flow 變數的分享資料建立 Web 網頁

Node-RED 流程：ch4-3-1.json 使用 flow 變數的分享資料來建立 Web 網頁，共有 2 條流程，在第 1 個流程模擬 Model 元件，將資料存入 flow 變數作為資料來源，第 2 個流程從 flow 變數取出資料來建立 Web 網頁，如右圖所示：

建立 Node-RED MVC 網站和 REST API **04**

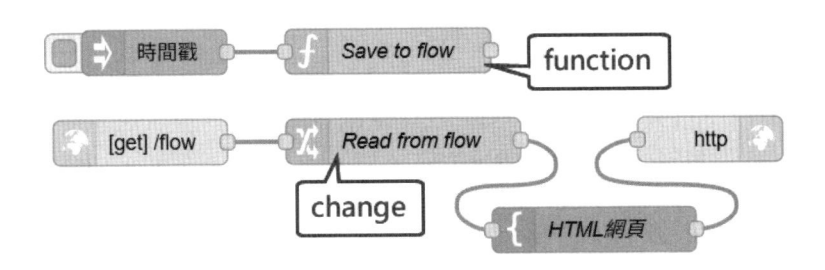

- inject 節點：預設值：
- function 節點：輸入下列 JavaScript 程式碼，可以將 JavaScript 物件存入 flow 變數 "model"，如下所示：

```
var data = {
    name: "陳小新",
    age: 22
};
flow.set("model", data);
return msg;
```

- http in 節點：在【請求方式】欄選 GET 方法，在【URL】欄位輸入路由「/flow」。
- change 節點：使用【設定】操作，以屬性 model 值來讀取 flow 變數 "model" 後，指定給 msg.payload，如下圖所示：

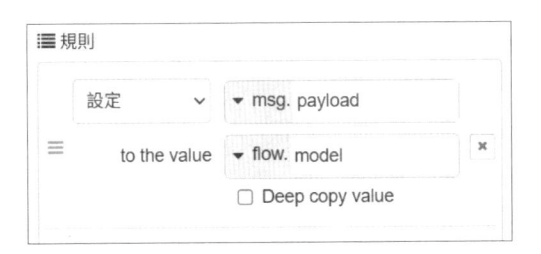

- template 節點：在 HTML 模版網頁的 {{payload.name}} 和 {{payload.age}}，就是 flow 變數 "model" 分享的資料，如下所示：

```
<html>
    <head>
```

4-15

```
        <title>Flow Object</title>
    </head>
    <body>
        <h1>姓名: {{payload.name}}</h1>
        <h2>年齡: {{payload.age}}</h2>
    </body>
</html>
```

- http response 節點：預設值。

在部署流程後，請先點選 inject 節點初始 flow 變數 "model"，然後啟動瀏覽器輸入下列網址，可以看到 HTML 網頁內容顯示的姓名和年齡，如下所示：

```
http://localhost:1880/flow
```

姓名: 陳小新

年齡: 22

4-3-2 使用 HTML 網頁檔案建立 Web 網站

除了使用 template 節點來產生 HTML 標籤，我們也可以直接開啟 HTML 網頁檔案來取得回應的 HTML 標籤字串。Node-RED 流程：ch4-3-2.json 是使用 read file 節點，讀取 HTML 網頁檔案 fchart.html 來建立回應的 HTML 標籤，如下圖所示：

- http in 節點：在【請求方式】欄選 GET 方法，在【URL】欄位輸入路由「/page」。

- read file 節點：在【檔案名】欄是 www\fchart.html 檔案，輸出是 utf8 編碼的一個字串，如下圖所示：

```
檔案名      ▼ path www\fchart.html
輸出        一個utf8字串            ▼
編碼        默認                    ▼
```

- http response 節點：預設值。

在部署流程後，請先複製「\ch04\www」目錄至「…\WinPython\Data」目錄後，可以看到「…\WinPython\Data\www」目錄下的 fchart.html 檔案（koala.png 是準備在第 4-3-3 節顯示的 PNG 圖檔），如下圖所示：

```
> WinPython > Data > www
   名稱
   fchart
   koala
```

然後啟動瀏覽器輸入下列網址，可以看到 fchart.html 檔案的 HTML 網頁內容，如下所示：

```
http://localhost:1880/page
```

fChart程式設計教學工具簡介

fChart是一套真正可以使用「流程圖」引導程式設計教學的「完整」學習工具，可以幫助初學者透過流程圖學習程式邏輯和輕鬆進入「Coding」世界。

更多資訊...

4-3-3 在 HTML 網頁顯示圖片檔案

同樣方式,我們可以使用 read file 節點在 HTML 網頁顯示圖檔。在 Node-RED 流程:ch4-3-3.json 共有 2 個流程,第 1 條流程是「/image」路由,使用 read file 節點讀取和顯示圖檔,第 2 條「/show」路由是在 HTML 的 <img> 標籤顯示第 1 個流程的圖檔,如下圖所示:

- 2 個 http in 節點:【請求方式】欄都是選 GET 方法,在【URL】欄位分別輸入路由「/image」和「/show」。
- read file 節點:在【檔案名】欄輸入 www\koala.png 檔案,輸出是一個 Buffer 物件,如下圖所示:

- http response 節點(回應圖片):按下方【添加】鈕新增 HTTP 標頭資訊,第 1 欄是 Content-Type,第 2 欄是 image/png,指定回傳的是 PNG 格式的圖片資料,如下圖所示:

- template 節點：請在 HTML 模版網頁輸入下列 HTML 標籤來建立網頁內容，<img> 標籤可以顯示圖片，src 屬性值是第 1 個流程的路由「/image」，如下所示：

```
<html>
    <head>
        <title>顯示圖片</title>
    </head>
    <body>
        <h1>無尾熊</h1>
        <img src="/image" height="200" weight="200"/>
    </body>
</html>
```

- http response 節點：預設值。

在部署流程後，請先複製「\ch04\www」目錄至「…\WinPython\Data」目錄後，可以看到「…\WinPython\Data\www」目錄下的 PNG 圖檔 koala.png。然後請啟動瀏覽器輸入下列網址，可以看到圖檔內容，如下所示：

```
http://localhost:1880/image
```

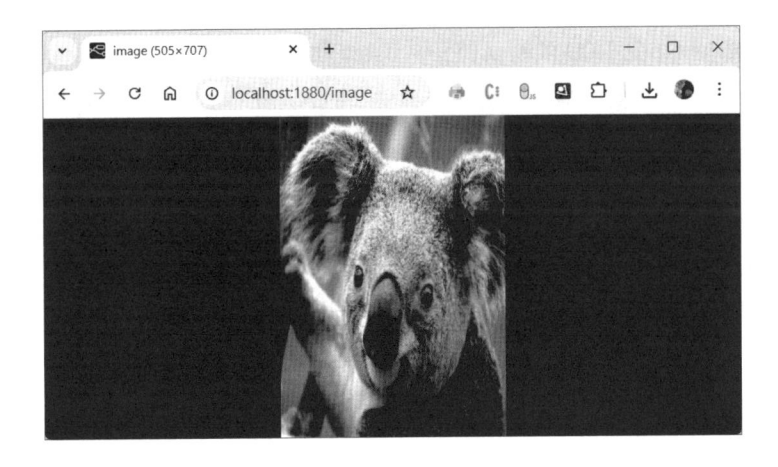

接著輸入下列網址，可以看到在 HTML 網頁內容顯示的圖檔，如下所示：

```
http://localhost:1880/show
```

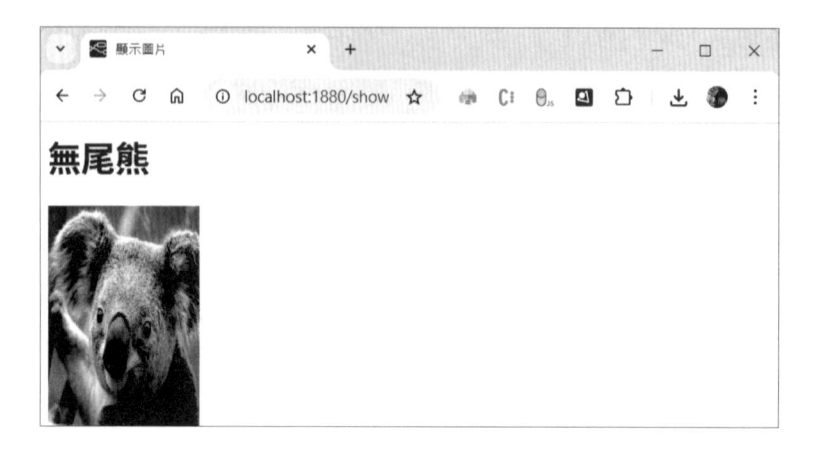

4-4 使用檔案建立 REST API

REST（REpresentational State Transfer）是一種 Web 應用程式架構，符合 REST 的系統稱為 RESTful。REST API 就是使用 HTTP 請求的 Web API，其操作類型是 GET、PUT、POST 和 DELETE 方法，對應資料讀取、更新、建立和刪除操作。

在第 4-2-4 節的 Node-RED 流程（路由「/json」）可以回傳 JSON 資料，這是直接在 template 節點建立回傳的 JSON 資料來建立 REST API，我們準備改用 read file 節點來讀取 JSON 檔案，然後回應檔案內容的 JSON 資料來建立 REST API。

請將「\ch04」目錄下的 books.json 檔案複製到「…\WinPython\Data」目錄後，Node-RED 流程：ch4-4.json 建立路由「/json2」讀取 books.json 檔案，直接將檔案內容的 JSON 資料作為 HTTP 回應，如下圖所示：

- http in 節點：在【請求方式】欄選 GET 方法，在【URL】欄位輸入路由「/json2」。
- read file 節點：在【檔案名】欄輸入 books.json 檔案，輸出是 utf8 編碼的一個字串，如下圖所示：

- http response 節點：按下方【添加】鈕新增 HTTP 標頭資訊，第 1 欄是 Content-Type，第 2 欄是 application/json，即指定回傳的是 JSON 資料，如下圖所示：

在部署流程後，請啟動瀏覽器輸入下列網址，可以看到回應的內容是 JSON 資料，如下所示：

```
http://localhost:1880/json2
```

我們可以使用線上 JSON 編輯器來格式化編排 JSON 資料，請複製瀏覽器中的 JSON 資料至 https://jsoneditoronline.org/ 的 JSON Editor，如下圖所示：

4-21

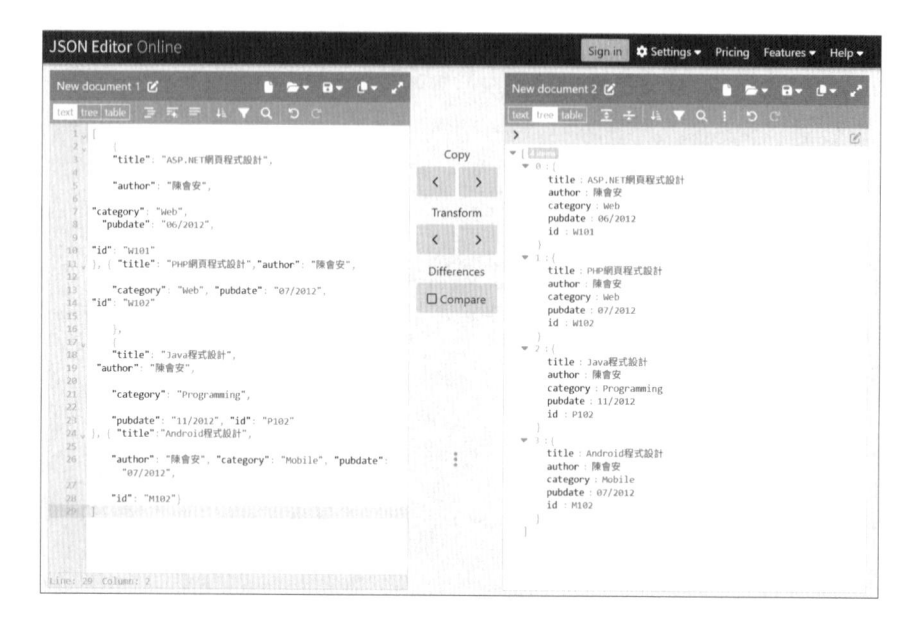

上述圖例是將 JSON 資料複製至左邊，按 Transform 下的【>】鈕，再按【Transform】鈕，可以轉換成右邊的階層結構，圖書資料是 JSON 陣列，每一本圖書是一個 JSON 物件。

🖌 學習評量

1. 請說明什麼是 Web 網站、Web 應用程式和 MVC？

2. 請舉例說明路由是什麼？

3. Node-RED 是在 _____ 節點定義路由；_____ 節點建立 HTML 網頁內容。

4. 請簡單說明 Node-RED 的 Web 網站如何回傳 JSON 資料和顯示圖檔？

5. 請建立一個路由「/me」的 Node-RED 流程，可以回傳顯示讀者姓名和學號的 HTML 網頁。

6. 在第 4-4 節是使用 read file 節點的單一流程來建立 REST API，請改成二個流程，一個讀取 JSON 檔案至 flow 變數，然後使用 flow 變數來建立 REST API。

CHAPTER 05

Node-RED 與 MySQL 資料庫

- 5-1 認識與使用 MySQL 資料庫
- 5-2 SQL 結構化查詢語言
- 5-3 Node-RED 的資料庫查詢
- 5-4 Node-RED 的資料庫操作
- 5-5 使用 MySQL 資料庫查詢結果建立 REST API

5-1 認識與使用 MySQL 資料庫

關聯式資料庫（Relational Database）是目前資料庫系統的主流，市面上大部分資料庫管理系統都是一種關聯式資料庫管理系統（Relational Database Management System），例如：Access、MySQL、SQL Server、Oracle 和 SQLite 等。

5-1-1 認識 MySQL/MariaDB 資料庫

MySQL 是一套開放原始碼的關聯式資料庫管理系統，原來是 MySQL AB 公司開發和提供技術支援（已經被 Oracle 公司併購），這是 David Axmark、Allan Larsson 和 Michael Monty Widenius 在瑞典設立的公司，其官方網址為：http://www.mysql.com。

MySQL 源於 mSQL，跨平台支援 Linux/UNIX 和 Windows 作業系統，MySQL 原開發團隊因懷疑 Oracle 公司對開放原始碼的支持，所以成立了一間新公司開發完全相容 MySQL 的 MariaDB 資料庫系統，目前來説，MySQL 就是指 MySQL 或 MariaDB。

MariaDB 完全相容 MySQL，而且保證永遠開放原始碼，目前已經是普遍使用的資料庫伺服器之一，Facebook 和 Google 等公司都已經改用 MariaDB 取代 MySQL，其官方網址是：https://mariadb.org/。

5-1-2 MySQL 資料庫的基本使用

在本章是使用可攜式版本的 MySQL 資料庫，和使用 HeidiSQL 管理工具來管理 MySQL 資料庫。

啟動與停止 MySQL 伺服器

在本書提供的 fChartEasy 套件已經包含 MySQL 和 HediSQL 管理工具，請開啟 fChart 主選單，執行「MySQL 資料庫 > 啟動 MySQL」命令啟動 MySQL 伺服器。

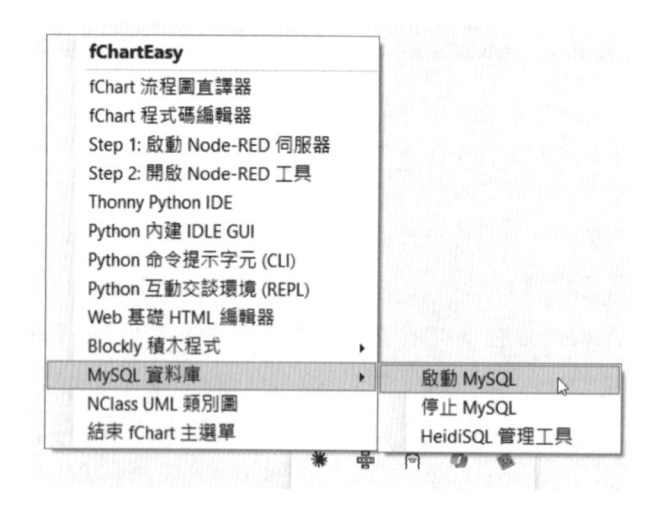

如果是第 1 次啟動 MySQL 伺服器，就會看到「Windows 安全性警訊」對話方塊，請按【允許】或【允許存取】鈕。

MySQL 伺服器是在背景執行，並沒有使用介面，請啟動 HeidiSQL 工具連接 MySQL 伺服器，若能夠成功連接，就表示成功啟動 MySQL 伺服器。結束 MySQL 請執行「MySQL 資料庫 > 停止 MySQL」命令，如下圖所示：

啟動 HeidiSQL 工具連接 MySQL 伺服器

HeidiSQL 管理工具是 Ansgar Becker 開發的免費 MySQL 管理工具，一套好用且可靠的 SQL 工具，支援管理 MySQL、微軟 SQL Server 或 PostgreSQL 資料庫。

在啟動 MySQL 伺服器後，就可以啟動 HeidiSQL 管理工具來連接 MySQL 伺服器，其步驟如下所示：

Step 1 請開啟 fChart 主選單，執行「MySQL 資料庫 >HeidiSQL 管理工具」命令啟動 HeidiSQL 管理工具。

Step 2 在「Session Manager」對話方塊的左邊選【MySQL】，可以在右邊看到伺服器連接資訊（類型是 MariaDB or MySQL），以 TCP/IP 連接本機 MySQL伺服器，使用者是 root；並沒有密碼，預設埠號是 3306，請按【Open】鈕連接 MySQL 伺服器。

Step 3 成功連接 MySQL 伺服器，可以看到 HeidiSQL 工具的管理介面。

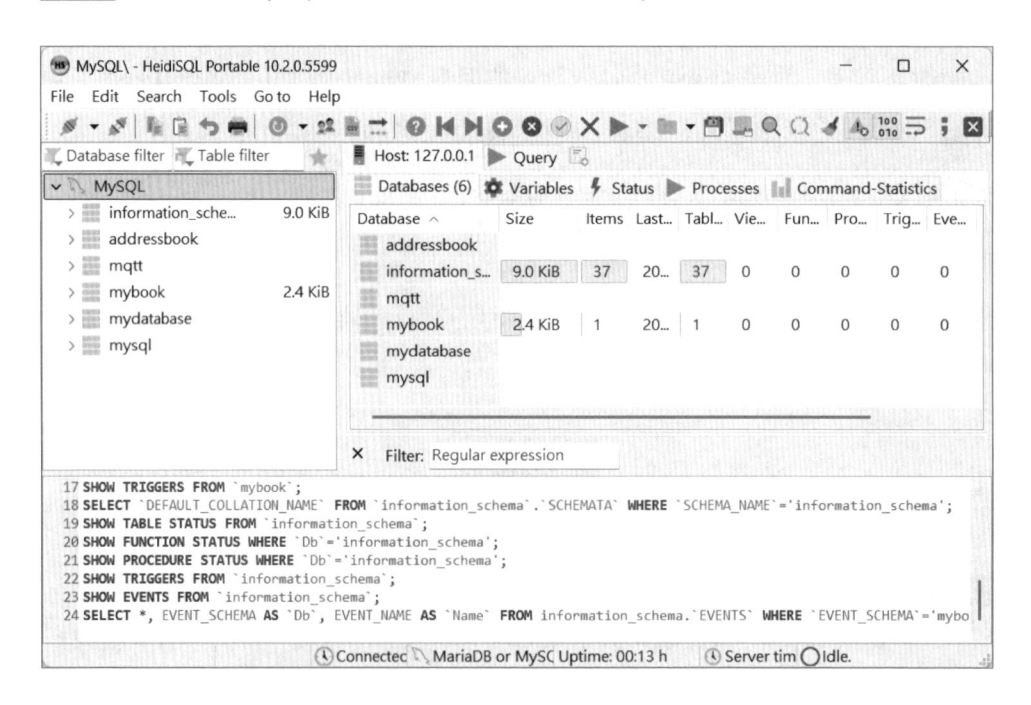

上述管理介面左邊是 MySQL 伺服器的資料庫清單；右邊標籤頁是管理介面（可以使用上方標籤頁進行切換），以此例是 Databases（點選資料庫可以看到相關資訊），在下方訊息視窗顯示相關操作訊息。

刪除 MySQL 資料庫

因為目前 MySQL 伺服器已經存在 mybook 資料庫，我們準備先刪除此資料庫後，再使用 SQL 指令碼匯入同名的資料庫，其步驟如下所示：

Step 1 在左邊管理的資料庫清單選【mybook】，執行【右】鍵快顯功能表的【Drop…】命令刪除資料庫。

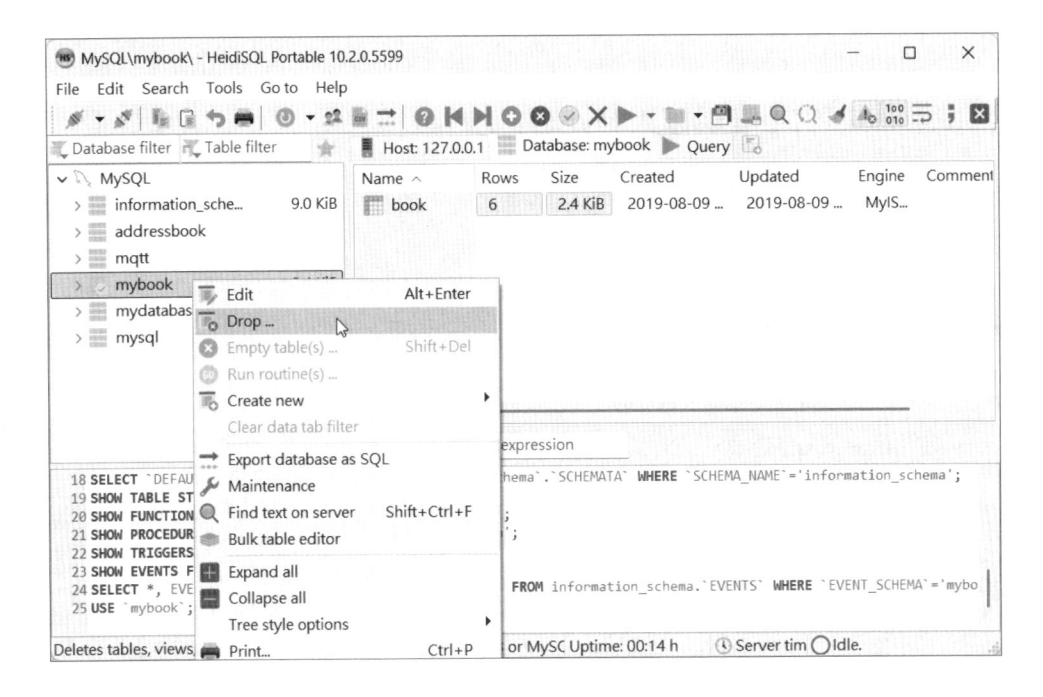

Step 2 在「MySQL: Confirm」對話方塊，按【OK】鈕確認刪除 mybook 資料庫。

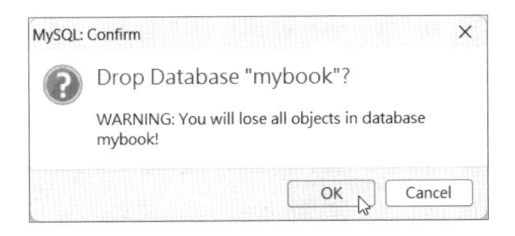

在左邊管理介面的資料庫清單已經沒有 mybook 資料庫，如下圖所示：

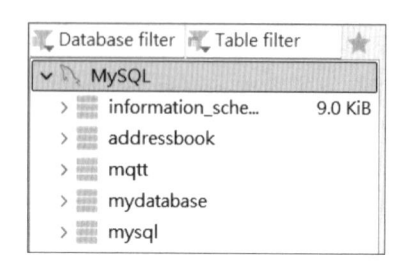

使用 HeidiSQL 工具匯入 MySQL 資料庫

HeidiSQL 管理工具可以開啟 SQL 指令碼檔案後，執行 SQL 指令來匯入資料庫，其步驟如下所示：

Step 1 請啟動 HeidiSQL 管理工具連接 MySQL 伺服器，執行「File > Load SQL file」命令載入 SQL 指令碼檔案。

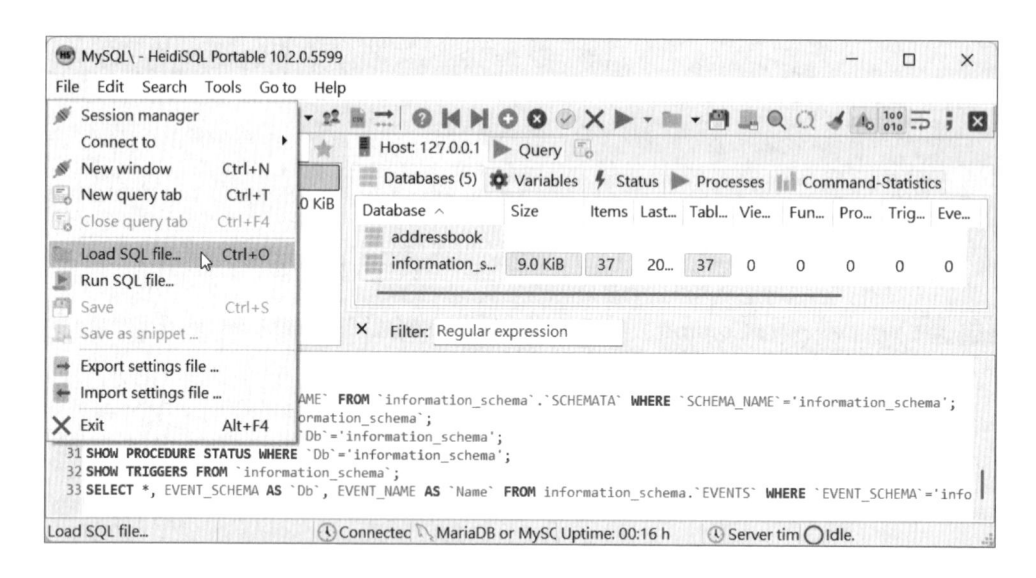

Step 2 在「開啟」對話方塊切換至「\ch05\」路徑，選【mybook.sql】檔案，按【開啟】鈕開啟 SQL 指令碼檔案。

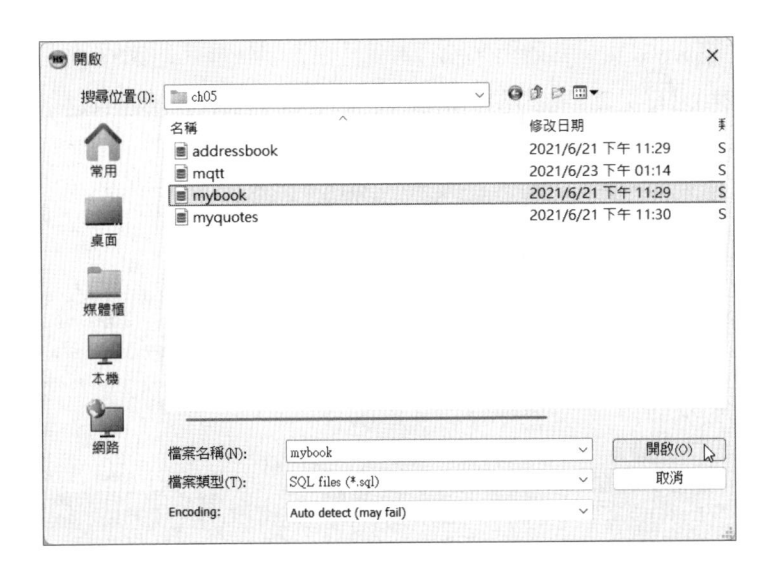

Step 3 在【mybook.sql】標籤可以看到載入的 SQL 指令碼，請按游標所在的【Execute SQL】鈕（或按 F9 鍵），執行 SQL 指令建立 mybook 資料庫和 book 資料表。

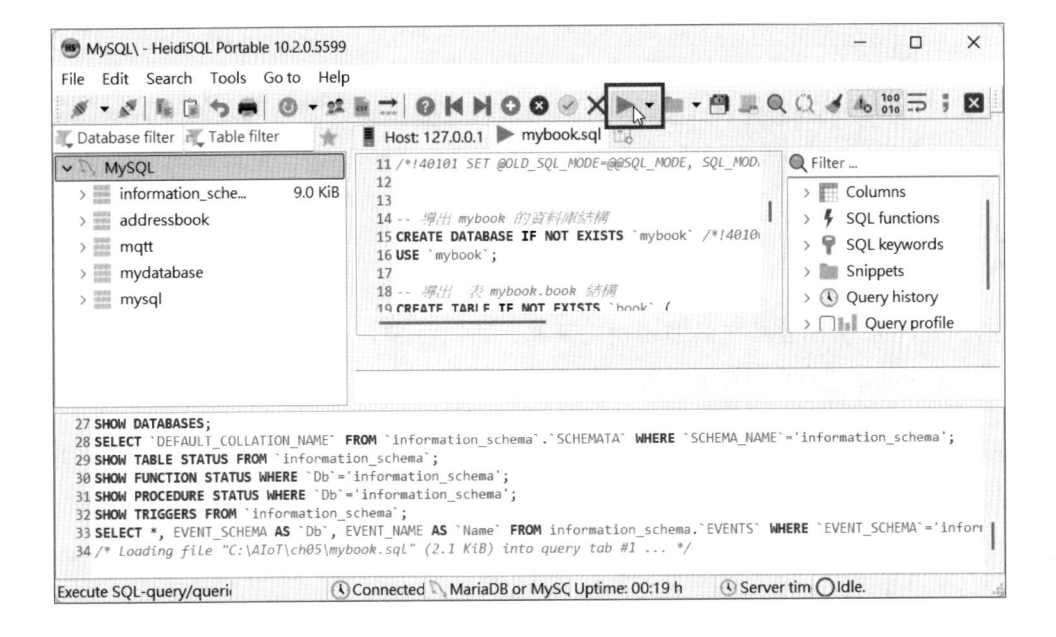

Step 4 在左邊 MySQL 伺服器上,執行滑鼠【右】鍵快顯功能表的【Refresh】命令(或按 F5 鍵),可以看到新增的 mybook 資料庫,展開可以看到之下的 book 資料表。

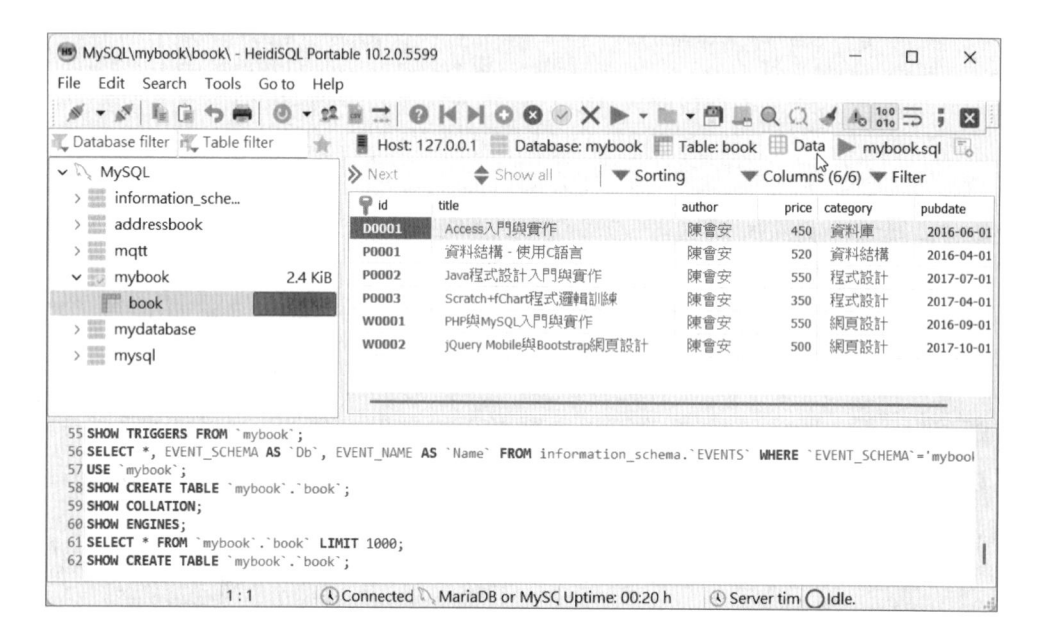

在左邊選 mybook 資料庫下的 book 資料表後,即可在右邊選上方的【Data】標籤,顯示 book 資料表的記錄資料。

使用 HeidiSQL 工具輸入和執行 SQL 指令

在 HeidiSQL 管理工具提供編輯功能來輸入和執行 SQL 指令,可以測試第 5-2 節 SQL 指令的執行結果,其步驟如下所示:

Step 1 請啟動 HeidiSQL 管理工具連接 MySQL 伺服器,在左邊選【mybook】資料庫,執行「File>New query tab」命令新增查詢標籤頁,然後在編輯窗格輸入 SQL 指令碼:【SELECT * FROM book】。

Node-RED 與 MySQL 資料庫　**05**

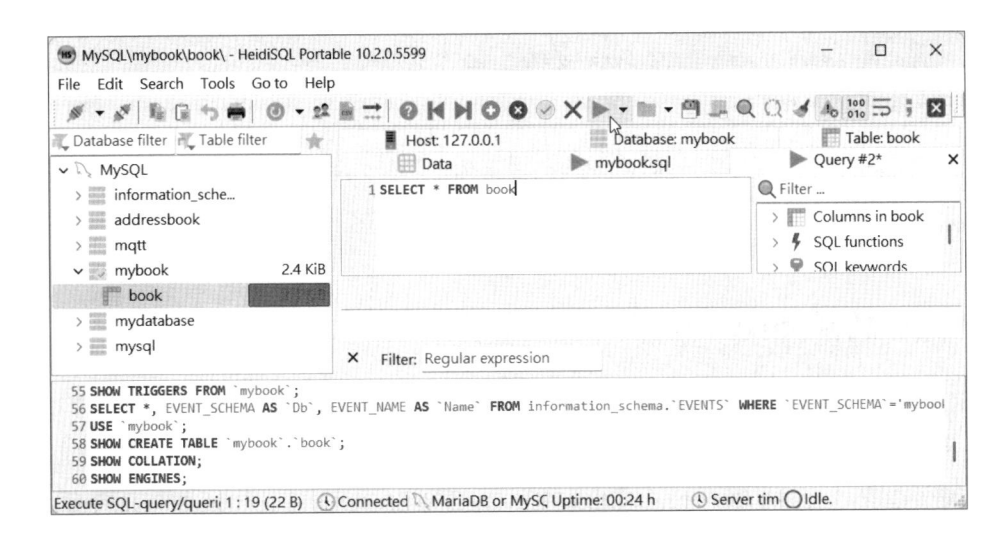

Step 2　按上方工具列游標所在【Execute SQL】鈕（或按 F9 鍵），可以在下方看到使用表格顯示的查詢結果，如下圖所示：

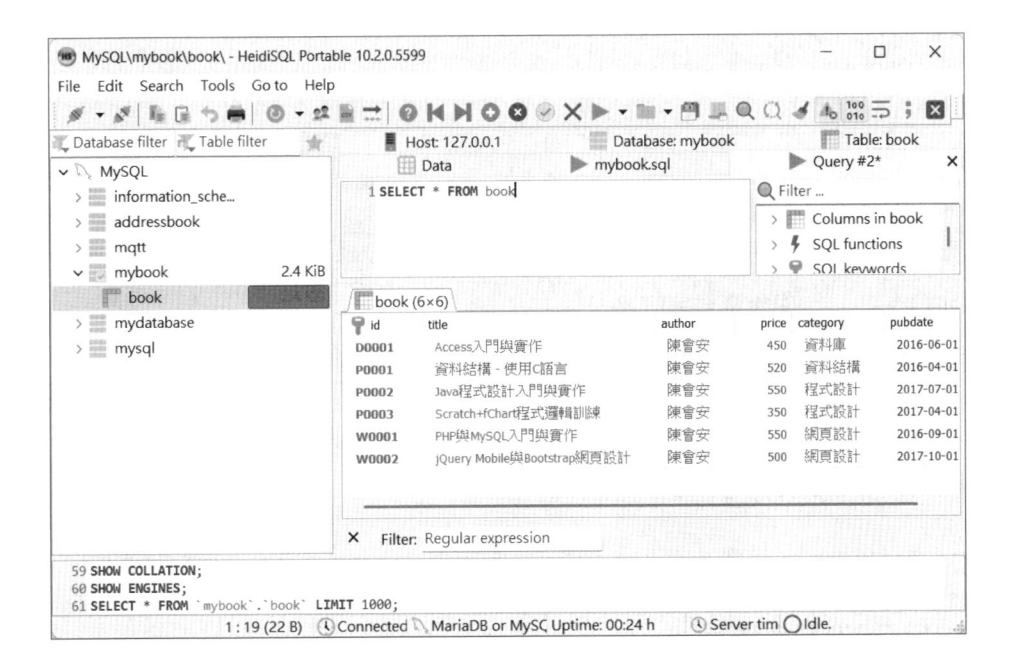

Step 3　執行「File＞Save」命令儲存 SQL 指令碼成為檔案，以此例是儲存成「\ch05\ch5-1-2.sql」。

5-9

5-2 SQL 結構化查詢語言

SQL 是關聯式資料庫使用的語言，提供相關指令來插入、更新、刪除和查詢資料庫的記錄資料。

5-2-1 認識 SQL

「SQL 結構化查詢語言」（Structured Query Language，SQL）是目前主要的資料庫語言，早在 1970 年，E. F. Codd 建立關聯式資料庫觀念的同時，就提出構想的資料庫語言，在 1974 年 Chamberlin 和 Boyce 開發 SEQUEL 語言，這是 SQL 原型，IBM 稍加修改後作為其資料庫 DBMS 的資料庫語言，稱為 System R，1980 年 SQL 名稱正式誕生，從此 SQL 逐漸壯大成為一種標準的關聯式資料庫語言。

SQL 語言能夠使用很少指令和直覺語法，單以記錄存取和資料查詢指令來說，SQL 指令只有 4 個，如下表所示：

指令	說明
INSERT	在資料表插入一筆新記錄
UPDATE	更新資料表記錄，這些記錄是已經存在的記錄
DELETE	刪除資料表記錄
SELECT	查詢資料表記錄，可以使用條件查詢符合條件的記錄

5-2-2 SQL 的資料庫查詢指令

SQL 資料庫查詢指令是【SELECT】指令，可以查詢資料表符合條件的記錄資料。

▎SELECT 基本語法

SQL 查詢指令只有一個 SELECT，其基本語法如下所示：

```
SELECT column1, column2
FROM table
WHERE conditions
```

上述 column1～2 是欲取得的記錄欄位，table 是資料表，conditions 是查詢條件，以口語來說，就是：「從資料表 table 取回符合 WHERE 條件所有記錄的欄位 column1 和 column2」。

「*」記錄欄位

SELECT 指令如果需要取得整個記錄的全部欄位，可以使用「*」符號代表所有欄位名稱，以 mybook 範例資料庫為例，如下所示：

```
SELECT * FROM book
```

上述指令沒有指定 WHERE 過濾條件，執行結果取回 book 資料表的所有記錄和所有欄位。

FROM 子句指定資料表

SELECT 指令的 FROM 子句指定使用的資料表，因為同一資料庫可以有多個資料表，在查詢時是使用 FROM 指定查詢的目標資料表，例如：在建立 newbook 資料表後，查詢 newbook 資料表的指令，如下所示：

```
SELECT * FROM newbook
```

5-2-3 WHERE 子句的條件語法

WHERE 子句才是 SELECT 查詢指令的主角，在之前的語法只是指明從哪一個資料表和取得哪些欄位，WHERE 子句才是過濾條件。

單一查詢條件

SQL 查詢如果是使用單一條件，在 WHERE 子句條件的基本規則和範例，如下所示：

- 文字欄位需要使用單引號括起，例如：書號為 'P0001'，如下所示：

```
SELECT * FROM book
WHERE id='P0001'
```

- 數值欄位不需單引號括起，例如：書價為 550 元，如下所示：

```
SELECT * FROM book
WHERE price=550
```

- 文字欄位可以使用【LIKE】包含運算子，包含此字串即符合條件，配合「%」或「_」萬用字元代表任何字串或單一字元，只需包含指定子字串就符合條件。例如：書名包含 '程式' 子字串，如下所示：

```
SELECT * FROM book
WHERE title LIKE '%程式%'
```

- 數值欄位可以使用 <>、>、<、>= 和 <= 不等於、大於、小於、大於等於和小於等於等運算子建立查詢條件，例如：書價大於 500 元，如下所示：

```
SELECT * FROM book
WHERE price > 500
```

多查詢條件

WHERE 條件如果不只一個，可以使用邏輯運算子 AND 和 OR 來連接，其基本規則如下所示：

- AND 且運算子：連接前後條件都需成立，整個條件才成立。例如：書價大於等於 500 元且書名有 '入門' 子字串，如右所示：

```
SELECT * FROM book
WHERE price >= 500 AND title LIKE '%入門%'
```

- OR 或運算子：連接前後條件只需任一條件成立即可。例如：書價大於等於 500 元或書名有 '入門' 子字串，如下所示：

```
SELECT * FROM book
WHERE price >= 500 OR title LIKE '%入門%'
```

WHERE 子句還可以建立複雜條件，連接 2 個以上條件，即在同一 WHERE 子句使用 AND 和 OR，如下所示：

```
SELECT * FROM book
WHERE price < 550
    OR title LIKE '%入門%'
    AND title LIKE '%MySQL%'
```

上述指令查詢書價小於 550 元，或書名有 '入門' 和 'MySQL' 子字串。

在 WHER 子句使用「()」括號

在 WHERE 子句的條件如果有括號，查詢的優先順序是括號中優先，所以會產生不同的查詢結果，如下所示：

```
SELECT * FROM book
WHERE (price < 550
    OR title LIKE '%入門%')
    AND title LIKE '%與%'
```

上述指令查詢書價小於 550 元或書名有 '入門' 子字串，而且書名有 '與' 子字串。

5-2-4 排序輸出

SQL 查詢結果如果需要進行排序，可以使用指定欄位進行由小到大，或由大到小的排序，請在 SELECT 查詢指令後加上 ORDER BY 子句，如下所示：

```
SELECT * FROM book
WHERE price >= 500
ORDER BY price
```

上述 ORDER BY 子句後是排序欄位，這個 SQL 指令是使用書價欄位 price 進行排序，預設由小到大，即 ASC。如果想倒過來由大到小，請加上 DESC，如下所示：

```
SELECT * FROM book
WHERE price >= 500
ORDER BY price DESC
```

5-2-5 SQL 聚合函數

SQL 聚合函數可以進行資料表欄位的筆數、平均、範圍和統計函數，提供進一步的分析數據，如下表所示：

聚合函數	說明
Count(Column)	計算記錄的筆數
Avg(Column)	計算欄位的平均值
Max(Column)	取得記錄欄位的最大值
Min(Column)	取得記錄欄位的最小值
Sum(Column)	取得記錄欄位的總和

例如：計算圖書的平均書價，如下所示：

```
SELECT Avg(price) As 平均書價 FROM book
```

5-2-6 SQL 資料庫操作指令

SQL 資料庫操作指令有三個：INSERT、DELETE 和 UPDATE。

INSERT 插入記錄指令

SQL 插入記錄操作是新增一筆記錄到資料表，INSERT 指令的基本語法，如右所示：

```
INSERT INTO table (column1,column2,…)
VALUES ('value1', 'value2', …)
```

上述指令的 table 是準備插入記錄的資料表名稱，column1～n 為資料表的欄位名稱，value1～n 是對應的欄位值。例如：在 book 資料表新增一筆圖書記錄，如下所示：

```
INSERT INTO book (id,title,author,price,category,pubdate)
VALUES ('C0001', 'C語言程式設計', '陳會安', 510, '程式設計', '2019/01/01')
```

UPDATE 更新記錄指令

SQL 更新記錄操作是將資料表內符合條件的記錄，更新指定欄位的內容，UPDATE 指令的基本語法，如下所示：

```
UPDATE table SET column1 = 'value1'
WHERE conditions
```

上述指令的 table 是資料表，column1 是資料表需更新的欄位名稱，欄位不用全部資料表欄位，只需列出需更新的欄位即可，value1 是更新的欄位值，若更新欄位不只一個，請使用逗號分隔，如下所示：

```
UPDATE table SET column1 = 'value1' , column2 = 'value2'
WHERE conditions
```

上述 column2 是另一個需要更新的欄位名稱，value2 是更新的欄位值，最後的 conditions 是更新條件。例如：在 book 資料表更新一筆圖書記錄的定價和出版日期，如下所示：

```
UPDATE book SET price=490 ,
       pubdate='2019/02/01'
WHERE id='C0001'
```

5-15

DELETE 刪除記錄指令

SQL 刪除記錄操作是將符合條件的資料表記錄刪除，DELETE 指令的基本語法，如下所示：

```
DELETE FROM table WHERE conditions
```

上述指令的 table 是資料表，conditions 為刪除記錄的條件，以口語來說就是：「將符合 conditions 條件的記錄刪除掉」。例如：在 book 資料表刪除書號 'C0001' 的一筆圖書記錄，如下所示：

```
DELETE FROM book WHERE id='C0001'
```

5-3 Node-RED 的資料庫查詢

Node-RED 支援處理 MySQL 資料庫查詢和操作的 mysql 節點，只需使用單 1 節點，就可以執行 SQL 指令查詢和操作資料庫。

5-3-1 Node-RED 的 mysql 節點安裝與使用

Node-RED 流程可以使用 mysql 節點來執行資料庫查詢和操作，我們需要自行在【節點管理】安裝 node-red-node-mysql 節點。

mysql 節點的使用和伺服器設定

Node-RED 流程可以透過「存儲」區段的 mysql 節點下達 SQL 指令來查詢、插入、更新和刪除資料表的記錄資料，如下圖所示：

上述節點是透過 msg.topic 和 msg.payload 屬性來執行 SQL 指令和取得指令的執行結果，其說明如下所示：

- msg.topic：其屬性值是 SQL 指令字串，這是下達給 MySQL 伺服器執行的 SQL 指令。
- msg.payload：其屬性值是 MySQL 伺服器執行 msg.topic 的 SQL 指令後的執行結果，如果是查詢指令，可以回傳符合條件的記錄資料，沒有找到，回傳 null，回傳的記錄資料是 JSON 物件陣列，每一個 JSON 物件是一筆記錄。

在使用 mysql 節點前需要使用配置節點設定連接 MySQL 伺服器指定資料庫的相關設定，例如：連接 mybook 資料庫，其步驟如下所示：

Step 1 請啟動 MySQL 伺服器後，拖拉新增 mysql 節點，然後開啟編輯節點對話方塊，在【Database】欄選【添加新的 MySQLdatabase 節點】，按之後圖示鈕。

Step 2 在【Host】欄是預設本機 IP 位址 127.0.0.1，【Port】欄是預設埠號 3306，請在【User】欄輸入使用者名稱 root；【Password】欄是密碼，因為沒有密碼，請保留空白，最後在【Database】欄輸入資料庫名稱【mybook】，按【添加】鈕新增資料庫連接設定。

Step 3 再按【完成】鈕完成 mysql 節點設定，可以看到節點名稱就是資料庫名稱，按【部署】鈕，可以看到成功連接 MySQL 資料庫伺服器（在下方狀態是 connected 已連接），如下圖所示：

5-3-2 查詢 MySQL 資料庫

在了解 SQL 語言的 SELECT 指令和新增 mysql 節點的資料庫連接設定後，就可以使用 SELECT 指令來查詢 mybook 資料庫的記錄資料。

> 說明
>
> 請注意！當 Node-RED 匯入擁有 mysql 節點的流程（不是導入副本），預設不包含連接設定的使用者名稱和密碼，在部署前需要重新指定配置節點的 User 和 Password 欄位值。

使用 HTML 表格顯示 SQL 查詢圖書資料　　| ch5-3-2.json

我們準備建立 Web 網站使用 HTML 表格，來顯示 MySQL 資料庫查詢結果的圖書資料，路由是「/allbook」，如下圖所示：

- http in 節點：在【請求方式】欄選 GET 方法，在【URL】欄位輸入路由「/allbook」。
- function 節點：輸入下列 JavaScript 程式碼指定 msg.topic 值的 SQL 指令字串，可以查詢全部 book 資料表的所有圖書資料，如下所示：

```
msg.topic = "SELECT * FROM book";
return msg;
```

- mysql 節點：在【Database】欄選第 5-3-1 節新增的 mybook，如下圖所示：

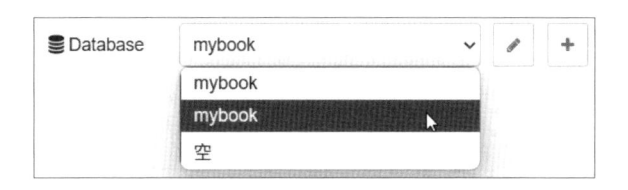

- template 節點：在 HTML 模版網頁是使用 HTML 表格 <table> 顯示圖書查詢結果的多筆記錄資料，因為有多筆，所以使用 {{#payload}} 和 {{/payload}} 重複顯示表格列 <tr> 標籤，每一個 <tr> 標籤是一本圖書，可以取出書號 {{id}}、書名 {{title}} 和定價 {{price}}，如下所示：

```
<html>
    <head>
        <title>Books</title>
    </head>
    <body>
      <h1>圖書資料</h1>
      <table border="1">
        {{#payload}}
          <tr><td>{{id}}</td><td>{{title}}</td><td>{{price}}</td></tr>
        {{/payload}}
      </table>
    </body>
</html>
```

- http response 節點：預設值。

在部署流程後,請啟動瀏覽器輸入下列網址,就可以看到使用 HTML 表格顯示的圖書清單,如下所示:

```
http://localhost:1880/allbook
```

顯示 SQL 查詢的單筆圖書資料　　　　　　　　　　| ch5-3-2a.json

我們準備使用 SQL 指令查詢書號 D0001 的單筆圖書資料,路由是「/onebook」,如下圖所示:

- http in 節點:在【請求方式】欄選 GET 方法,在【URL】欄位輸入路由「/onebook」。
- function 節點(SQL Query):輸入下列 JavaScript 程式碼指定 msg.topic 值的 SQL 指令字串,使用書號條件查詢此本圖書資料,如右所示:

```
msg.topic = "SELECT * FROM book WHERE id='D0001'";
return msg;
```

- mysql 節點：在【Database】欄選第 5-3-1 節新增的 mybook。
- function 節點（Get Book）：輸入下列 JavaScript 程式碼取出 msg.payload 的單筆圖書資料，因為只有 1 筆，所以索引值是 0，即書號 msg.payload[0].id 和書名 msg.payload[0].title，然後建立 {} 空物件來重新新增 id 和 title 屬性值，如下所示：

```
var id = msg.payload[0].id;
var title = msg.payload[0].title;
msg.payload = {};
msg.payload.id = id;
msg.payload.title = title;
return msg;
```

- template 節點：在 HTML 模版網頁顯示圖書查詢結果的書號和書名，這是使用 {{payload.id}} 和 {{payload.title}} 顯示圖書的書號和書名，如下所示：

```
<html>
    <head>
        <title>Book</title>
    </head>
    <body>
        <h2>書號: {{payload.id}}</h2>
        <h2>書名: {{payload.title}}</h2>
    </body>
</html>
```

- http response 節點：預設值。

在部署流程後，請啟動瀏覽器輸入下列網址，就可以看到單筆圖書的書號和書名，如下所示：

```
http://localhost:1880/onebook
```

5-4 Node-RED 的資料庫操作

Node-RED 流程一樣是使用 mysql 節點來插入、更新和刪除 book 資料表的記錄資料。

INSERT 指令插入記錄資料 | ch5-4.json

我們準備建立 Node-RED 流程使用 INSERT 指令插入一筆圖書的記錄資料，如下圖所示：

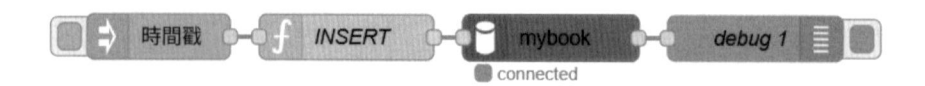

- inject 節點和 debug 節點：預設值。
- function 節點：輸入下列 JavaScript 程式碼指定 msg.topic 值的 SQL 指令字串，首先是欄位值變數，接著建立 INSERT 指令字串，如下所示：

```
var id = 'C0001';
var title = 'C語言程式設計';
var author = '陳會安';
var price = 510;
var category = '程式設計';
var pubdate = '2018/01/01';
msg.topic = "INSERT INTO book" +
```

```
        "(id,title,author,price,category,pubdate)" +
        "VALUES ('"+ id +"','" + title +
        "','" + author + "'," + price +
        ",'" + category + "','" + pubdate + "' )";
return msg;
```

- mysql 節點：在【Database】欄選第 5-3-1 節新增的 mybook。

Node-RED 流程的執行結果，請點選 inject 節點執行 SQL 指令插入一筆 C0001 的圖書記錄，在 HeidiSQL 工具的最後可以看到這一筆新增的記錄（需按 F5 鍵重新整理），如下圖所示：

id	title	author	price	category
D0001	Access入門與實作	陳會安	450	資料庫
P0001	資料結構 - 使用C語言	陳會安	520	資料結構
P0002	Java程式設計入門與實作	陳會安	550	程式設計
P0003	Scratch+fChart程式邏輯訓練	陳會安	350	程式設計
W0001	PHP與MySQL入門與實作	陳會安	550	網頁設計
W0002	jQuery Mobile與Bootstrap網頁設計	陳會安	500	網頁設計
C0001	C語言程式設計	陳會安	510	程式設計

UPDATE 指令更新記錄資料　　　　　　　　　　　| ch5-4a.json

JavaScript 樣板字面值（Template Literals）可以在字串中嵌入運算式或變數，讓我們將運算結果和變數值插入字串，稱為字串內插（String Interpolation）。請注意！樣板字面值的字串是使用反引號（此按鍵是位在鍵盤 Tab 鍵上方的按鍵）括起，然後使用「${ }」嵌入變數或運算式，如下所示：

```
msg.topic = `UPDATE book SET price=${newprice},` +
            `pubdate='${newpubdate}' WHERE id='${id}'`;
```

我們準備建立 Node-RED 流程使用 UPDATE 指令更新 C0001 圖書的書價和出版日期，如下圖所示：

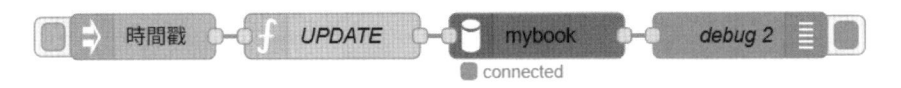

- inject 節點和 debug 節點：預設值。
- function 節點：輸入下列 JavaScript 程式碼指定 msg.topic 值的 SQL 指令字串，首先是欄位值，然後使用樣板字面值建立 UPDATE 指令字串，如下所示：

```
var id = 'C0001';
var newprice = 490;
var newpubdate = '2018/02/01';
msg.topic = `UPDATE book SET price=${newprice},` +
            `pubdate='${newpubdate}' WHERE id='${id}'`;
return msg;
```

- mysql 節點：在【Database】欄選第 5-3-1 節新增的 mybook。

Node-RED 流程的執行結果，請點選 inject 節點執行 SQL 指令更新圖書記錄，在 HeidiSQL 工具可以看到 C0001 記錄的書價和出版日期已經更新（需按 F5 鍵重新整理），如下圖所示：

id	title	author	price	category	pubdate
D0001	Access入門與實作	陳會安	450	資料庫	2016-06-01
P0001	資料結構 - 使用C語言	陳會安	520	資料結構	2016-04-01
P0002	Java程式設計入門與實作	陳會安	550	程式設計	2017-07-01
P0003	Scratch+fChart程式邏輯訓練	陳會安	350	程式設計	2017-04-01
W0001	PHP與MySQL入門與實作	陳會安	550	網頁設計	2016-09-01
W0002	jQuery Mobile與Bootstrap網頁設計	陳會安	500	網頁設計	2017-10-01
C0001	C語言程式設計	陳會安	490	程式設計	2018-02-01

DELETE 指令刪除記錄資料　　　　　　　　　　| ch5-4b.json

我們準備建立 Node-RED 流程使用 DELETE 指令刪除 C0001 圖書的記錄資料，這次改用 template 節點來建立 SQL 指令，如下圖所示：

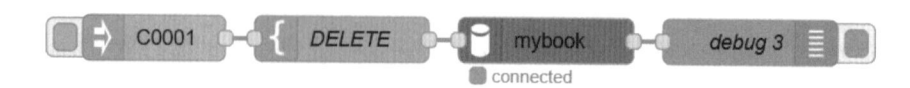

- inject 節點：送出文字列的書號 C0001 字串。
- template 節點：在【屬性】欄指定 msg.topic 後，使用 {{payload}} 建立 DELETE 指令字串的書號條件，如下所示：

```
DELETE FROM book WHERE id='{{payload}}'
```

- mysql 節點：在【Database】欄選第 5-3-1 節新增的 mybook。
- debug 節點：預設值。

Node-RED 流程的執行結果，請點選 inject 節點執行 SQL 指令刪除圖書記錄，在 HeidiSQL 工具可以看到 C0001 這筆記錄已經刪除了（需按 F5 鍵重新整理）。

5-5 使用 MySQL 資料庫查詢結果建立 REST API

Node-RED 使用 mysql 節點查詢 MySQL 資料庫，可以回傳查詢結果的 JSON 物件陣列，換句話說，我們可以直接使用 MySQL 資料庫的查詢結果來建立 REST API。

Node-RED 流程：ch5-5.json 整合第 5-3-2 節和第 4-2-4 節的流程，直接將 MySQL 資料庫的查詢結果，輸出成 JSON 資料來建立 REST API，如下圖所示：

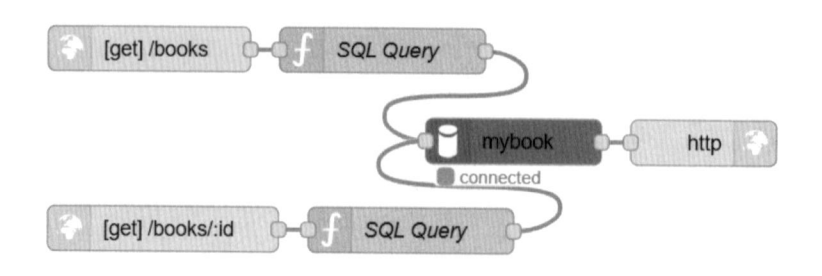

- 2 個 http in 節點：在【請求方式】欄都選 GET 方法，在【URL】欄位分別輸入路由「/books」和「/books/:id」，id 是 URL 參數的書號。
- function 節點（上方）：輸入下列 JavaScript 程式碼指定 msg.topic 值的 SQL 指令字串，可以查詢全部的圖書資料，如下所示：

```
msg.topic = "SELECT * FROM book";
return msg;
```

- function 節點（下方）：輸入下列 JavaScript 程式碼指定 msg.topic 值的 SQL 指令字串，可以使用書號為條件來查詢單本圖書資料，如下所示：

```
id = msg.req.params.id;
msg.topic = "SELECT * FROM book WHERE id='" + id + "'";
return msg;
```

- mysql 節點：在【Database】欄新增或選擇 mybook 資料庫的 MySQL 伺服器連接（匯入節點需重設 User 和 Password 欄位）。
- http response 節點：按下方【添加】鈕新增 HTTP 標頭資訊，第 1 欄是 Content-Type，第 2 欄是 application/json，即指定回傳的是 JSON 資料，如下圖所示：

在部署流程後,請啟動瀏覽器輸入下列網址,可以看到回應的內容是全部圖書的 JSON 資料,如下所示:

```
http://localhost:1880/books
```

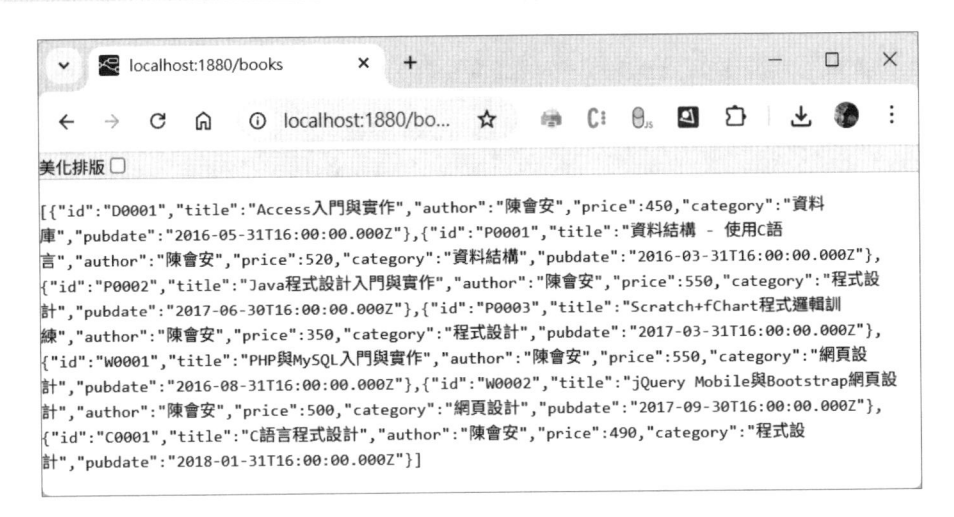

```
[{"id":"D0001","title":"Access入門與實作","author":"陳會安","price":450,"category":"資料庫","pubdate":"2016-05-31T16:00:00.000Z"},{"id":"P0001","title":"資料結構 - 使用C語言","author":"陳會安","price":520,"category":"資料結構","pubdate":"2016-03-31T16:00:00.000Z"},{"id":"P0002","title":"Java程式設計入門與實作","author":"陳會安","price":550,"category":"程式設計","pubdate":"2017-06-30T16:00:00.000Z"},{"id":"P0003","title":"Scratch+fChart程式邏輯訓練","author":"陳會安","price":350,"category":"程式設計","pubdate":"2017-03-31T16:00:00.000Z"},{"id":"W0001","title":"PHP與MySQL入門與實作","author":"陳會安","price":550,"category":"網頁設計","pubdate":"2016-08-31T16:00:00.000Z"},{"id":"W0002","title":"jQuery Mobile與Bootstrap網頁設計","author":"陳會安","price":500,"category":"網頁設計","pubdate":"2017-09-30T16:00:00.000Z"},{"id":"C0001","title":"C語言程式設計","author":"陳會安","price":490,"category":"程式設計","pubdate":"2018-01-31T16:00:00.000Z"}]
```

然後輸入下列網址,在路由最後是書號 P0002 的 URL 參數,可以看到回應的內容是此本圖書的 JSON 資料,如下所示:

```
http://localhost:1880/books/P0002
```

```
[
  {
    "id": "P0002",
    "title": "Java程式設計入門與實作",
    "author": "陳會安",
    "price": 550,
    "category": "程式設計",
    "pubdate": "2017-06-30T16:00:00.000Z"
  }
]
```

學習評量

1. 請問什麼是 MySQL 資料庫？什麼是 SQL 語言？

2. 請使用 HeidiSQL 工具輸入和測試執行第 5-2 節說明的 SQL 指令。

3. 請使用 HeidiSQL 工具開啟 addressbook 資料庫的 address 資料表來檢視記錄，欄位有編號 id、姓名 name、電郵 email 和電話 phone 欄位，如果沒有看到此資料庫，請執行 addressbook.sql 建立此資料庫。

4. 請建立 Node-RED 流程的 Web 網站，路由是「/alladdresses」，在新增連接學習評量 3. 的 addressbook 資料庫後，可以使用 HTML 表格來顯示所有聯絡人的記錄資料。

5. 請建立 Node-RED 流程的 Web 網站，路由是「/oneaddress」，可以連接學習評量 3. 的 addressbook 資料庫，使用 HTML 網頁顯示指定聯絡人的記錄資料。

6. 請使用 Node-RED 流程建立 REST API，路由是「/addressapi」，可以使用學習評量 3. 的 addressbook 資料庫，回傳所有聯絡人記錄的 JSON 資料。

PART 2

Node-RED 網路資料交換：MQTT+OpenData+ 訊息通知

CHAPTER 06　物聯網資料交換：MQTT 通訊協定

CHAPTER 07　取得網路資料：OpenData 與 JSON 資料剖析

CHAPTER 08　訊息通知：寄送 Email 電郵與 Telegram 通知

CHAPTER

06 | 物聯網資料交換：MQTT 通訊協定

- 6-1 認識 MQTT 通訊協定
- 6-2 MQTT 代理人和客戶端
- 6-3 使用 Node-RED 建立 MQTT 客戶端
- 6-4 整合應用：使用 MQTT 建立溫溼度監控儀表板

6-1 認識 MQTT 通訊協定

MQTT（Message Queuing Telemetry Transport）是 OASIS 標準的訊息通訊協定（Message Protocol），這是架構在 TCP/IP 通訊協定上，針對機器對機器（Machine-to-machine，M2M）的輕量級通訊協定。

6-1-1 MQTT 通訊協定的基礎

MQTT 可以在低頻寬網路和高延遲 IoT 裝置來進行資料交換，特別適用在 IoT 物聯網這些記憶體不足且效能較差的微控制器開發板。基本上，MQTT 是使用「出版和訂閱模型」（Publish/Subscribe Model）來進行訊息的雙向資料交換，如下圖所示：

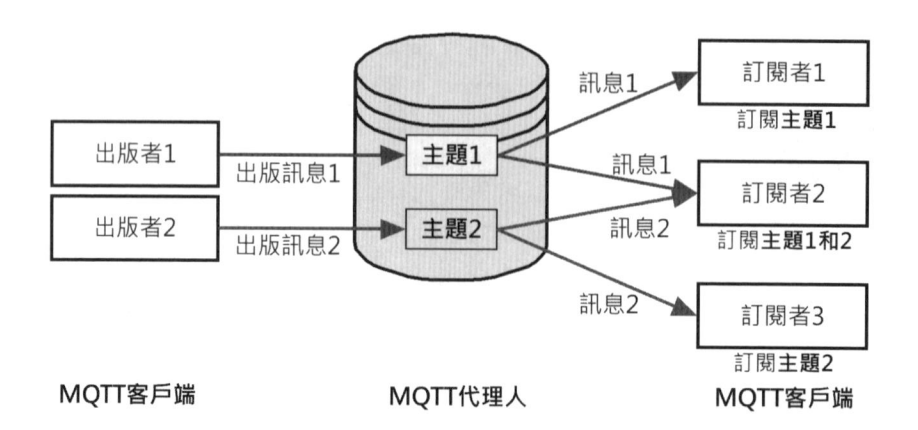

```
                        訊息1    ┌─────────┐
                      ┌────────→│ 訂閱者1  │
                      │         └─────────┘
                      │          訂閱主題1
  ┌────────┐         ╱─────╲    
  │ 出版者1 │ 出版訊息1 │主題1│   訊息1  ┌─────────┐
  └────────┘────────→│     │─────────→│ 訂閱者2  │
  ┌────────┐         │主題2│   訊息2   └─────────┘
  │ 出版者2 │ 出版訊息2 ╲─────╱          訂閱主題1和2
  └────────┘                             
                              訊息2     ┌─────────┐
                           └──────────→│ 訂閱者3  │
                                       └─────────┘
                                         訂閱主題2
    MQTT客戶端           MQTT代理人        MQTT客戶端
```

上述所有 MQTT 客戶端都需要連線 MQTT 代理人（MQTT Broker）才能出版指定主題（Topic）的訊息，其扮演的角色是出版者和訂閱者（也可以同時扮演出版者和訂閱者），如下所示：

- 出版者（Publisher）：MQTT 客戶端並不需要事先訂閱主題，就可以針對指定 MQTT 主題（Topic）來出版訊息，作為出版者。
- 訂閱者（Subscriber）：每一個 MQTT 客戶端都可以訂閱指定主題作為訂閱者，當有出版者針對此主題出版訊息時，所有訂閱此主題的訂閱者都可以透過 MQTT 代理人來接收到訊息。如果出版者本身也有訂閱此主題，因為也是訂閱者，所以一樣可以收到訊息。

6-1-2 MQTT 訊息

MQTT 訊息（MQTT Message）是在不同裝置之間交換的資料，傳送的資料可能是命令；也可能是資料。MQTT 訊息是使用標頭、主題和訊息內容所組成，如下圖所示：

```
┌──────┬──────┬──────────┐
│ 標題 │ 主題 │ 訊息內容 │
└──────┴──────┴──────────┘
```

上述標頭是數字編碼，佔用 2 個位元組（2 個字元），在後面跟著訊息主題（Topic）和訊息內容（Payload），訊息內容就是實際在不同裝置之間傳遞的資料，資料可以是單純文字內容，也可是 JSON 資料。

在 MQTT 訊息的標頭可以指定是否保留（Retained）訊息和服務品質（Quality of Service，QoS），如下所示：

- 保留（Retained）：如果選擇保留，MQTT 代理人會保存此主題的訊息，如果之後有新的訂閱者，或之前斷線的訂閱者，當重新連線後，都能收到最新一則的保留訊息（請注意！並非全部訊息）。
- 服務品質（Quality of Service，QoS）：可以指定 MQTT 出版者與代理人，或 MQTT 代理人與訂閱者之間的訊息傳輸品質。在 MQTT 定義三種等級的服務品質，如下表所示：

QoS 值	說明
0	最多傳送一次（at most once）- 平信
1	至少傳送一次（at least once）- 掛號
2	確實傳送一次（exactly once）- 附回信

6-1-3 MQTT 主題

MQTT 主題（MQTT Topic）是使用「/」主題等級分隔字元來分割字串，如同檔案的目錄結構，這是一種階層結構的名稱，如下圖所示：

sensors/livingroom/temp

主題等級　主題等級

上述 MQTT 主題使用「/」分隔成多個主題等級（Topic Level），主題等級名稱不能使用「$」字元開頭，而且區分英文大小寫，所以下列 3 個主題是不同的 MQTT 主題，如下所示：

```
sensor/livingroom/temp
Sensor/Livingroom/Temp
SENSOR/LIVINGROOM/TEMP
```

MQTT 主題可以使用萬用字元來同時訂閱多個主題，如下所示：

- 單層萬用字元（Single Level Wildcard）：在主題可以使用「+」萬用字元來代替單層的主題等級，例如：「home/sensor/+/temp」可以同時訂閱下列 MQTT 主題，如下所示：

```
home/sensor/livingroom/temp
home/sensor/kitchen/temp
home/sensor/restroom/temp
```

- 多層萬用字元（Multi-level Wildcard）：在主題可以使用「#」萬用字元來代替多層的主題等級，例如：「home/sensor/#」可以同時訂閱下列 MQTT 主題，如下所示：

```
home/sensor/livingroom/temp
home/sensor/kitchen/temp
home/sensor/kitchen/brightness
home/sensor/firstfloor/livingroom/temp
```

6-2 MQTT 代理人和客戶端

MQTT 通訊協定的硬體架構類似主從架構，只是將主從架構的伺服端改成 MQTT 代理人，而 MQTT 客戶端就是主從架構的客戶端，如右圖所示：

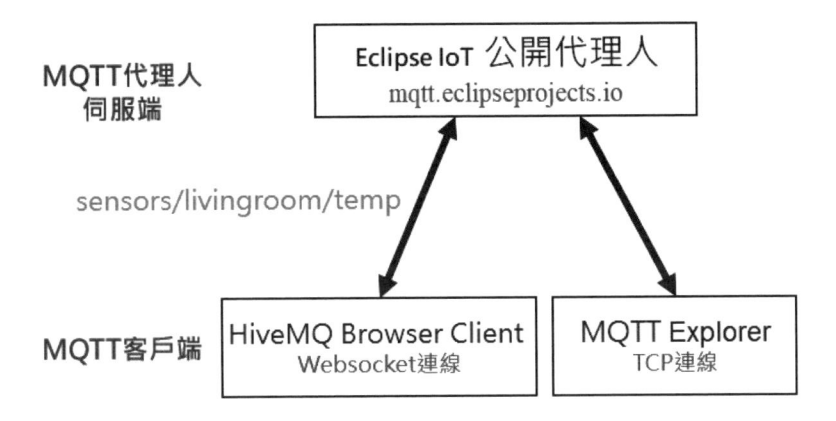

```
                    ┌─────────────────────────┐
                    │  Eclipse IoT 公開代理人   │
MQTT代理人           │  mqtt.eclipseprojects.io │
伺服端               └─────────────────────────┘
                              ↑↓
              sensors/livingroom/temp
                        ↙            ↘
          ┌──────────────────────┐  ┌──────────────┐
MQTT客戶端 │ HiveMQ Browser Client│  │MQTT Explorer │
          │   Websocket連線      │  │   TCP連線    │
          └──────────────────────┘  └──────────────┘
```

6-2-1 MQTT 代理人

MQTT 代理人（MQTT Broker）負責接收所有出版者的訊息、過濾訊息和決定有哪些訂閱者，並且負責將 MQTT 客戶端出版的訊息發送至所有訂閱者。MQTT 代理人有多家廠商的軟體，和開放原始碼的 Mosquitto 專案。一些常用的公開 MQTT 代理人，如下所示：

- Eclipse IoT 公開代理人的相關資訊，如下表所示：

主機名稱	mqtt.eclipseprojects.io
TCP 埠號	1883
Websocket 埠號	80

- HiveMQ MQTT 公開代理人的相關資訊，如下表所示：

主機名稱	broker.hivemq.com
TCP 埠號	1883
Websocket 埠號	8000

- test.mosquitto.org 公開代理人的相關資訊，如下表所示：

主機名稱	test.mosquitto.org
TCP 埠號	1883
Websocket 埠號	8080

6-2-2 MQTT 客戶端

MQTT 客戶端（MQTT Client）是訊息的出版者，也是接收者，我們可以使用 MQTT 客戶端出版指定主題的訊息至 MQTT 代理人，也可以從 MQTT 代理人接收訂閱主題的訊息。

基本上，任何 IoT 裝置或電腦上執行的工具程式或函式庫，可以透過網路使用 MQTT 通訊協定連接 MQTT 代理人來交換訊息，就是 MQTT 客戶端。例如：第 6-3 節使用 Node-RED 建立的 MQTT 客戶端，在第 13 章是將 ESP32-CAM 建立成 MQTT 客戶端。

在這一節我們是使用現成的客戶端工具來連線第 6-2-1 節的 MQTT 公開代理人：Eclipse IoT。

MQTT 客戶端：HiveMQ Browser Client

HiveMQ Browser Client 是使用 Websocket 連線的 MQTT 客戶端工具，可以讓我們在網頁介面測試 MQTT 訊息的傳遞，在本書提供有連線 Eclipse IoT 公開代理人的本機版本，其執行步驟如下所示：

Step 1 請開啟「ch06\mqtt-web-client」資料夾，點選 index.html 使用瀏覽器開啟 Web 介面的 MQTT 客戶端工具，可以看到【Host】欄已經填入【mqtt.eclipseprojects.io】，【Port】欄填入 Websocket 埠號 80，請按【Connect】鈕連線 MQTT 代理人。

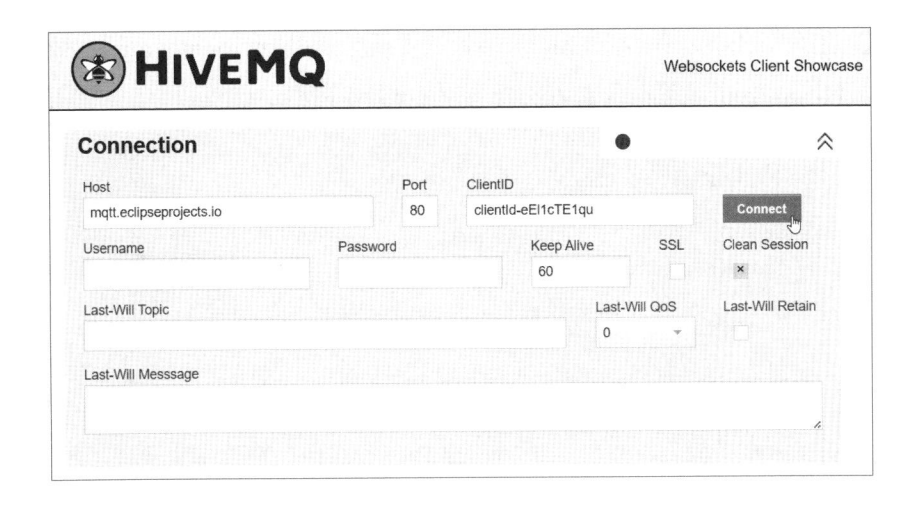

物聯網資料交換：MQTT 通訊協定　**06**

Step 2 當成功連線，可以看到 connected 文字，在右邊「Subscriptons」框按【Add New Topic Subscription】鈕訂閱主題。

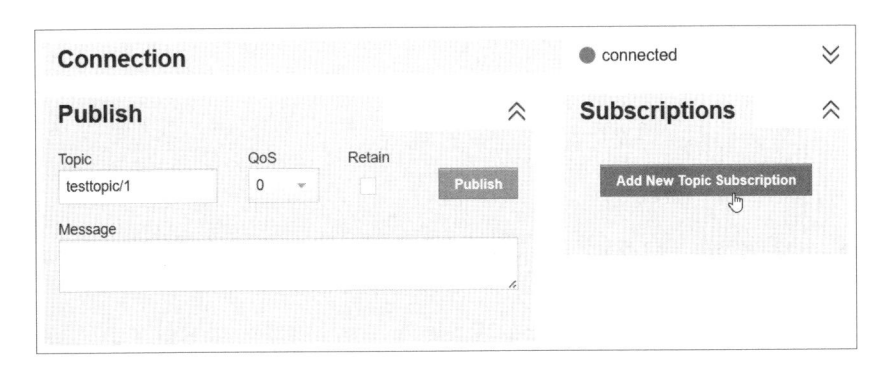

Step 3 請在【Topic】欄位輸入【sensors/livingroom/temp】主題後，按【Subscribe】鈕訂閱，可以在下方看到訂閱主題的清單。

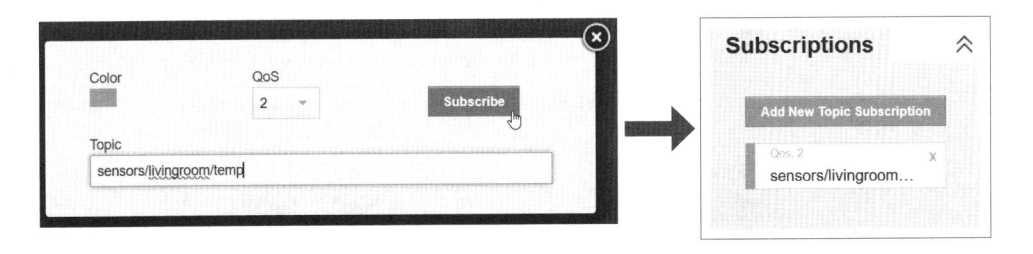

6-7

Step 4 在「Publish」框的【Topic】欄輸入【sensors/livingroom/temp】主題後，在下方【Message】欄輸入訊息 26 後，按【Publish】鈕出版訊息。

Step 5 可以在下方「Messages」框收到 MQTT 代理人送出的出版訊息，如下圖所示：

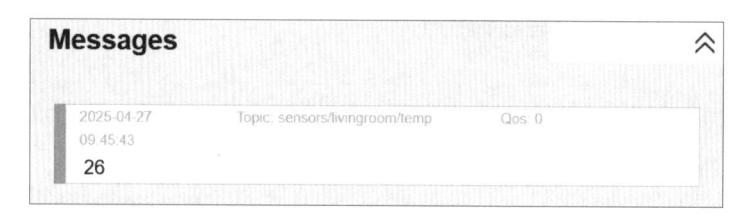

MQTT 客戶端：MQTT Explorer

MQTT Explorer 是一個支援可攜式版本的獨立工具，我們只需下載工具，就可以馬上測試 MQTT 訊息的傳遞，其 URL 網址如下所示：

```
http://mqtt-explorer.com/
```

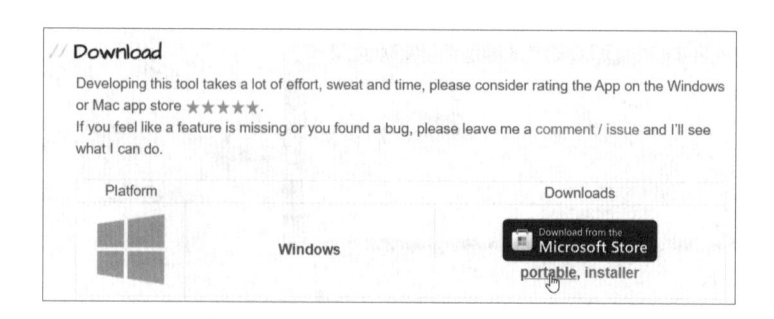

請捲動找到「Download」區段，點選 Windows 哪一列的【portable】超連接下載免安裝版本，在本書下載的檔名是【MQTT-Explorer-0.4.0-beta.6.exe】。然後就可以啟動 MQTT Explorer，其步驟如下所示：

Step 1 請雙擊【MQTT-Explorer-0.4.0-beta.6.exe】啟動 MQTT Explorer，首先可以看到連線介面，請點選左上角【Connections】前的圓形【+】號新增 MQTT 代理人。

Step 2 在【Name】欄輸入代理人名稱 Eclipse IoT，【Host】欄輸入【mqtt.eclipseprojects.io】（mqtt:// 就是 tcp://），埠號是預設的 1883，然後按下方【ADVANCED】鈕新增訂閱主題。

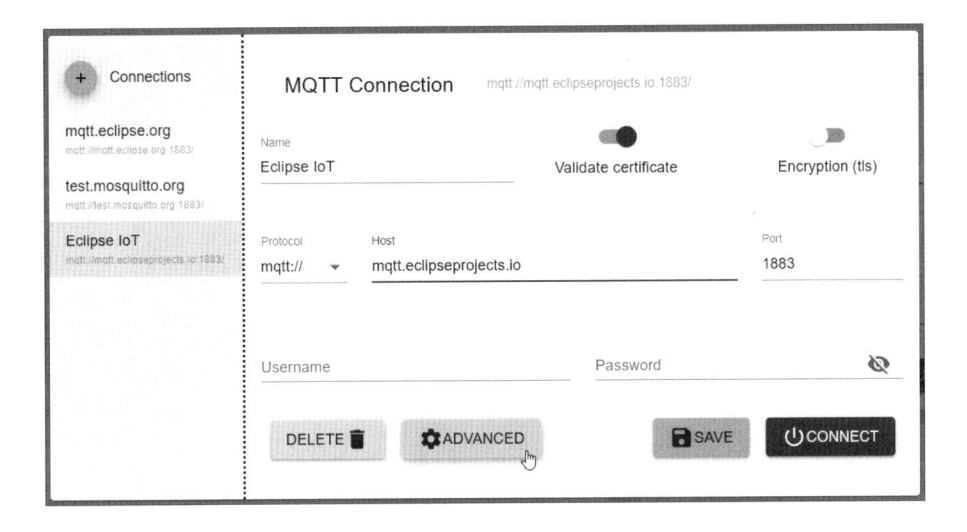

Step 3 在【Topic】欄輸入【sensors/livingroom/temp】主題，選 QoS 是 0，按【+ ADD】鈕新增訂閱的主題。

[MQTT Connection 設定畫面]

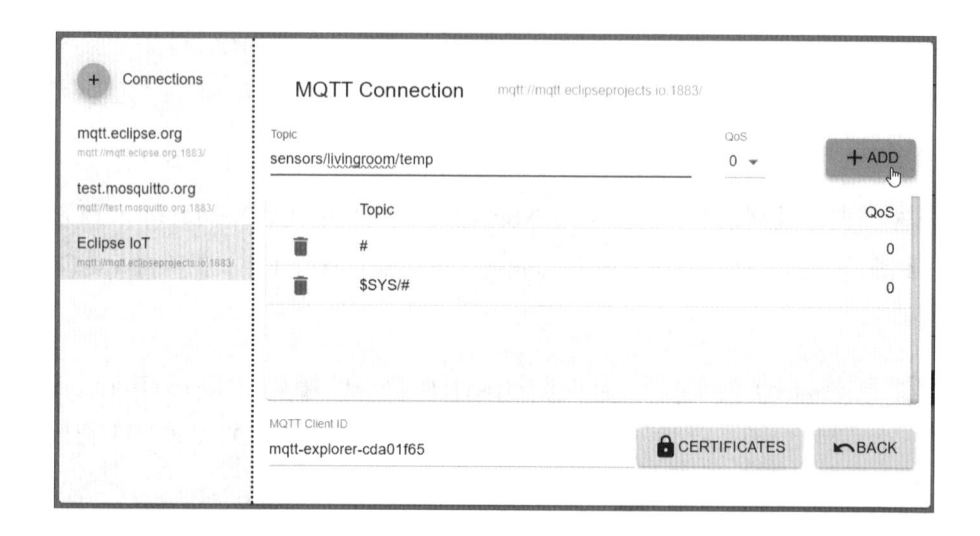

Step 4 可以在下方看到訂閱主題的清單，點選前方【垃圾桶】圖示可刪除主題，請刪除【#】和【$SYS/#】主題，只保留我們新增的主題，如果你有更多主題需要新增，請自行再次新增，如下圖所示：

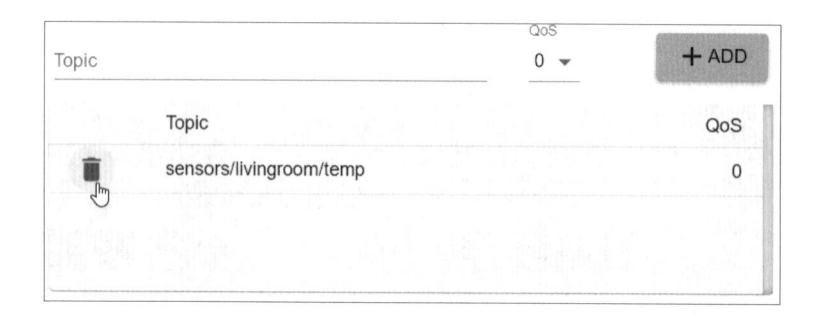

[僅保留 sensors/livingroom/temp 主題的畫面]

Step 5 請按【BACK】鈕返回後，按下方【SAVE】鈕儲存設定，再按【CONNECT】鈕連線 MQTT 代理人。

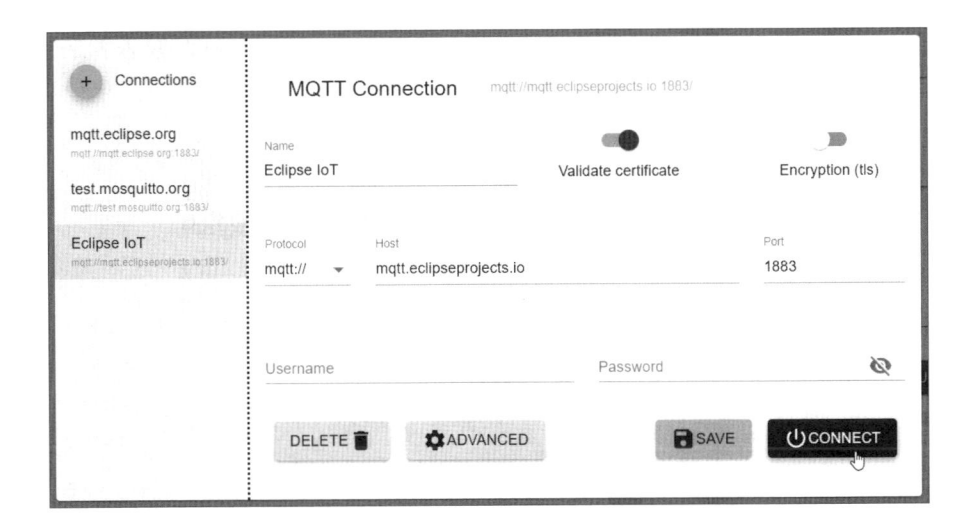

Step 6 當成功連線後，就可以在右方「Publish」區段的【Topic】欄輸入主題【sensors/livingroom/temp】，選【raw】後，在下方輸入訊息【30】，在最下方可選 QoS 和勾選是否保留（Retained），請按【PUBLISH】鈕出版訊息。

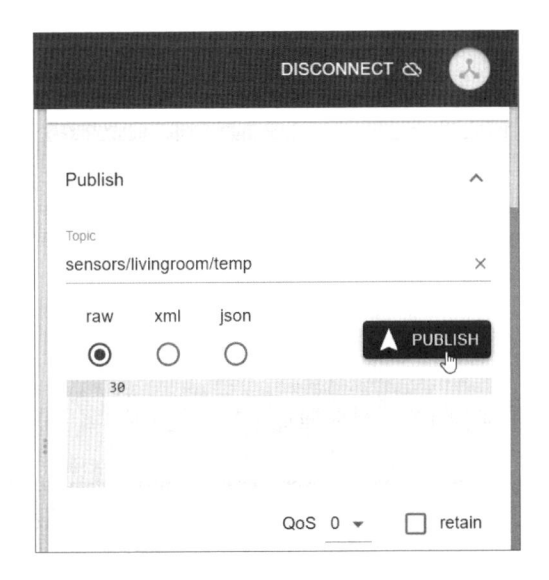

Step 7 因為 MQTT 客戶端已經訂閱此主題,請在左方展開 MQTT 代理人和主題階層來檢視收到的訊息。

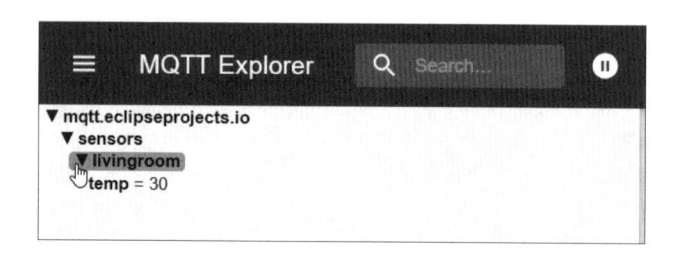

Step 8 MQTT 訊息也可以是 JSON 資料,請選【json】,在下方輸入 JSON 訊息後,按【PUBLISH】鈕,如下所示:

```
{"temp":22, "humid": 56}
```

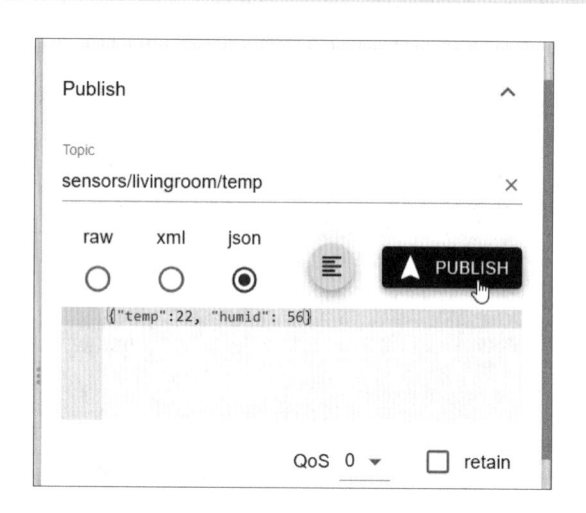

Step 9 可以在左邊看到收到的 JSON 訊息,如下圖所示:

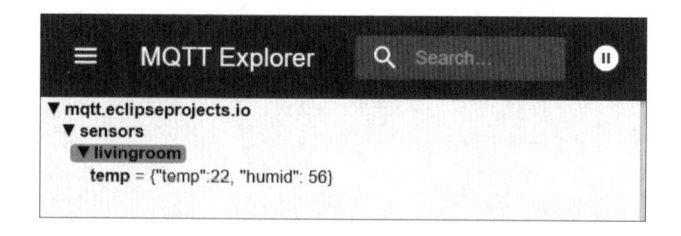

Step 10 在右方「Publish」區段繼續向下捲動，就可以看到「History」歷史訊息，如下圖所示：

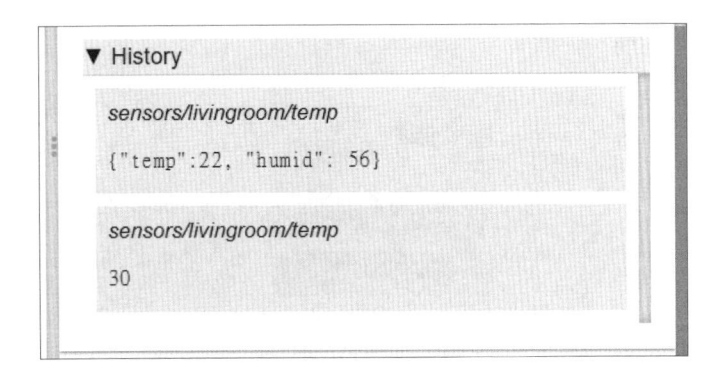

因為 HiveMQ Browser Client 也有訂閱此主題，所以一樣可以收到這 2 則訊息，如下圖所示：

6-3 使用 Node-RED 建立 MQTT 客戶端

Node-RED 支援 MQTT 通訊協定的 mqtt 節點，我們可以使用 mqtt 節點建立 MQTT 客戶端的 Node-RED 流程來連線 MQTT 代理人。

6-3-1 Node-RED 的 mqtt 節點

Node-RED 在「網路」區段支援 mqtt in 節點訂閱訊息，和 mqtt out 節點出版訊息，如下圖所示：

上述 2 個節點共用 mqtt-broker 配置節點來新增 MQTT 代理人的連線設定，在 Node-RED 稱為服務端（Server）。新增 mqtt-broker 配置節點連線設定的步驟，如下所示：

Step 1 請拖拉 mqtt in 或 mqtt out 節點至編輯區域，開啟編輯節點對話方塊，在【服務端】欄，點選後方游標所在【+】鈕新增 MQTT 代理人的 mqtt-broker 配置節點。

Step 2 在【連線】標籤的【服務端】欄輸入 MQTT 代理人的 URL 網址，以此例是【mqtt.eclipseprojects.io】，埠號是預設的 1883。

物聯網資料交換：MQTT 通訊協定 06

```
連接                    安全                    消息

🌐 服務端    mqtt.eclipseprojects.io          埠    1883
            ☑ Connect automatically
            ☐ 使用 TLS

⚙ Protocol   MQTT V3.1.1

🏷 使用者端ID  留白則自動隨機生成

❤ Keepalive計
   時(秒)    60

ⓘ Session    ☑ 使用新的會話
```

Step 3 MQTT 代理人如果需要認證資料，請選【安全】標籤輸入使用者名稱和密碼，因為 Eclipse IoT 公開代理人並不需要，請保留空白。

```
連接                安全        👆        消息
                          ┌──────┐
👤 使用者名稱                │ 安全  │
                          └──────┘
🔒 密碼
```

Step 4 請按右上方【添加】鈕新增 mqtt-broker 配置節點，再按【完成】鈕完成節點的編輯。

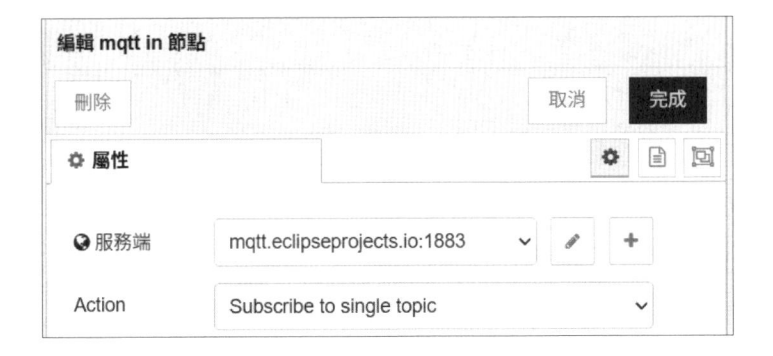

```
編輯 mqtt in 節點

  刪除                                    取消    完成

  ⚙ 屬性                               ⚙  📄  ⬜

  🌐 服務端    mqtt.eclipseprojects.io:1883  ✏  ➕

  Action      Subscribe to single topic          ⌄
```

6-15

6-3-2 使用 mqtt 節點建立 MQTT 客戶端

當 Node-RED 成功新增 MQTT 公開代理人：Eclipse IoT 的 mqtt-broker 配置節點後，Node-RED 流程：ch6-3-2.json 就是使用 mqtt out 節點出版訊息後，使用 mqtt in 節點訂閱和接收出版的訊息，使用的主題是 sensors/livingroom/temp，如下圖所示：

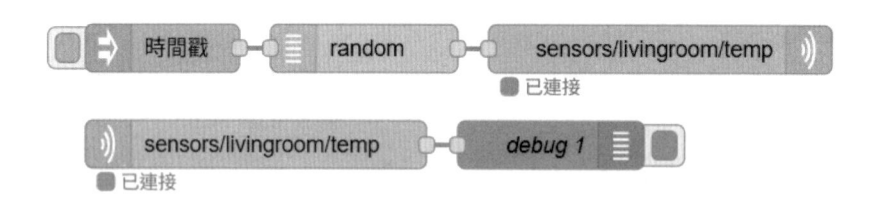

請點選第 1 條流程的 inject 節點，每點一次，就可以送出 1 個 20～40 之間的數字，而在 mqtt out 節點出版主題 sensors/livingroom/temp 的訊息就是此數字。

在第 2 個流程的 mqtt in 節點是訂閱主題 sensors/livingroom/temp，因為 mqtt out 有出版此主題的訊息，在 mqtt in 節點的流程就可以收到 MQTT 訊息後，在「除錯窗口」標籤頁顯示此 MQTT 訊息，如下圖所示：

Node-RED 流程的節點說明，如下所示：

- inject 和 debug 節點：預設值。
- random 節點：亂數產生 20～40 之間的整數。

- mqtt out 節點：在【服務端】欄選第 6-3-1 節建立的 MQTT 代理人,【主題】欄輸入【sensors/livingroom/temp】,服務品質 QoS 是 0,出版訊息是 inject 節點傳入的 msg.payload,如下圖所示：

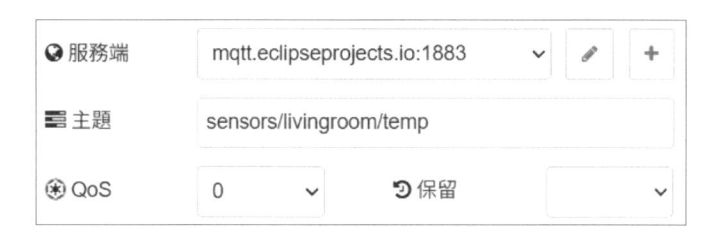

- mqtt in 節點：在【服務端】欄選第 6-3-1 節建立的 MQTT 代理人,【主題】欄輸入訂閱主題 sensors/livingroom/temp,服務品質 QoS 是 0,在【輸出】欄預設自動檢測收到訊息（如果訊息是 JSON 資料,可以選【解析的 JSON 對象】,即剖析成 JSON 物件）,MQTT 訂閱者收到的訊息就是 msg.payload 屬性值,如下圖所示：

6-4 整合應用：使用 MQTT 建立溫溼度監控儀表板

在這一節我們準備整合 MQTT、Web 介面的感測器模擬器和 Node-RED 儀表板,使用 MQTT 通訊協定建立溫溼度監控儀表板,如下所示：

- Web 介面的感測器模擬器：建立 IoT 裝置的模擬器，使用亂數產生溫/溼度後，使用下列 2 個主題來出版 MQTT 溫/溼度訊息，如下所示：

```
sensors/livingroom/temp
sensors/livingroom/humidity
```

- Node-RED 流程：建立 MQTT 客戶端流程接收 IoT 裝置的 2 個主題的溫/溼度資料後，在 Node-RED 儀表板繪出折線圖來監控數據。

Web 介面的感測器模擬器：IoTSensors.html

HTML 網頁：IoTSensors.html 是 JavaScript 版本的 MQTT 客戶端，可以模擬使用 2 個 MQTT 主題來出版 2 種感測器資料。請開啟「ch06」資料夾，點選 IoTSensors.html 使用瀏覽器開啟 Web 介面的感測器模擬器，可以看到已經填入 mqtt.eclipseprojects.io，和 Websocket 埠號 80，如下圖所示：

上述【MQTT 基礎主題】欄是基礎的 MQTT 主題，需要加上「/」和下方感測器名稱欄位來建立 2 個出版的 MQTT 主題，請按【連線至 MQTT Broker】鈕，稍等一下，就可以在下方看到已經成功連線 MOTT Broker，如右圖所示：

在成功連線後，請按【開始出版訊息】鈕，就可以看到間隔 3 秒鐘出版的 2 個訊息（按【停止出版訊息】鈕可以停止出版和中斷連線 MQTT Broker），如下圖所示：

Node-RED 流程：ch6-4.json

Node-RED 儀表板是在同一個折線圖繪出 2 條線，所以需要使用 2 個 change 節點更改 msg.topic 屬性，分別對應 2 個 MQTT 主題接收的資料，如下圖所示：

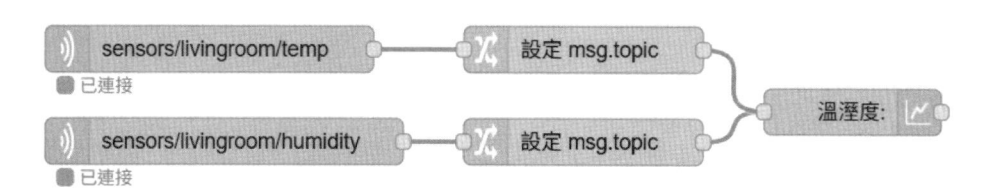

請執行 Web 介面的感測器模擬器發送溫／溼度訊息後，就可以在 Node-RED 儀表板 http://localhost:1880/ui/ 看到 chart 節點繪出溫／溼度數據的即時折線圖，每 1 秒鐘更新 1 次數據，在上方圖例（Legend）標示 2 條折線的色彩，如下圖所示：

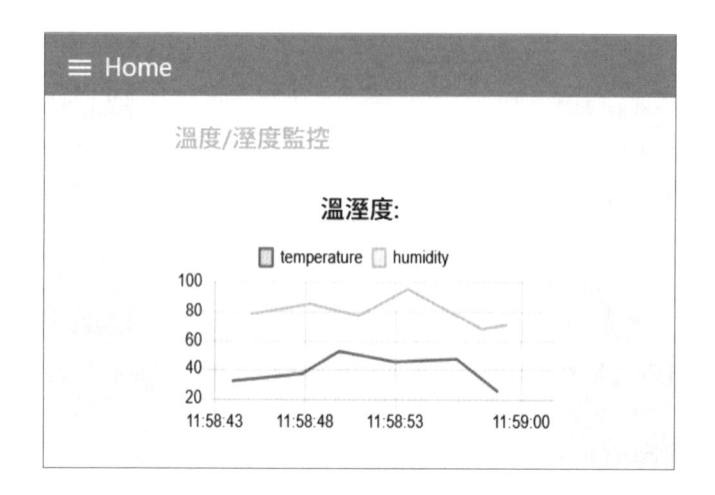

Node-RED 流程的節點說明，如下所示：

- mqtt in 節點（溫度）：在【服務端】欄選第 6-3-1 節建立的 MQTT 代理人，【主題】欄輸入訂閱主題 sensors/livingroom/temp，指定服務品質 QoS 是 2，在【輸出】欄預設自動檢測收到訊息，如下圖所示：

- mqtt in 節點（溼度）：在【服務端】欄選第 6-3-1 節建立的 MQTT 代理人,【主題】欄輸入訂閱主題 sensors/livingroom/humidity,指定服務品質 QoS 是 2,在【輸出】欄預設自動檢測收到訊息,如下圖所示：

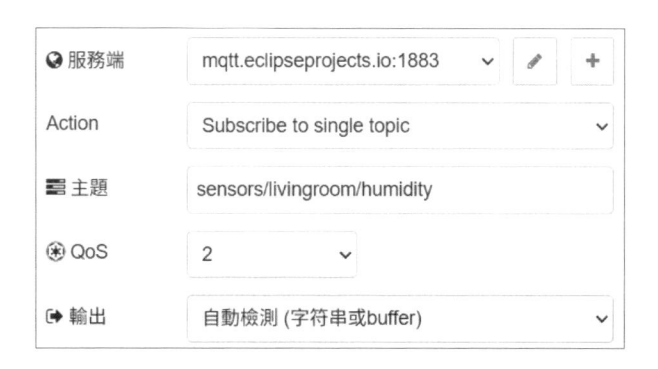

- change 節點（溫度）：新增【設定】操作,將 msg.topic 屬性值改成【到】欄的文字列 temperature,如下圖所示：

- change 節點（溼度）：新增【設定】操作,將 msg.topic 屬性值改成【到】欄的文字列 humidity,如下圖所示：

- chart 節點：在【Group】欄選【[Home] 溫度 / 溼度監控】,【Label】欄輸入【溫溼度:】,在【Type】欄選 Line chart 折線圖,只顯示最後 20 個點,因為有 2 條線,請在【Legend】欄選【Show】顯示圖例,如下圖所示：

⊞ Group	[Home] 溫度/溼度監控
🔲 Size	auto
I Label	溫溼度:
📈 Type	Line chart　　☐ enlarge points
X-axis	last 1 minutes OR 20 points
X-axis Label	▼ HH:mm:ss　　☐ as UTC
Y-axis	min　　max
Legend	Show　　Interpolate linear
Series Colours	

🖊 學習評量

1. 請問 MQTT 通訊協定與 Node-RED 儀表板之間的關係為何？

2. 請使用圖例說明 MQTT 通訊協定？什麼是出版者？什麼是訂閱者？

3. 請簡單說明 MQTT 訊息和 MQTT 主題？MQTT 客戶端和代理人？

4. 請修改 ch6-3-2.json 的 Node-RED 流程，改用 Slider 元件輸入溫度（範圍是 20~38 度），來送出 MQTT 訊息。

5. 請擴充 ch6-4.json 的 Node-RED 流程，新增監控亮度的功能，MQTT 主題是 sensors/livingroom/brightness，亂數值的範圍是 0~1023。

CHAPTER 07

取得網路資料：OpenData 與 JSON 資料剖析

- 7-1 HTTP 通訊協定
- 7-2 使用 Node-RED 取得網路資料
- 7-3 認識 Open Data 與 Web API
- 7-4 Node-RED 的 JSON 資料剖析
- 7-5 整合應用：取得網路資料繪製 Node-RED 圖表
- 7-6 整合應用：剖析 JSON 資料繪製 Node-RED 圖表

7-1 認識 HTTP 通訊協定

瀏覽器和網路爬蟲都是使用「HTTP 通訊協定」（Hypertext Transfer Protocol）送出 HTTP 的 GET 請求（目標是 URL 網址的網站），可以向 Web 伺服器請求所需的 HTML 網頁資源，如下圖所示：

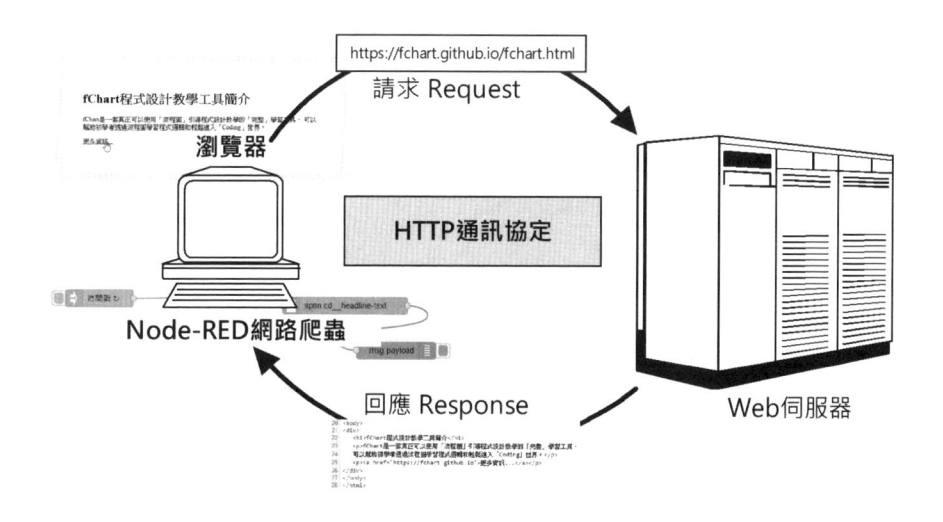

上述過程以瀏覽器來說，如同你（瀏覽器）向父母要零用錢 500 元，使用 HTTP 通訊協定的國語向父母要零用錢，父母是伺服器，也懂 HTTP 通訊協定的國語，所以聽得懂要 500 元，最後 Web 伺服器回傳資源 500 元，也就是父母將 500 元交到你手上。

Node-RED 網路爬蟲就是模擬我們使用瀏覽器瀏覽網頁的行為，只是改用 Node-RED 流程向 Web 網站送出 HTTP 請求，在取得回應的 HTML 網頁後，剖析 HTML 網頁來擷取出你所需的資料。

7-2 使用 Node-RED 取得網路資料

Node-RED 是使用 http request 和 html 節點來建立網路爬蟲，首先使用「網路」區段的 http request 節點送出 HTTP 請求來取得 HTML 網頁資料，然後使用「解析」區段的 html 節點剖析取出所需資料。

7-2-1 使用 http request 節點取得 HTML 網頁資料

在 Node-RED 流程可以使用「網路」區段的 http request 節點送出 HTTP 請求來取回 HTML 網頁資料，或執行 Web API 取回 JSON 資料。編輯 http request 節點的對話方塊，如下圖所示：

上述中間的前 4 個核取方塊依序是啟用 SSL 連線、輸入使用者名稱和密碼的認證資料、啟用持久連接和設定 Proxy 代理伺服器。其他欄位的說明如下所示：

- 請求方式：HTTP 請求方式支援 GET、POST、PUT 和 DELETE 等方法，預設是 GET 方法。
- URL：HTML 網頁或 Web API 的 URL 網址。
- 內容：是否將 msg.payload 屬性值作為請求內容，預設值 Ignore 是忽略，也就是新增成 URL 參數，或 POST 方法的表單送回資料。
- 返回：請求的回應資料可以是 UTF-8 編碼的字串（預設值）、二進位資料（例如：影像），或剖析的 JSON 物件。

Node-RED 流程：ch7-2-1.json 就是使用 HTTP 請求來取得 https://fchart.github.io/life.html 網址的 HTML 網頁資料，如下圖所示：

請點選 inject 節點，就可以在「除錯窗口」標籤頁看到取得的 HTML 標籤字串，如下圖所示：

上述圖例顯示的是一個字串，請點選輸出資料來切換顯示方式，改成換行方式顯示 HTML 標籤字串，如下圖所示：

```
2025/4/27 下午1:37:08  node: debug 1
msg.payload : string[297]
▼ string[297]
<!DOCTYPE html>
<html lang="zh-TW ">
  <head>
    <meta charset="utf-8"/>
    <title>HTML5網頁</title>
    <style type="text/css">
    p  { font-size: 10pt;
         color: red; }
    </style>
  </head>
  <body>
    <h3>HTML5網頁</h3>
    <hr/>
    <p>第一份HTML5網頁</p>
  </body>
</html>
```

Node-RED 流程的節點說明，如下所示：

- inject 和 debug 節點：預設值。
- http request 節點：使用 GET 請求方式和回傳 UTF-8 編碼的字串，請在【URL】欄輸入前述 URL 網址，如下圖所示：

請求方式	GET
URL	https://fchart.github.io/life.html

7-2-2 使用 html 節點爬取 HTML 網頁資料

Google 的 Chrome 瀏覽器支援開發人員工具，可以取得指定 HTML 網頁資料的 CSS 選擇器，在 Node-RED 的「解析」區段的 html 節點，就是使用 CSS 選擇器來擷取網頁資料。編輯 html 節點的對話方塊，如右圖所示：

上述【屬性】欄位是傳入節點的 HTML 標籤資料，預設是 msg.payload 屬性值，最後【輸出】下的【in】欄是輸出屬性，預設是輸出至 msg.payload。其他欄位說明如下所示：

- 選取項：在此輸入從 Chrome 取得的 CSS 選擇器字串。
- 輸出：在第 1 欄選擇擷取出什麼，可以取出 HTML 標籤內容、純文字內容，或包含 HTML 標籤屬性，第 2 欄是選輸出方式，可以輸出成單一訊息的陣列，或單一資料的多個訊息。

在這一節我們準備爬取 Node-RED 網站首頁的最新版版號，這是一個單一資料，如下所示：

https://nodered.org/

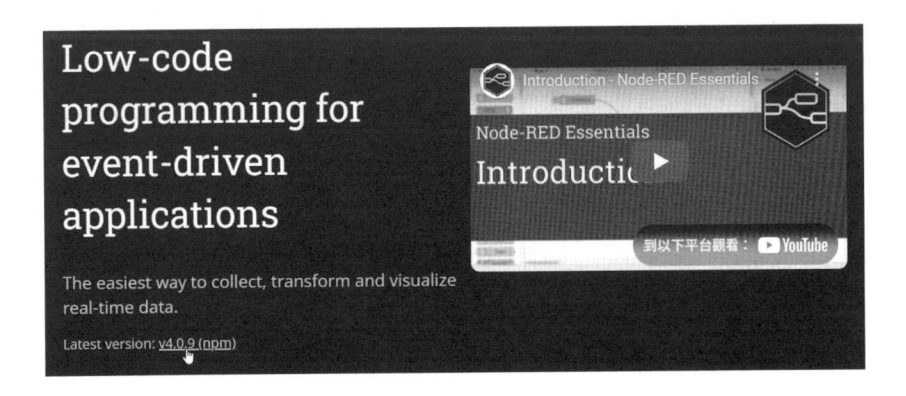

上述 v4.0.9 是目前的最新版本。請在 Chrome 瀏覽器按 F12 鍵切換至開發人員工具後，點選下方工具列的第 1 個圖示，即可移動游標至版本文字，可以在下方看到這是一個 ＜span＞ 標籤，如下圖所示：

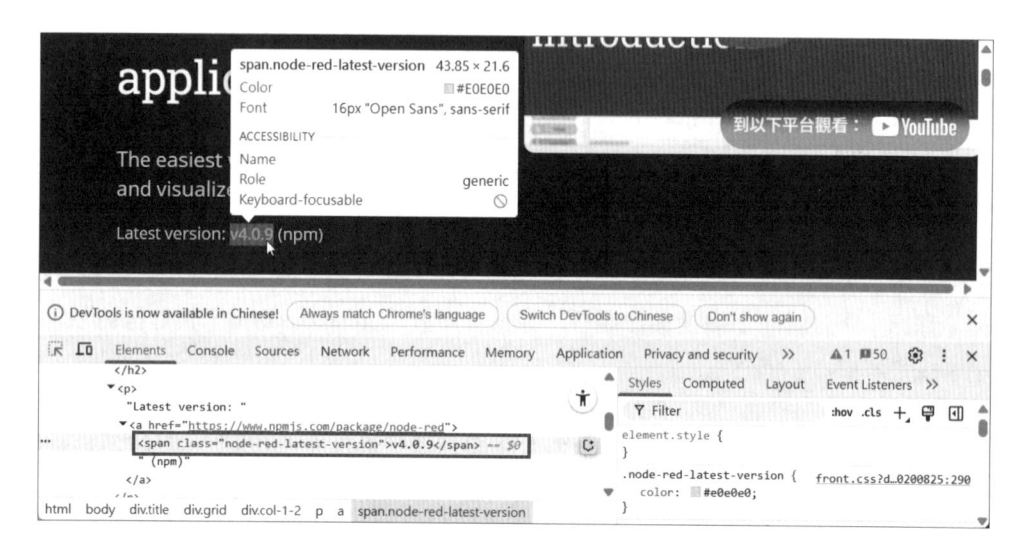

請在 ＜span＞ 標籤上，執行【右】鍵快顯功能表的「Copy＞Copy selector」命令，複製選取此資料的 CSS 選擇器字串，如下圖所示：

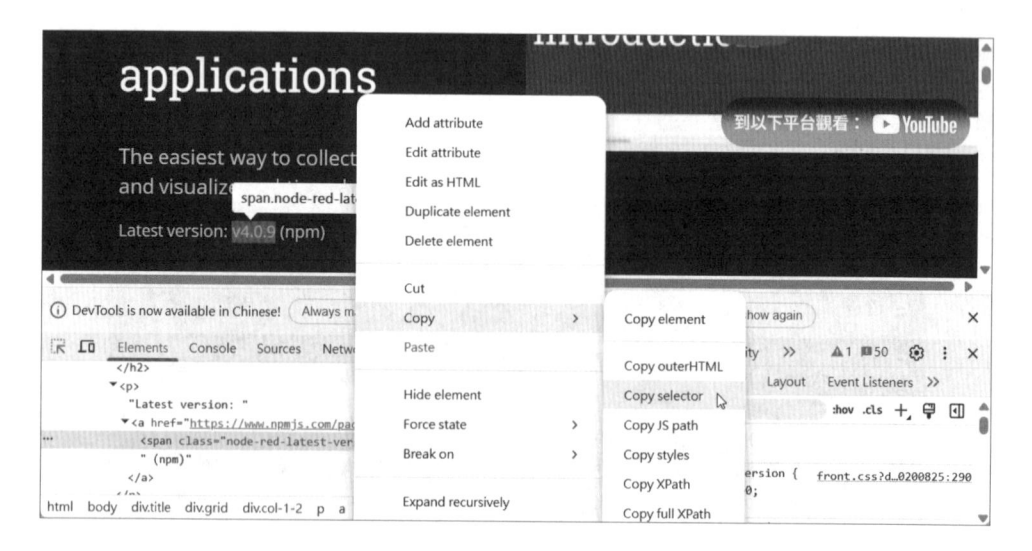

取得 Node-RED 版本的 CSS 選擇器字串，如下所示：

```
body > div.title > div > div:nth-child(1) > p:nth-child(3) > a > span
```

Node-RED 流程：ch7-2-2.json 是使用 http request 和 html 節點來建立網路爬蟲，如下圖所示：

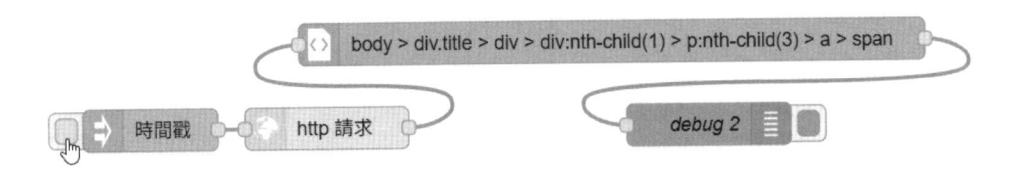

請點選 inject 節點，就可以在「除錯窗口」標籤頁看到取得的版本號碼，這是只有 1 個元素的字串陣列（因為是擷取出單一資料），如下圖所示：

```
2025/4/27 下午1:51:06   node: debug 2
msg.payload : array[1]
▶ [ "v4.0.9" ]
```

Node-RED 流程的節點說明，如下所示：

- inject 和 debug 節點：預設值。
- http request 節點：使用 GET 請求方式和回傳 UTF-8 編碼的字串，請在【URL】欄輸入 https://nodered.org/。
- html 節點：請在【選取項】欄輸入前述取得的 CSS 選擇器字串，即可用來擷取資料，取出 HTML 標籤內容和輸出成單一訊息的陣列，如下圖所示：

7-3 認識 Open Data 與 Web API

Open Data 開放資料如同程式語言的函式庫,這是一種 Web API(Web Application Programming Interface),可以使用 HTTP 請求來執行其他系統所提供的功能來存取所需資料的一種函式呼叫。

7-3-1 Web API 的種類

基本上,Web API 就是一個 URL 存取網址,其使用方式如同在瀏覽器輸入 URL 網址來瀏覽網頁,事實上,很多公開 API 都可以直接在瀏覽器執行請求來取得網路資料,其回應資料大多是 JSON 格式的資料。Web API 主要可以分成兩種,如下所示:

- 公開 API(Public/Open API):任何人不需註冊帳號就可以使用的 Web API,例如:第 7-4-2 節的 Google 圖書查詢服務。
- 認證 API(Authenticated API):需要先註冊帳號後才能使用的 Web API,帳號可能需付費或免費註冊,在註冊後,可以得到 API 金鑰(API Key),在執行 Web API 時,需要提供 API 金鑰的認證資料。

7-3-2 使用 RestMan 擴充功能測試 Web API

Google Chrome 的 RestMan 擴充功能是一個 Web API 測試工具,提供圖形化介面來送出 HTTP 請求,可以檢視回應資料和格式化顯示回應的 JSON 資料。

安裝 RestMan 擴充功能

在 Chrome 瀏覽器安裝 RestMan 需要進入 Chrome 應用程式商店,其步驟如右所示:

Step 1 請啟動 Chrome 輸入網址 https://chrome.google.com/webstore/，進入 Chrome 應用程式商店，在左上方欄位輸入【Restman】搜尋擴充功能，可以看到搜尋結果，選【RestMan】。

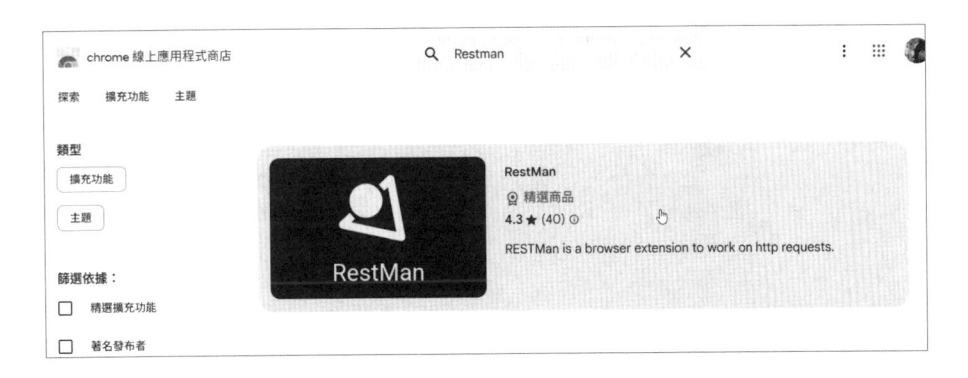

Step 2 按【加到 Chrome】鈕新增擴充功能。

Step 3 可以看到權限說明對話方塊，按【新增擴充功能】鈕安裝 RestMan。

Step 4 稍等一下，可以看到在工具列新增擴充功能的圖示，如下圖所示：

使用 RestMan 擴充功能

當成功新增 RestMan 擴充功能後，就可以使用 RestMan 送出 HTTP 請求來取得回應的 JSON 資料，其步驟如下所示：

Step 1 請在 Chrome 瀏覽器右上方工具列點選 RestMan 擴充功能圖示，在請求方法欄選 GET 後，在後方欄位填入 URL 網址 https://fchart.github.io/books.json，按游標所在的箭頭鈕來送出 HTTP 請求，如下圖所示：

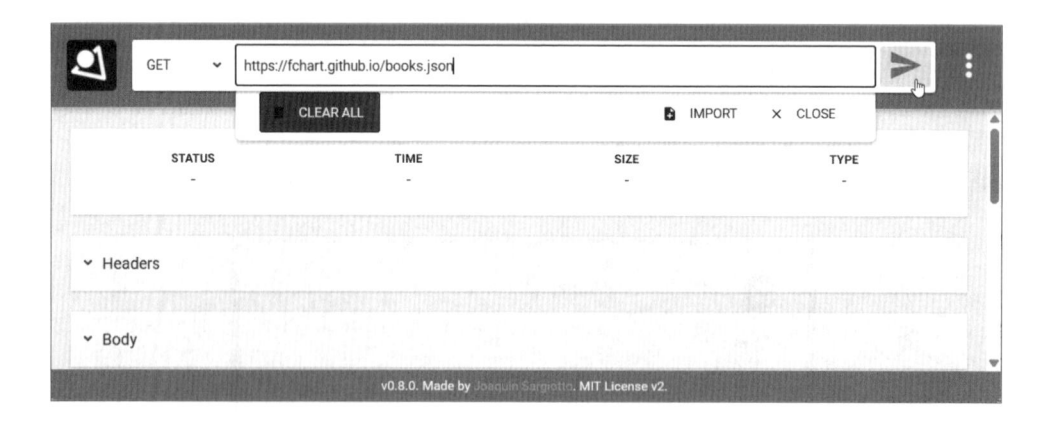

Step 2 在送出 HTTP 請求取得回應後,請捲動視窗,可以在下方檢視回應的 JSON 資料,【JSON】標籤是格式化顯示的 JSON 資料,如下圖所示:

```
1  [
2      {
3          "title": "ASP.NET網頁程式設計",
4          "author": "陳會安",
5          "category": "Web",
6          "pubdate": "06/2015",
7          "id": "W101"
8      },
9      {
10         "title": "PHP網頁程式設計",
11         "author": "陳會安",
12         "category": "Web",
13         "pubdate": "07/2015",
14         "id": "W102"
15     },
16     {
17         "title": "Java程式設計",
18         "author": "陳會安",
19         "category": "Programming",
20         "pubdate": "11/2015",
21         "id": "P102"
22     },
23     {
24         "title": "Android程式設計",
25         "author": "陳會安",
26         "category": "Mobile",
27         "pubdate": "07/2015",
28         "id": "M102"
29     }
30 ]
```
JSON   XML   HTML PREVIEW   PLAIN

7-4 Node-RED 的 JSON 資料剖析

Node-RED 在「解析」區段提供 json 節點,可以讓我們互轉 JSON 字串和 JavaScript 物件。

7-4-1 使用 json 節點剖析 JSON 資料

Node-RED 的 json 節點可以將輸入的 JSON 字串轉換成 JavaScript物件,或將輸入的 JavaScript 物件轉換成 JSON 字串,如下圖所示:

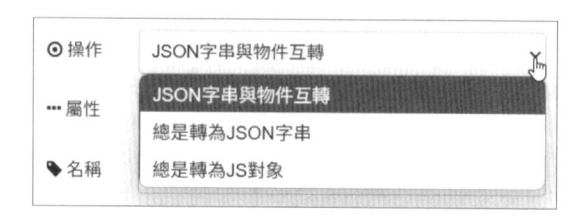

在第 7-3-2 節是使用 RestMan 取得 https://fchart.github.io/books.json 的 JSON 圖書資料，這是一個 JSON 陣列，擁有 4 本圖書的 4 個 JSON 物件。Node-RED 流程：ch7-4-1.json 可以取回和剖析 JSON 資料後，顯示第 1 本圖書的書號和書名，如下圖所示：

請點選 inject 節點，就可以在「除錯窗口」標籤頁看到剖析取回的 JSON 資料，顯示第 1 本圖書的書名和書號，如下圖所示：

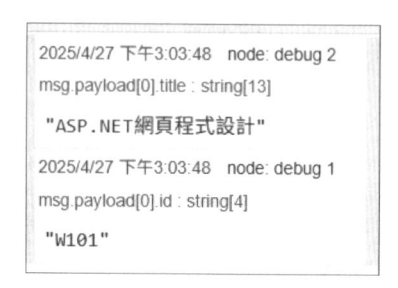

Node-RED 流程的節點說明，如下所示：

- inject 節點：預設值。
- http request 節點：使用 GET 請求方式和回傳 UTF-8 編碼的 JSON 字串，請在【URL】欄輸入 https://fchart.github.io/books.json。

- json 節點：在【操作】欄選【JSON 字串與物件互轉】，將 JSON 字串轉換成 JavaScript 物件，以此例是 4 個圖書物件的 JavaScript 物件陣列，如下圖所示：

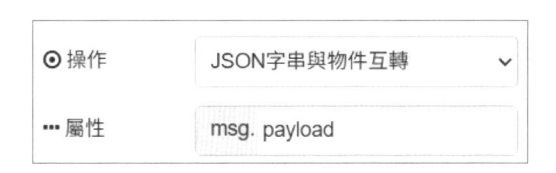

- 2 個 debug 節點：分別輸出索引 0 的第 1 本圖書的書號和書名，即 msg.payload[0].id 和 msg.payload[0].title，如下圖所示：

7-4-2 使用 Google 圖書查詢的 Web API

Google 圖書查詢的 Web API 可以輸入書名的關鍵字來查詢圖書資料。

使用 Google圖書查詢的 Web API

在這一節是使用 Google 圖書查詢的 Web API 來查詢 HTML 圖書資料，其存取網址如下所示：

```
https://www.googleapis.com/books/v1/volumes?maxResults=3&q=HTML&projection=lite
```

上述 URL 參數 q 是關鍵字 HTML；maxResults 參數是最多傳回幾筆；projection 參數值 lite 是傳回精簡版本的查詢結果。請使用 RestMan 顯示查詢 HTML 圖書的格式化 JSON 資料，如下圖所示：

```
1  {
2      "kind": "books#volumes",
3      "totalItems": 1000000,
4      "items": [
5          {
6              "kind": "books#volume",
7              "id": "Dq9L3KkDOFIC",
8              "etag": "p5mPCmqStDI",
9              "selfLink": "https://www.googleapis.com/books/v1/volumes/Dq9L3KkDOFIC",
10             "volumeInfo": {
11                 "title": "HTML for the World Wide Web",
12                 "authors": [
13                     "Elizabeth Castro"
14                 ],
15                 "publisher": "Peachpit Press",
16                 "publishedDate": "2003",
17                 "description": "bull; Task-based approach teaches readers how to combine HTML and CSS
18                 "readingModes": {
19                     "text": false,
20                     "image": true
21                 },
22                 "maturityRating": "NOT_MATURE",
23                 "allowAnonLogging": false,
24                 "contentVersion": "0.4.6.0.preview.1",
25                 "panelizationSummary": {
26                     "containsEpubBubbles": false,
27                     "containsImageBubbles": false
28                 },
29                 "imageLinks": {
30                     "smallThumbnail": "http://books.google.com/books/content?id=Dq9L3KkDOFIC&printsec=
```

上述查詢結果是一個 JSON 物件，其分析結果如下所示：

- 圖書資料是 "items" 鍵的 JSON 物件陣列。
- 陣列的每一個 JSON 物件是一本圖書。
- 圖書資料是在 "volumeInfo" 鍵的 JSON 物件，如下所示：
  - "title" 鍵是書名。
  - "author" 鍵是作者（其值是字串陣列）。
  - "publisher" 鍵是出版商。
  - "publishedDate" 鍵是出版日。

使用 Google 圖書查詢服務　　　　　　　　　　| ch7-4-2.json

Node-RED 流程在取回和剖析 Google 圖書查詢的 JSON 資料後，顯示查詢結果第 1 本圖書的相關資訊，此流程的 http request 節點可以直接回傳剖析的 JSON 物件，所以並不需要 json 節點，如右圖所示：

取得網路資料：OpenData 與 JSON 資料剖析　**07**

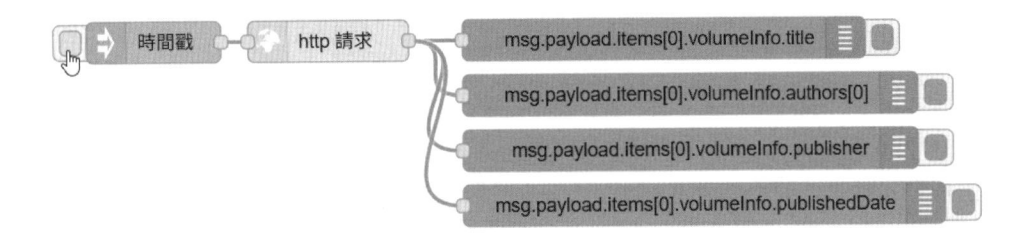

請點選 inject 節點，就可以在「除錯窗口」標籤頁看到剖析取回的 JSON 資料，顯示查詢結果第 1 本圖書的資料，如下圖所示：

Node-RED 流程的節點說明，如下所示：

- inject 節點：預設值。
- http request 節點：使用 GET 請求方式，在【URL】欄輸入 Google 圖書查詢 Web API 的 URL 網址後，【返回】欄選【JSON 對象】，就可以回傳剖析後的 JSON 物件，如下圖所示：

7-15

請求方式	GET
URL	https://www.googleapis.com/books/v1/volumes?m
內容	Ignore

☐ 使用安全連接 (SSL/TLS)
☐ 基本認證
☐ 對連接啟用keep-alive
☐ 使用代理服務器
☐ Only send non-2xx responses to Catch node
☐ Disable strict HTTP parsing

← 返回	JSON對象

- 4 個 debug 節點：分別輸出索引 0 的第 1 本圖書的書名、作者、出版商和出版日期，如下所示：

```
msg.payload.items[0].volumeInfo.title
msg.payload.items[0].volumeInfo.authors[0]
msg.payload.items[0].volumeInfo.publisher
msg.payload.items[0].volumeInfo.publishedDate
```

7-5 整合應用：取得網路資料繪製 Node-RED 圖表

Node-RED 流程：ch7-5.json 共有 2 條流程，這是一個爬蟲程式，可以爬取 HTML 網頁的溫 / 溼度資料來繪製 Node-RED 折線圖。在第 1 條流程是建立路由「/getdata」的 Web 網站，function 節點在使用亂數產生溫 / 溼度後，就可以在 template 節點的 HTML 網頁顯示溫 / 溼度值，如右圖所示：

取得網路資料：OpenData 與 JSON 資料剖析　**07**

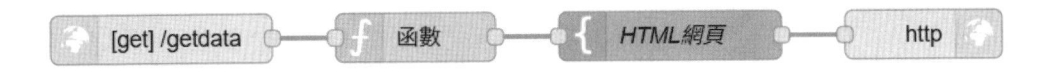

[get] /getdata → 函數 → HTML 網頁 → http

在部署上述 Node-RED 流程後，請啟動瀏覽器進入下列網址，可以看到網頁顯示的溫 / 溼度，每進入一次或重新整理，都可以得到不同的溫 / 溼度，如下所示：

http://localhost:1880/getdata

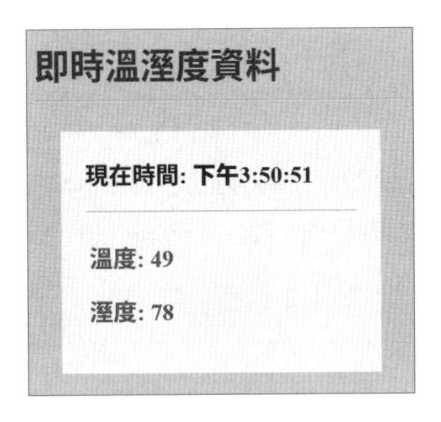

即時溫溼度資料

現在時間：下午 3:50:51

溫度：49

溼度：78

在第 2 條流程就是整合第 7-2-2 節 html 節點的網路爬蟲，可以從 http://localhost:1880/getdata 爬取出溫 / 溼度資料後，顯示在 chart 圖表的折線圖，如下圖所示：

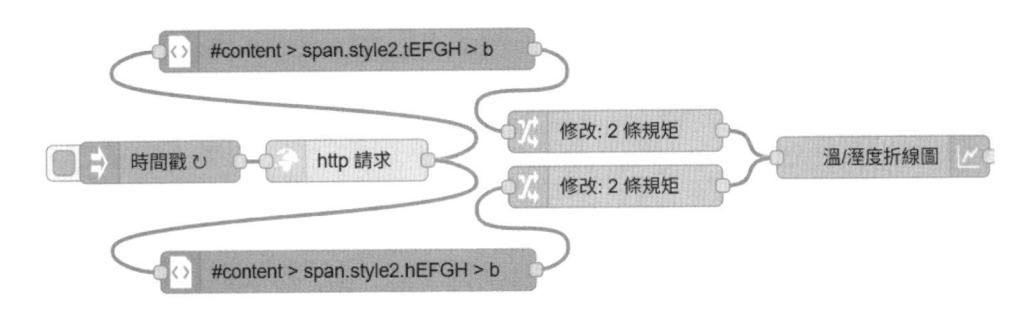

在 Node-RED 儀表板 http://localhost:1880/ui/，可以看到 chart 節點繪出溫 / 溼度數據的即時折線圖，每 1 秒鐘更新 1 次數據，在上方圖例（Legend）標示 2 條折線的色彩，如下圖所示：

7-17

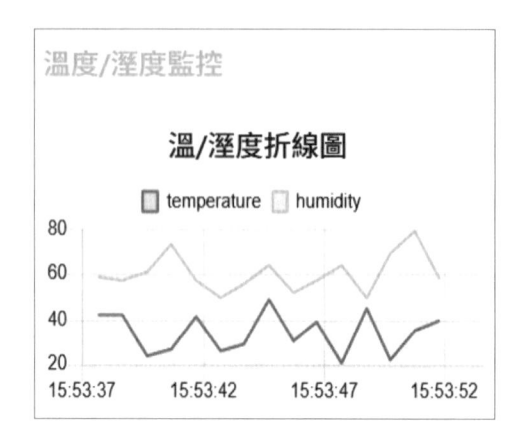

[溫度/溼度監控圖表]

上述 Node-RED 流程的前半部就是第 7-2-2 節 HTML 網頁資料擷取，然後在中間是 2 個 change 節點，2 條規則分別指定 msg.topic 屬性值和取出陣列的第 1 個元素值，即 msg.payload[0]，如下圖所示：

[change 節點設定畫面]

最後就可以送至 chart 節點繪製溫 / 溼度 2 條折線的折線圖。

7-6 整合應用：剖析 JSON 資料繪製 Node-RED 圖表

Web 介面的感測器模擬器 IoTSensors2.html 可以定時（預設 3 秒鐘）使用 MQTT 送出 JSON 格式的溫 / 溼度資料，預設使用的 MQTT 主題是：sensors/livingroom/data，如右圖所示：

取得網路資料：OpenData 與 JSON 資料剖析　07

MQTT IoT裝置模擬器：JSON

Broker主機：mqtt.eclipseprojects.io　埠號：80

連線至MQTT Broker　Client Id: q19ISBj17Y6OB7Q

MQTT 主題：sensors/livingroom/data

鍵名(1)：temp　　最小值：25　　最大值：55

鍵名(2)：humidity　　最小值：65　　最大值：95

取小數點下幾位數, 0 是取整數：0

出版間隔時間（毫秒）：3000

開始出版訊息　停止出版訊息

成功連線至Broker

2025/4/27 下午4:07:30 -> 主題: sensors/livingroom/data，訊息: {"temp":26,"humidity":66}
2025/4/27 下午4:07:33 -> 主題: sensors/livingroom/data，訊息: {"temp":48,"humidity":75}
2025/4/27 下午4:07:36 -> 主題: sensors/livingroom/data，訊息: {"temp":48,"humidity":91}
2025/4/27 下午4:07:39 -> 主題: sensors/livingroom/data，訊息: {"temp":54,"humidity":88}

上述 MQTT 出版的訊息是 JSON 格式的資料，如下所示：

`{"temp":26,"humidity":66}`

Node-RED 流程：ch7-6.json 是修改第 6-4 節的 ch6-4.json 流程，改為剖析 JSON 資料來繪製 Node-RED 折線圖，如下圖所示：

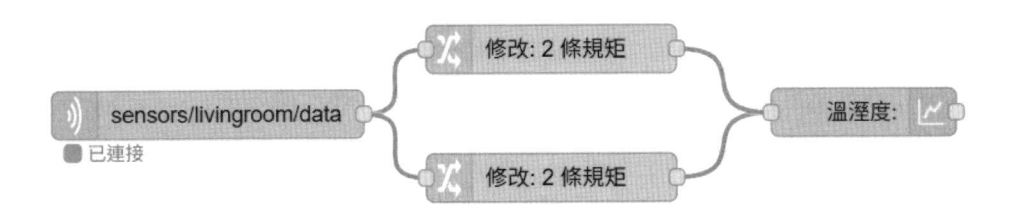

請執行 Web 介面的感測器模擬器發送溫／溼度訊息的 JSON 資料後，就可以在 Node-RED 儀表板 http://localhost:1880/ui/ 看到 chart 節點繪出溫／溼度數據的即時折線圖，每 1 秒鐘更新 1 次數據，在上方圖例（Legend）標示 2 條折線的色彩，如下圖所示：

7-19

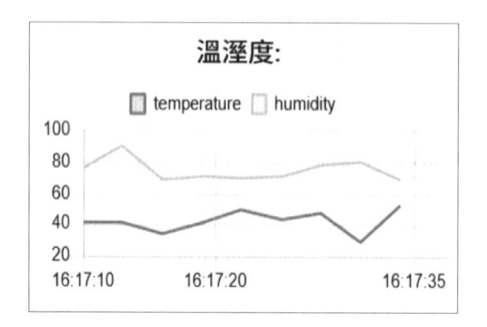

[圖：溫溼度折線圖]

Node-RED 流程的節點說明，如下所示：

- mqtt in 節點：在【服務端】欄選第 6-3-1 節建立的 MQTT 代理人，【主題】欄輸入訂閱主題 sensors/livingroom/data，指定服務品質 QoS 是 2，在【輸出】欄選【解析的 JSON 對象】，即剖析 JSON 資料，如下圖所示：

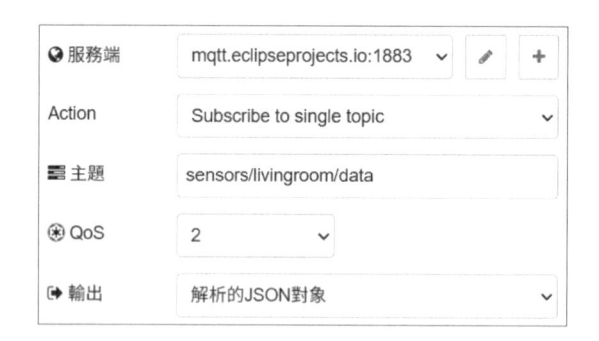

[圖：mqtt in 節點設定]

- change 節點（溫度）：新增 2 個【設定】操作，第 1 個是將 msg.topic 屬性值改成【到】欄的文字列 temperature，第 2 個是取出 JSON 物件的 msg.payload.temp 屬性值的溫度，如下圖所示：

[圖：change 節點設定]

- change 節點（溼度）：新增 2 個【設定】操作，第 1 個是將 msg.topic 屬性值改成【到】欄的文字列 humidity，第 2 個是取出 JSON 物件的 msg.payload.humidity 屬性值的溼度，如下圖所示：

- chart 節點：在【Group】欄選【[Home] 溫度/溼度監控】,【Label】欄輸入【溫溼度:】，在【Type】欄選 Line chart 折線圖，只顯示最後 20 個點，因為有 2 條線，請在【Legend】欄選【Show】顯示圖例，如下圖所示：

7-21

學習評量

1. 請簡單說明什麼是網路爬蟲？什麼是 HTTP 通訊協定？

2. Node-RED 可以使用 _____ 和 _____ 節點來建立網路爬蟲。

3. 請問什麼是 Open Data 與 Web API？什麼是 JSON？我們為什麼需要 RestMan 擴充功能？Node-RED 是如何剖析 JSON 資料？

4. 請修改 ch7-4-2.json 的 Node-RED 流程，可以顯示第 2 本圖書的資料。

5. 請修改 ch7-5.json 的 Node-RED 流程，當成功爬取溫 / 溼度資料後，修改成建立 JSON 資料來出版 MQTT 訊息，換句話說，就是建立流程來取代第 7-6 節 Web 介面的感測器模擬器 IoTSensors2.html。

CHAPTER 08

訊息通知：寄送 Email 電郵與 Telegram 通知

▶ 8-1 自動化寄送 Email 電子郵件通知
▶ 8-2 申請與使用 Telegram Notification 通知
▶ 8-3 取得 OpenWeatherMap 天氣的 JSON 資料
▶ 8-4 整合應用：使用 Telegram Notification 送出天氣通知

8-1 自動化寄送 Email 電子郵件通知

在 Node-RED 流程可以使用 node-red-node-email 節點來寄送 Email 電子郵件，因為是使用 Gmail 寄送郵件，所以需要產生應用程式密碼。

8-1-1 在 Google 帳號產生應用程式密碼

當 Node-RED 流程使用 Gmail 寄送郵件時，此時的密碼並不是登入密碼，而是 Google 帳號的應用程式密碼，其產生步驟如下所示：

Step 1 請登入 Google 帳號後，點選右上方 9 個點的圖示，選【帳戶】。

Step 2 在左邊選【安全性】，然後在右邊找到和點選【兩步驟驗證】項目（目前狀態是已停用）。

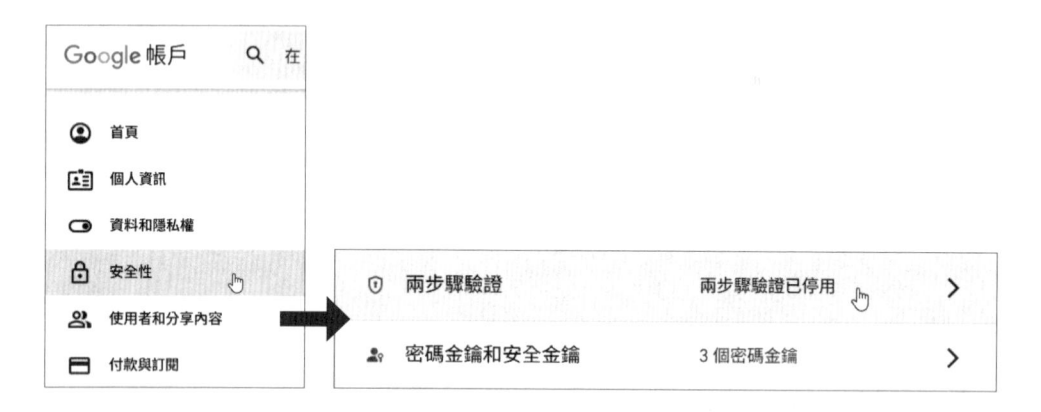

Step 3 然後輸入帳號／密碼再次登入後，因為尚未新增電話號碼，請按【新增電話號碼】鈕。

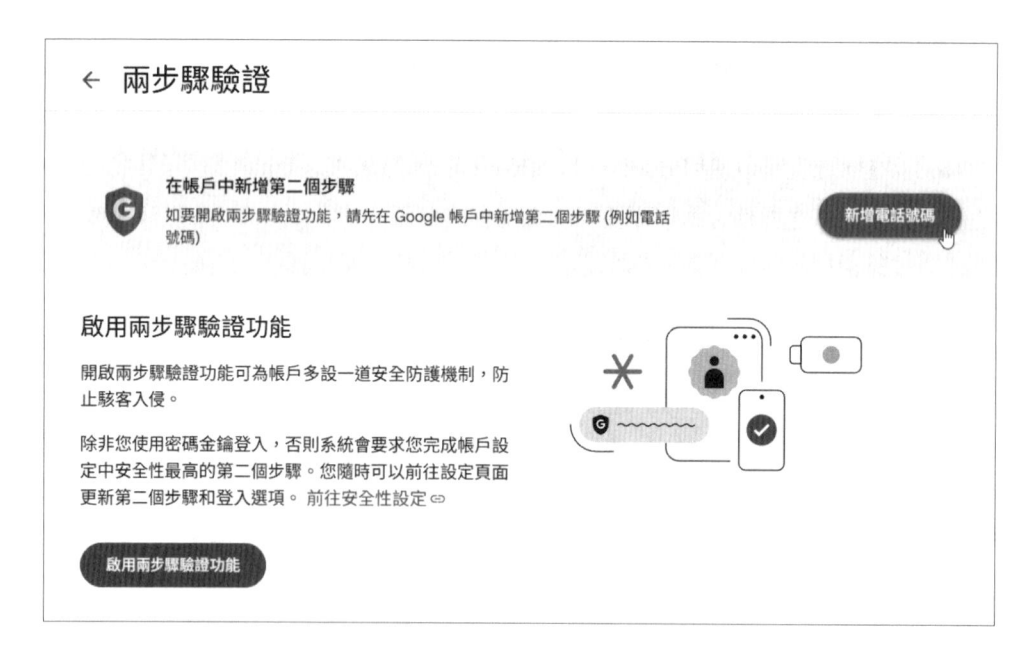

訊息通知：寄送 Email 電郵與 Telegram 通知　**08**

Step 4 請輸入電話號碼後，按【下一步】鈕。

新增用於兩步驟驗證的電話號碼

將電話號碼設為第二個步驟，就能在無法登入帳戶時取得相關協助，還可接收帳戶異常活動快訊

+886

您可以使用 Google Voice 號碼，但在您無法登入 Google 帳戶時，這類號碼無法用來接收驗證碼。電信業者可能會向您收取費用。進一步瞭解 Google 如何使用這項資訊 ⑦

取消　下一步

Step 5 在收到驗證碼後，請輸入驗證碼後按【驗證】鈕。

驗證這個電話號碼

Google 已將驗證碼傳送到 +8860938726193。

輸入驗證碼
G-

返回　驗證

8-3

Step 6 可以看到已經成功啟用兩步驟驗證，請按【完成】鈕。

Step 7 請回到【安全性】頁面，在右邊可以看到已經啟用【兩步驟驗證】，然後，在上方欄位輸入和搜尋【應用程式密碼】項目，在找到後，點選【應用程式密碼】。

訊息通知：寄送 Email 電郵與 Telegram 通知　　**08**

Step 8 請在欄位輸入應用程式名稱【my_email】，按【建立】鈕產生應用程式密碼。

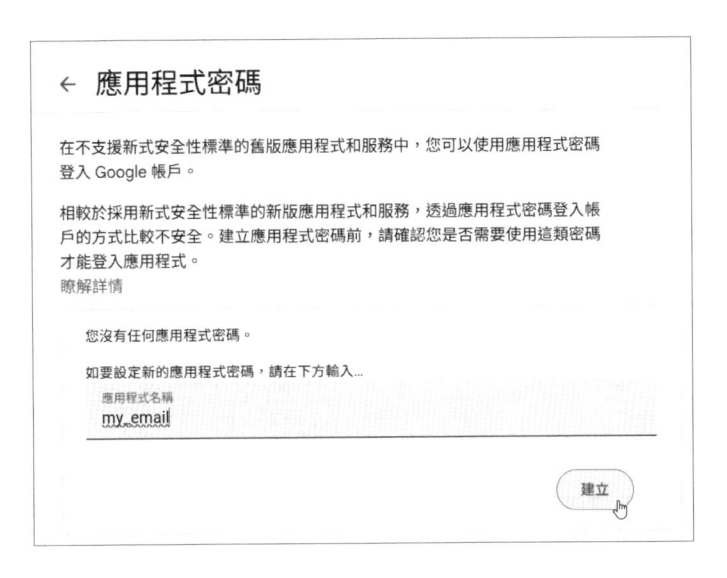

Step 9 可以看到產生的應用程式密碼，請複製此密碼後，按【完成】鈕。

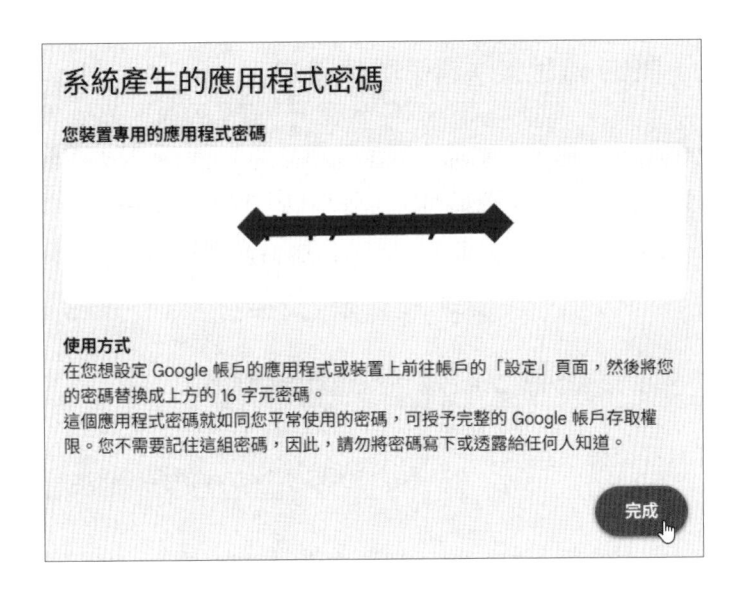

8-5

8-1-2 建立 Node-RED 流程寄送 Email 電子郵件

在成功取得 Gmail 應用程式密碼後，我們就可以在 Node-RED 的【節點管理】安裝 node-red-node-email 節點來寄送 Email 電子郵件。

▍Gmail 的 SMTP 資訊

Google Gmail 的 SMTP 伺服器資訊，如下表所示：

名稱	值
SMTP 伺服器位址	smtp.gmail.com
SMTP 使用者名稱	Gmail 帳號
SMTP 密碼	Gmail 應用程式密碼
SMTP 埠號（TLS）	587
SMTP 埠號（SSL）	465

▍使用 Node-RED 流程寄送電子郵件通知　　　　| ch8-1-2.json

在 Node-RED 流程只需新增「社交」區段的第 3 個 email 節點，和設定 Gmail 的 SMTP 伺服器資訊後，就可以指定 msg.payload 郵件內容和 msg.topic 郵件主旨，即可點選 inject 節點，使用 Gmail 的 SMTP 伺服器來寄送電子郵件通知，如下圖所示：

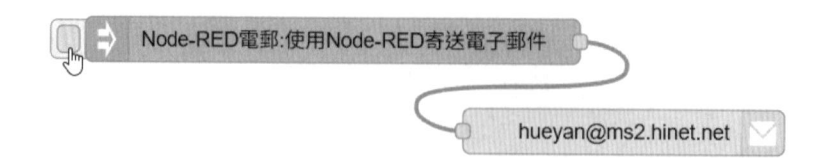

請啟動 Gmail 郵件工具，就可以看到收到的通知郵件，如下圖所示：

Node-RED 流程的節點說明，如下所示：

- inject 節點：使用 msg.payload 和 msg.topic 指定電子郵件的內容，如下圖所示：

- email 節點：在【To】欄輸入收件者電子郵件地址，【Auth type】欄選【Basic】後，就可以設定【Server】、【Port】、【Userid】和【Password】欄是本節前的 SMTP 資訊影像來源，因為勾選【Use secure connection】欄，所以 Port 是 465，請取消勾選最後的【Check server certificate is valid】，如下圖所示：

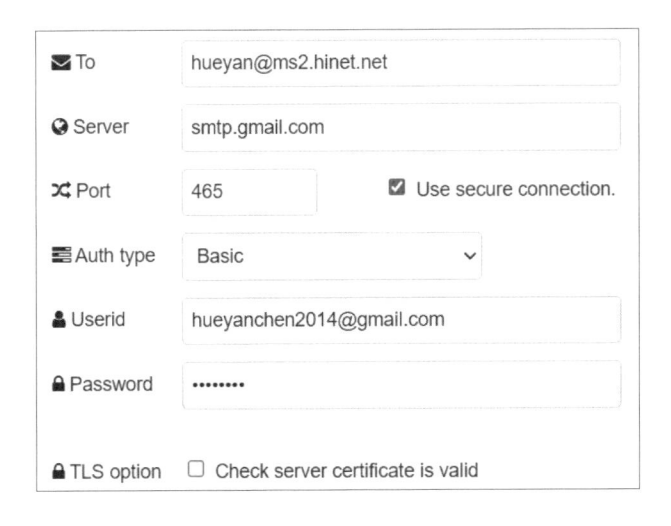

8-2 申請與使用 Telegram Notification 通知

Telegram 和 LINE 都是著名的即時通訊軟體，一樣都跨平台支援手機、電腦和網頁等多種平台的客戶端，因為 LINE 訊息目前有免費使用的上限，所以，在本書改用 Telegram 來發送 Telegram Notification 通知。

在 Telegram 只需使用手機 App 建立 Telegram Bot 機器人後，就可以發送 Telegram Notification 通知訊息至指定的聊天室。

8-2-1 建立 Telegram Bot 機器人

Telegram Bot 機器人是架構在 Telegram 伺服器的一種應用程式，可以使用 Telegram Bot API 連接 Telegram 客戶端來發送訊息和進行交談，例如：聊天機器人 Chatbot。

▌步驟一：建立 Telegram Bot 機器人取得權杖

請在手機安裝 Telegram App 後，就可以啟動 Telegram App 與名為 BotFather 進行交談來建立 Bot 機器人，其步驟如下所示：

Step 1 請下載和註冊 Telegram App 後，搜尋找到【BotFather】，在點選進入聊天室與之對話後，按下方【START】鈕（即送出【/start】命令訊息），可以看到歡迎訊息與相關命令的說明。

訊息通知：寄送 Email 電郵與 Telegram 通知　**08**

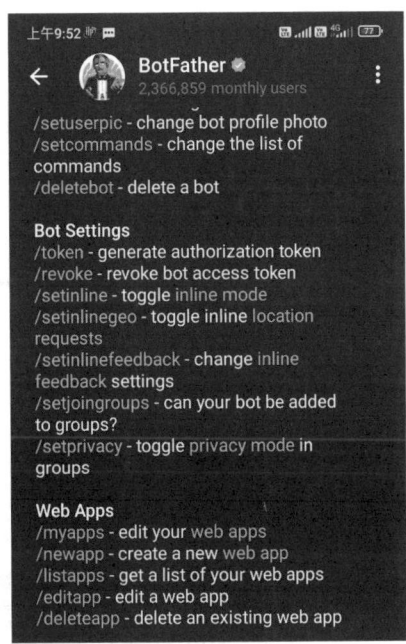

Step 2 建立新機器人是送出【/newbot】命令訊息，請在下方輸入此命令訊息後，按之後箭頭圖示來送出訊息。

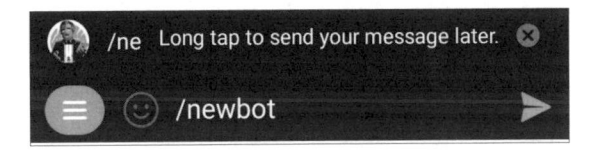

Step 3 可以看到回應訊息，第一步需要替 Bot 機器人命名。

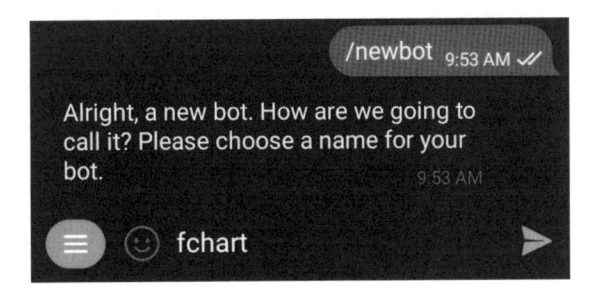

8-9

Step 4 請送出機器人名稱的訊息，以此例是【fchart】（請自行命名）。

> fchart 9:54 AM ✓✓
>
> Good. Now let's choose a username for your bot. It must end in `bot`. Like this, for example: TetrisBot or tetris_bot.
> 9:54 AM

Step 5 第二步需要一個使用者名稱，這是以【bot】結尾的名稱，請送出機器人名稱的訊息，以此例是【hueyan_bot】（請自行命名）。

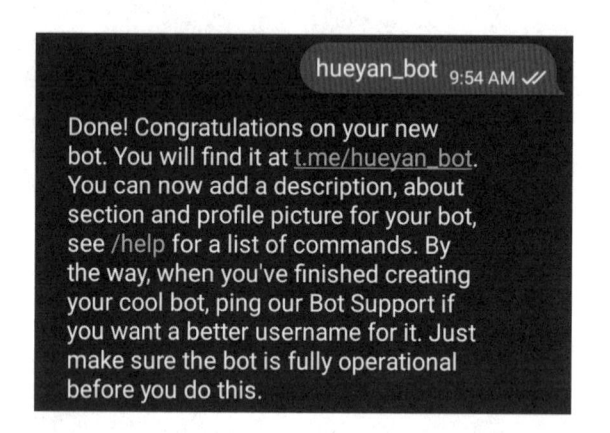

> hueyan_bot 9:54 AM ✓✓
>
> Done! Congratulations on your new bot. You will find it at t.me/hueyan_bot. You can now add a description, about section and profile picture for your bot, see /help for a list of commands. By the way, when you've finished creating your cool bot, ping our Bot Support if you want a better username for it. Just make sure the bot is fully operational before you do this.

Step 6 訊息指出已經成功建立機器人，我們可以使用 t.me/hueyan_bot 找到此機器人，在下方訊息中可以看到權杖（Token），請點選複製後，使用手機的電子郵件工具寄給自己的 Windows 電腦。

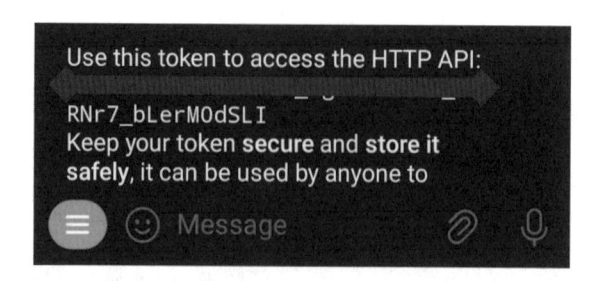

> Use this token to access the HTTP API:
>
> RNr7_bLerM0dSLI
> Keep your token **secure** and **store it safely**, it can be used by anyone to

步驟二：與機器人對話取得聊天室的識別碼

在 Telegram 成功建立 Bot 機器人和取得權杖後，接著，我們需要取得 Telegram Bot 聊天室的識別碼（id），其步驟如下所示：

Step 1 請在 Telegram App 搜尋使用者名稱【hueyan_bot】，在找到後，點選進入聊天室與之交談，請按下方【START】鈕送出【/start】命令訊息。

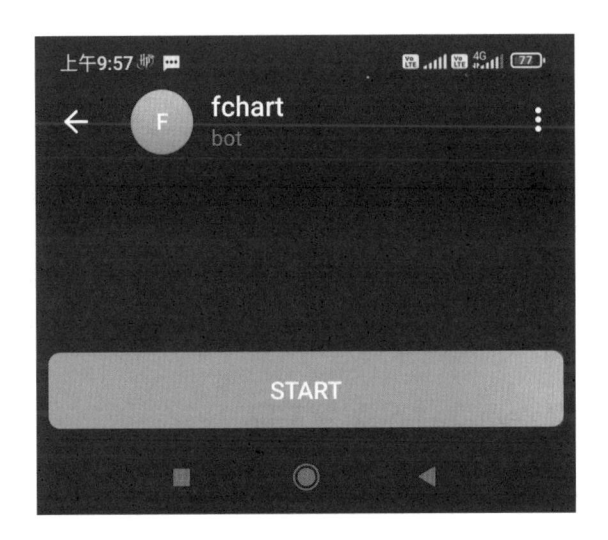

Step 2 然後隨便輸入一句對話訊息，例如：輸入【Hello!】後送出。

Step 3 請回到 Windows 電腦開啟瀏覽器，輸入下列 URL 網址執行 getUpdates 方法（< API 權杖 > 是之前取得的權杖），就可以看到更新訊息（如果沒有看到更新訊息，請在 Telegram 再輸入一句對話訊息後，再試一次），如下所示：

```
https://api.telegram.org/bot<API權杖>/getUpdates
```

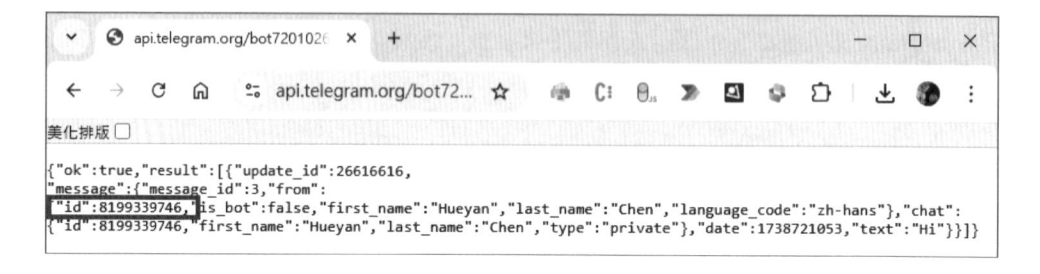

```
{"ok":true,"result":[{"update_id":26616616,
"message":{"message_id":3,"from":
"id":8199339746,"is_bot":false,"first_name":"Hueyan","last_name":"Chen","language_code":"zh-hans"},"chat":
{"id":8199339746,"first_name":"Hueyan","last_name":"Chen","type":"private"},"date":1738721053,"text":"Hi"}}]}
```

Step 4 找到 id 鍵，其值就是 Bot 機器人聊天室的識別碼。

8-2-2 建立 Node-RED 流程發送 Telegram Notification通知

當成功建立 Telegram Bot 機器人取得權杖和識別碼後，我們就可以建立 Node-RED 流程使用 node-red-contrib-telegrambot 節點來發送 Telegram Notification 通知訊息。

Node-RED 的 telegram bot 配置節點

在 node-red-contrib-telegrambot 節點提供完整 Telegram Bot 使用的相關節點，這一節我們是使用「telegram」區段的 sender 節點來發送 Telegram Notification 通知，如下圖所示：

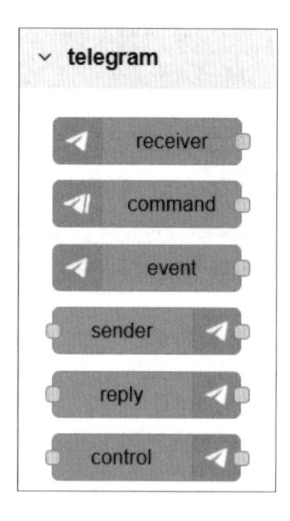

訊息通知：寄送 Email 電郵與 Telegram 通知　**08**

上述節點共用 telegram bot 配置節點來新增 Telegram Bot 機器人的設定，其新增配置節點的步驟，如下所示：

`Step 1` 請拖拉 sender 節點至編輯區域，開啟編輯節點對話方塊，在【服務端】欄選【添加新的 telegram bot 節點】，點選後方游標所在【 + 】鈕來新增 Telegram Bot 機器人。

`Step 2` 在【Bot-Name】欄輸入第 8-2-1 節命名的名稱，【Token】欄填入第 8-2-1 節取得的權杖後，按右上方【添加】鈕新增 telegram bot 配置節點。

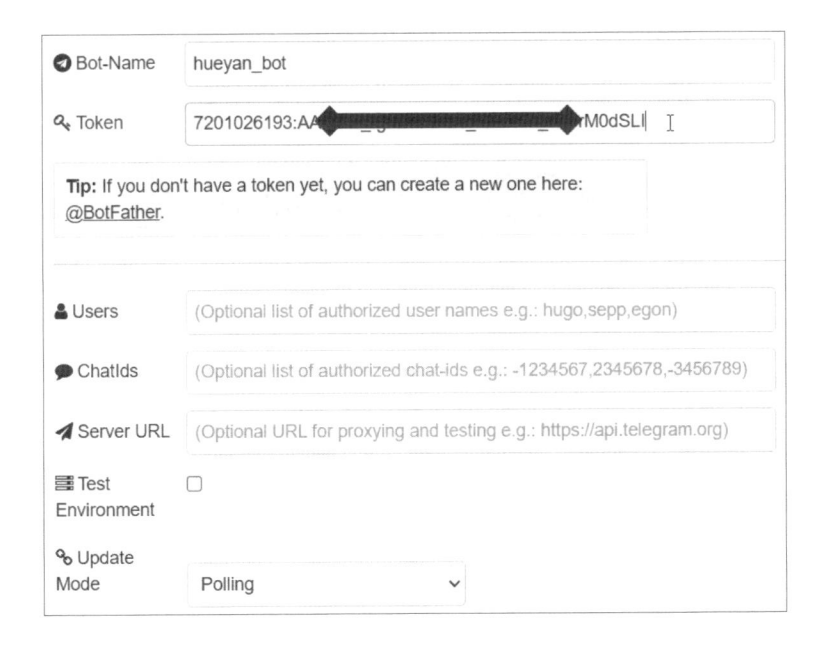

8-13

使用 Node-RED 流程發送 Telegram 通知：ch8-2-2.json

Node-RED 流程分別使用 change 和 function 節點建立訊息的 JSON 物件後，使用「telegram」區段的 sender 節點，發送 Telegram 通知。請分別點選 2 個 inject 節點，就可以發送 Telegram 通知和 Markdown 語法的通知，如下圖所示：

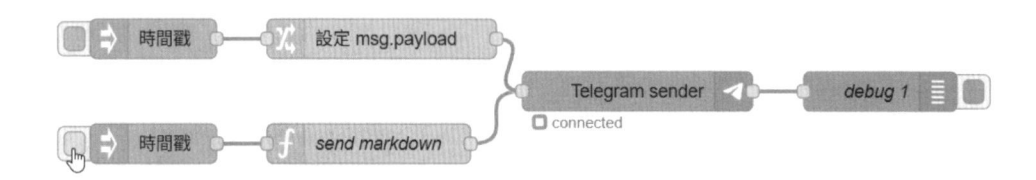

請啟動 Telegram App，就可以看到 Telegram Notification 發送的 2 則通知訊息，如下圖所示：

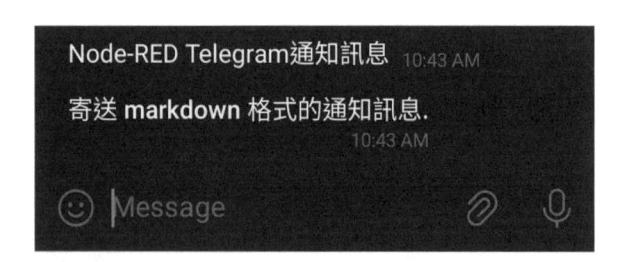

Node-RED 流程的節點說明，如下所示：

- 2 個 inject 和 debug 節點：預設值。
- change 節點：指定 msg.payload 的值是 JSON 物件，chatId 是第 8-2-1 節取得的聊天室識別碼；type 是訊息種類；content 是訊息內容，如下所示：

```
{
    "chatId": 8199339746,
    "type": "message",
    "content": "Node-RED Telegram通知訊息"
}
```

```
   設定          ▼  msg. payload
   to the value  ▼ {} {"chatId":8199339746,"type":"messag …
```

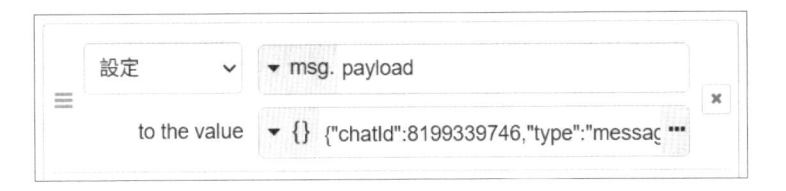

- function 節點：使用 JavaScript 程式碼建立 Markdown 語法的訊息，msg.payload 是訊息，msg.payload.options 啟用 Markdown，如下圖所示：

```
1   var message = "寄送 *markdown* 格式的通知訊息.";
2   msg.payload = {
3       chatId: 8199339746,
4       type : "message",
5       content : message
6   };
7   // 啟用 markdown
8   msg.payload.options = {
9       disable_web_page_preview : true,
10      parse_mode : "Markdown"
11  };
12
13  return msg;
```

- sender 節點：在【Bot】欄選擇之前新增的 telegram bot 配置節點 hueyan_bot，如下圖所示：

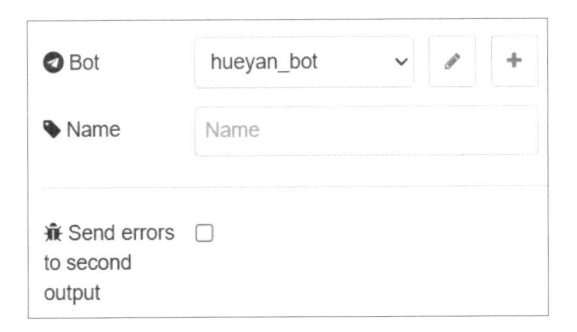

```
 Bot       hueyan_bot    ▼   ✎  +
 Name      Name

 Send errors  ☐
 to second
 output
```

8-15

8-3 取得 OpenWeatherMap 天氣的 JSON 資料

OpenWeatherMap 是一個提供天氣資料的線上服務，可以提供目前的天氣資料、天氣預測和天氣的歷史資料（從 1979 年至今）。

▌註冊 OpenWeatherMap 帳號

OpenWeatherMap 需要註冊帳號取得 API Key（API 金鑰）後，才可以使用 Node-RED 的 openweathermap 節點來取得指定城市或 GPS 座標的天氣資料，其註冊步驟如下所示：

Step 1 請啟動瀏覽器進入 URL 網址：https://openweathermap.org/，選右上角的【Sign in】。

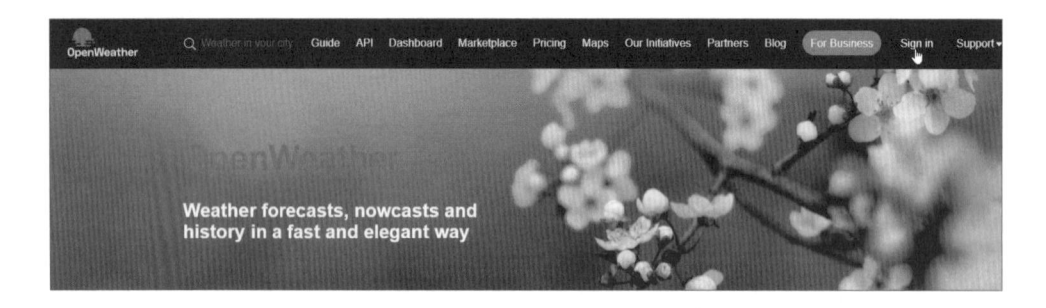

Step 2 再點選下方【Create an Account】超連接來建立帳號。

Step 3 請依序輸入使用者名稱、電子郵件地址和 2 次密碼。

Step 4 然後，捲動視窗勾選【I am 16 years old and over】確認滿 16 歲，和在下方勾選同意授權，然後在勾選【我不是機器人】後，按【Create Account】鈕建立帳號。

8-17

Step 5 在輸入公司名稱和選擇用途後，按【Save】鈕。

Step 6 可以看到已經送出確認的電子郵件，如下圖所示：

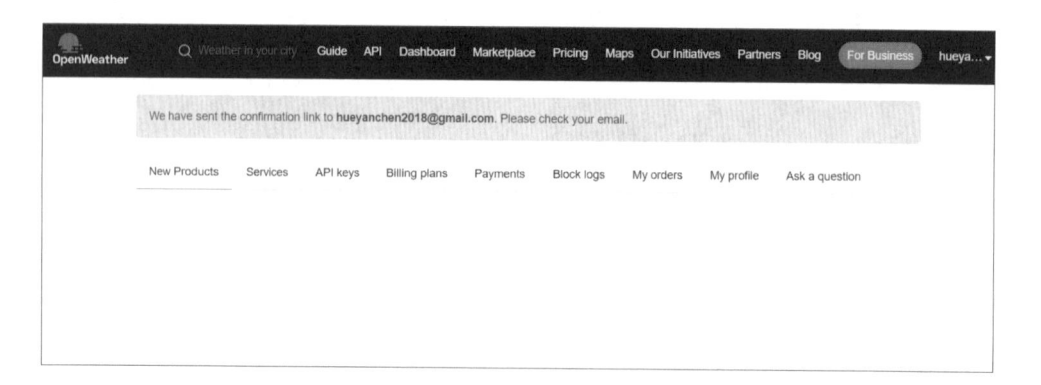

Step 7 請開啟郵件工具，當收到 OpenWeatherMap 帳號確認的電子郵件後，按【Verify your email】驗證電子郵件，如右圖所示：

訊息通知：寄送 Email 電郵與 Telegram 通知　**08**

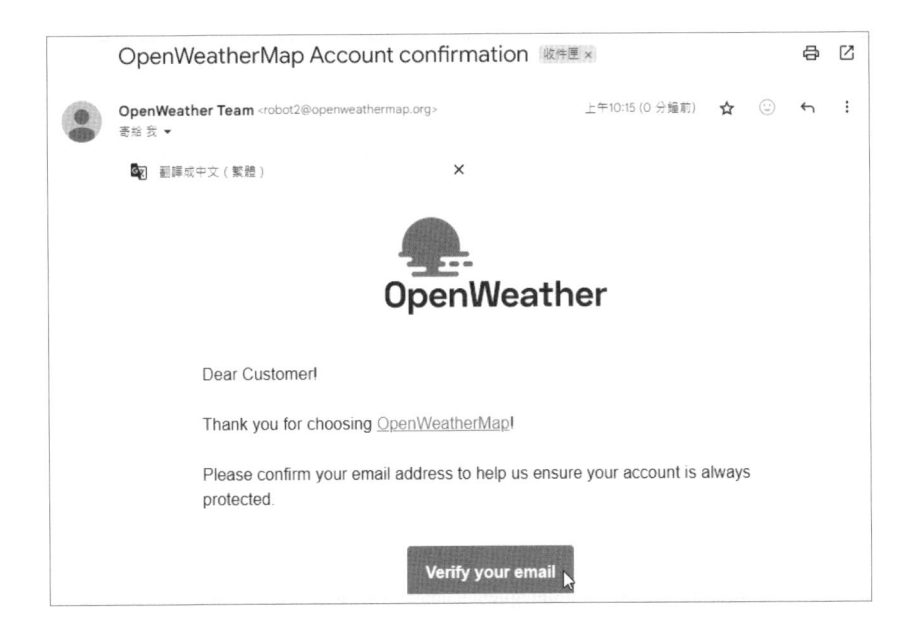

Step 8 在成功驗證後，就可以進入帳號的管理介面，如下圖所示：

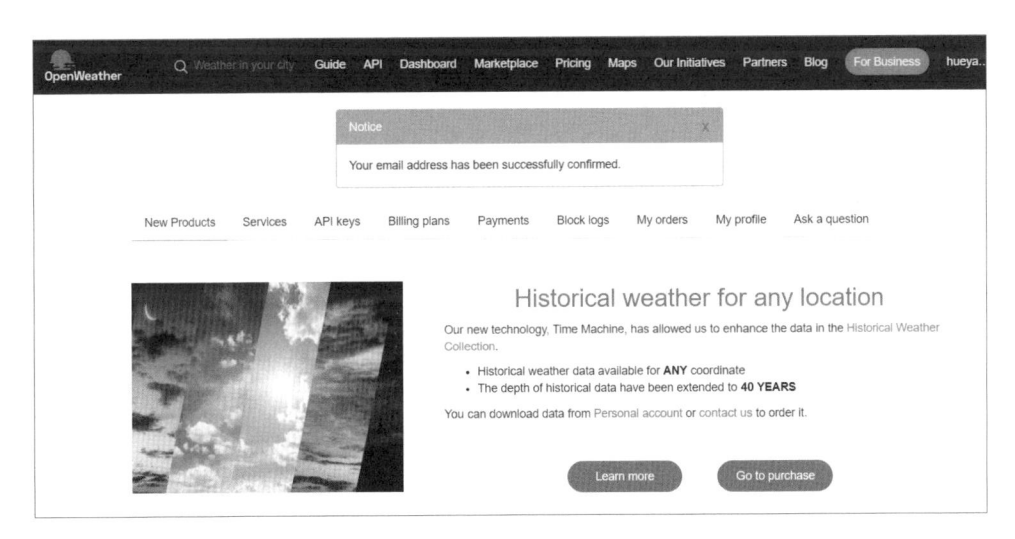

8-19

Step 9 選【API keys】標籤，可以看到 API Key，請複製此 API Key，如下圖所示：

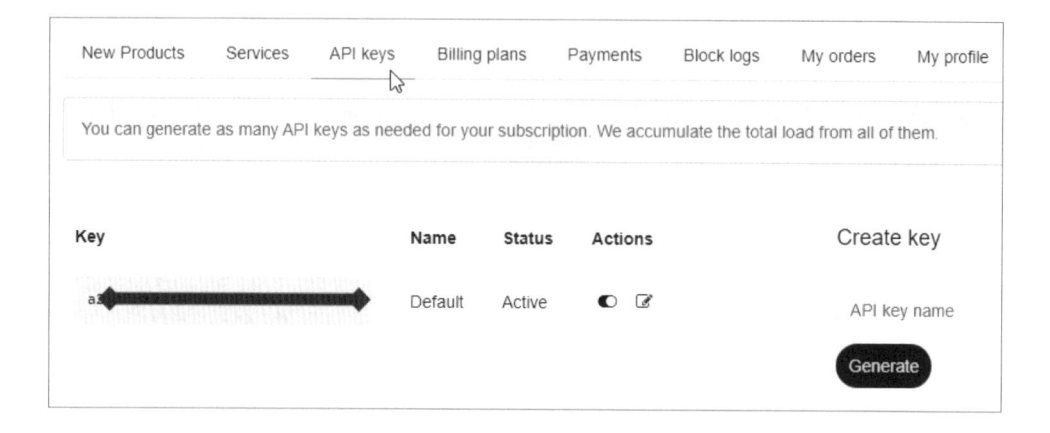

使用 Node-RED 的 openweathermap 節點　　| ch8-3.json

Node-RED 的 openweathermap 節點只需輸入 API Key，和指定城市，就可以取得該城市目前的天氣資料，城市名稱需用英文，例如：台灣是 TW，一些台灣的英文城市名稱，如下表所示：

中文城市名稱	OpenWeatherMap 城市名稱
台北	Taipei
板橋	Banqiao
桃園	Taoyuan
新竹	Hsinchu
台中	Taichung
台南	Tainan
高雄	Kaohsiung

在 Node-RED 流程只需新增「weather」區段的 openweathermap 節點，在設定 API Key、語言和城市，就可以取得此城市的天氣資料。請點選 Node-RED 流程的 inject 節點，如下圖所示：

在「除錯窗口」標籤就可以看到天氣資料的 JSON 物件，如下圖所示：

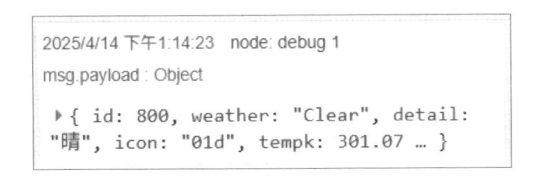

Node-RED 流程的節點說明，如下所示：

- inject 和 debug 節點：預設值。
- openweathermap 節點：在【API Key】欄輸入之前取得的 API Key，【Language】欄選【Chinese Traditional】繁體中文後，在下方選擇查詢方式是【Current weather for】（目前天氣）、【5 days forecast for】（5 天的天氣預測）或同時查詢這 2 種方式，【Location】欄可選 City, Country 城市或 GPS 座標，以此例是台北市，如下圖所示：

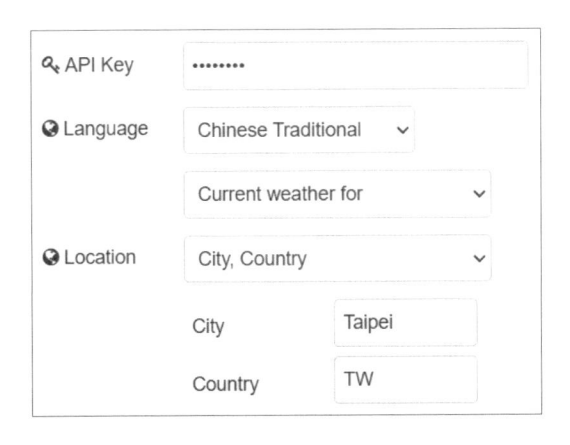

剖析 OpenWeatherMap 回傳的天氣資料　　| ch8-3a.json

Node-RED 流程：ch8-3.json 回傳的格式化 JSON 資料，如下所示：

```
{
  "id": 800,
  "weather": "Clear",
  "detail": "晴",
  "icon": "01d",
  "tempk": 301.07,
  "tempc": 27.9,
  "temp_maxc": 28.9,
  "temp_minc": 24.9,
  "humidity": 57,
  "pressure": 1007,
  "maxtemp": 302.08,
  "mintemp": 298.14,
  "windspeed": 4.63,
  "winddirection": 290,
  "location": "Taipei",
  "sunrise": 1744579956,
  "sunset": 1744625722,
  "clouds": 0,
  "description": "The weather in Taipei at coordinates: 25.0478, 121.5319 is
   Clear (晴)."
}
```

上述查詢結果是一個 JSON 物件，我們準備取出 "detail"（天氣描述）、"tempc"（攝氏溫度）和 "humidity"（溼度）鍵的天氣資料，如下所示：

```
msg.payload["detail"]
msg.payload["tempc"]
msg.payload["humidity"]
```

在 Node-RED 流程：ch8-3a.json 是使用 3 個 debug 節點來分別顯示上述 3 項天氣資訊，如下圖所示：

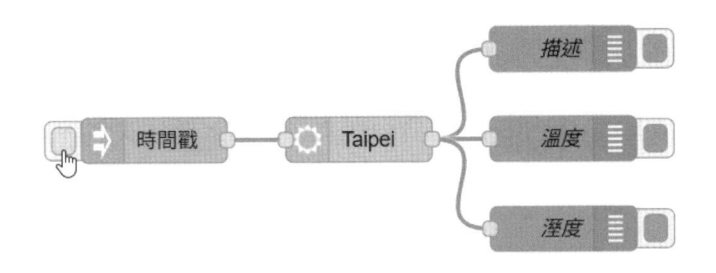

在「除錯窗口」標籤就可以看到天氣資料的描述、溫度和溼度，如下圖所示：

Node-RED 流程的節點說明，如下所示：

- inject 節點：預設值。
- openweathermap 節點：此節點和前一個 Node-RED 流程相同。
- 3 個 debug 節點：分別從剖析的 JSON 物件 msg.payload 取出 3 項天氣資訊，這是 3 個 debug 節點的【輸出】欄位，如下圖所示：

8-4 整合應用：使用 Telegram Notification 送出天氣通知

Node-RED 流程：ch8-4.json 只需整合第 8-3 節的 OpenWeatherMap 天氣資訊和第 8-2-2 節的 Telegram Notification 通知訊息，就可以發送天氣描述的 Telegram Notification 通知，如下圖所示：

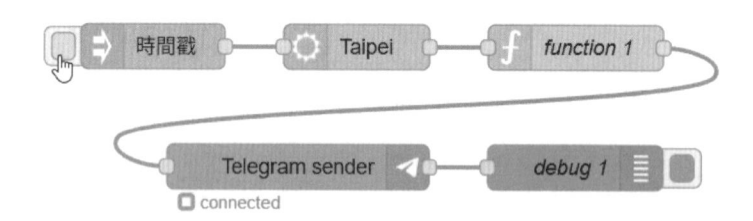

請啟動 Telegram App，就可以看到 Telegram Notification 發送的天氣描述通知訊息，如下圖所示：

Node-RED 流程的節點說明，如下所示：

- inject 和 debug 節點：預設值。
- function 節點：修改第 8-2-2 節 Node-RED 流程的 function 節點，改為建立天氣資料的訊息內容，JavaScript 程式碼是在第 2～4 行取得 OpenWeatherMap 的天氣資訊後，第 6～8 行建立通知訊息，在第 10～14 行建立 Telegram 通知訊息的 JSON 物件，如右圖所示：

```
1   // 取得 OpenWeatherMap 天氣資訊
2   var detail = msg.payload["detail"];
3   var temp = msg.payload["tempc"];
4   var humi = msg.payload["humidity"];
5   // 建立 Telegram 通知訊息的內容
6   var message = "描述:" + detail + "\n";
7   message += "氣溫:" + temp + "\n";
8   message += "溼度:" + humi + "\n";
9   // 建立 Telegram 通知訊息的 JSON 物件
10  msg.payload = {
11      chatId: 8199339746,
12      type: "message",
13      content: message
14  };
15
16  return msg;
```

- openweathermap 節點：此節點和第 8-3 節的 Node-RED 流程相同。
- sender 節點：此節點和第 8-2-2 節的 Node-RED 流程相同。

學習評量

1. 請問 Node-RED 可以使用 _____ 節點來寄送電子郵件？並且說明什麼是 Google 應用程式密碼？

2. 請簡單說明什麼是 Telegram Notification 通知？如何在 Telegram App 建立 Telegram Bot 機器人？

3. 在 Node-RED 流程發送 Telegram 通知需要在 telegram bot 配置節點填入 _____，訊息的 JSON 物件需填入哪三項資料？

4. 請修改 ch8-3a.json 的 Node-RED 流程成為 Node-RED 儀表板，可以使用 button 節點取得天氣資料顯示在 text 節點。

5. 請修改第 8-4 節的 Node-RED 流程，改用多個 inject 節點分別送出不同城市名稱，然後使用 OpenWeatherMap 的 Web API 分別發送這些城市天氣資料的 telegram 通知。

PART 3

訓練你自己的 TensorFlow 和 YOLO 模型 +LLM 的 AI 應用

CHAPTER 09　Teachable Machine 訓練 TensorFlow 影像分類模型

CHAPTER 10　取得與標註 YOLO 訓練資料：LabelImg

CHAPTER 11　訓練你自己的 YOLO 物體偵測模型

CHAPTER 12　Node-RED+LLM 生成式 AI 應用

CHAPTER 09

Teachable Machine 訓練 TensorFlow 影像分類模型

▸ 9-1 TensorFlow 和 TensorFlow.js
▸ 9-2 相關 Node-RED 節點的安裝與使用
▸ 9-3 使用 Teachable Machine 訓練機器學習模型
▸ 9-4 整合應用：在 Node-RED 使用 Teachable Machine 模型

9-1 認識 TensorFlow 與 TensorFlow.js

TensorFlow 是 Google Brain Team 小組開發，一套開放原始碼和高效能的數值計算函式庫，一個機器學習框架，之所以稱為 TensorFlow，這是因為其輸入/輸出的運算資料是向量、矩陣等多維度的數值資料，稱為張量（Tensor），機器學習模型需要使用一種低階運算描述的流程圖來描述訓練過程的數值運算，稱為計算圖（Computational Graphs），Tensor 張量就是經過這些 Flow 流程的數值運算來產生輸出結果，稱為：Tensor + Flow = TensorFlow。

在實務上，我們可以使用 Python 或 JavaScript 語言搭配 TensorFlow（JavaScript 版的 TensorFlow 稱為 TensorFlow.js）來開發機器學習專案，在硬體運算部分不只支援 CPU，也支援顯示卡 GPU 和 Google 客製化 TPU（TensorFlow Processing Unit）來加速機器學習的訓練（在瀏覽器是使用 WebGL，Linux + Node.js 才能使用 GPU），如下圖所示：

```
┌─────────────────────────────┐
│      Python/JavaScript      │
└─────────────────────────────┘
┌─────────────────────────────┐
│    TensorFlow/Tensorflow.js │
└─────────────────────────────┘
┌──────────────────┬──────────┐
│   CUDA/cuDNN     │  Eigen   │
├──────────────────┼──────────┤
│      GPU         │   CPU    │
└──────────────────┴──────────┘
```

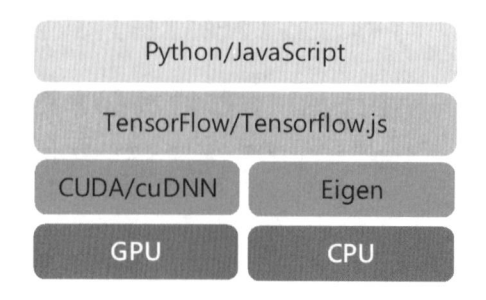

上述圖例的 TensorFlow 如果是在 CPU 執行，TensorFlow 是使用低階 Eigen 函式庫來執行張量運算，如果是 GPU，使用的是 NVIDA 開發的深度學習運算函式庫 cuDNN。

9-2 相關 Node-RED 節點的安裝與使用

在建立人工智慧應用的 Node-RED 流程前，我們需要先在 Node-RED 安裝相關支援的 Node-RED 節點，和說明如何使用這些節點。

9-2-1 選擇作業系統檔案

在 Node-RED 是執行功能表的【節點管理】命令來安裝 node-red-contrib-browser-utils 節點，這是一些支援瀏覽器功能的相關工具節點，我們主要是使用 file inject 節點來選擇作業系統檔案，如此就不需要 read file 節點來讀取指定路徑的圖檔。

Node-RED 流程：ch9-2-1.json 是使用「輸入」區段的 file inject 節點，可以讓使用者自行選擇作業系統檔案，請點選 file inject 節點前的按鈕開啟對話方塊後，選擇位在「ch09\images」目錄的 dog.jpg 圖檔，如下圖所示：

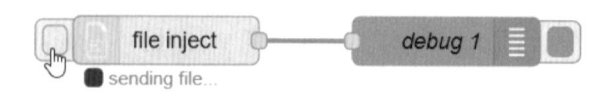

在「除錯窗口」標籤可以看到圖檔內容的 Buffer 資料，如下圖所示：

```
🐞 除錯窗口          i  📖  🐞  ⚙  ▼

                    ▼ 所有節點 ▼    🗑 all ▼

2025/4/13 上午10:18:31  node: debug 1
msg.payload : buffer[29269]
▶ [ 255, 216, 255, 224, 0, 16, 74, 70,
  73, 70 … ]
```

Node-RED 流程的節點說明，如下所示：

- file inject 節點：預設值，只支援 Name 節點名稱屬性。

9-2-2 預覽和標註圖檔的影像

Node-RED 可以在【節點管理】安裝 node-red-contrib-image-tools 節點來預覽影像，此節點是一個影像處理工具箱，在其中的 viewer 節點是用來預覽影像，至於影像處理部分，請參閱第 15-1 節的說明。

實務上，AI 電腦視覺常常需要標註影像，在本書是使用 node-red-node-annotate-image-plus 節點來標註 .jpg 或 .png 圖檔的影像，請注意！此節點是使用 SourceSansPro-Regular 字型來顯示標註文字，Windows 作業系統需要自行安裝此字型，請在「ch09」目錄找到此字型後，執行【右】鍵快顯功能表的【安裝】命令來安裝字型。

▌使用 viewer 節點預覽影像：ch9-2-2.json

Node-RED 流程可以使用「image tools」區段的 viewer 節點來預覽影像，而影像就是使用第 9-2-1 節的 file inject 節點來載入圖檔，只需點選 file inject 節點，選擇位在「ch09\images」目錄的 dog.jpg 圖檔，即可看到預覽的圖檔內容，如下圖所示：

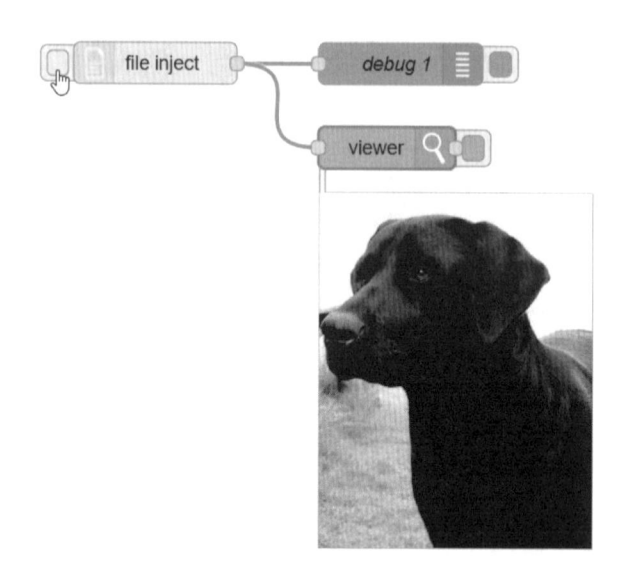

Node-RED 流程的節點說明，如下所示：

- file inject 節點：預設值。
- viewer 節點：【Image】欄是影像來源，【Width】欄指定影像寬度（預設是 160），高度會自動依比例調整，如下圖所示：

使用 annotate image plus 節點註記影像　　| ch9-2-2a.json

Node-RED 流程可以使用「utility」區段的 annotate image plus 節點來標註影像，我們需要建立 msg.annotations 屬性值的資料來替影像標註物體，和繪出長方形的邊界框，如下所示：

```
[
  {
    "type":"rect",
```

```
    "label":"fresh_apple (96.92%)",
    "classId":0,
    "className":"fresh_apple",
    "probability":0.9691785573959351,
    "bbox":[
        34.22332763671875,
        59.64910888671875,
        561.0816040039062,
        468.48919677734375
    ],
    "labelLocation": "top"
  }
]
```

上述屬性值是一個陣列，每一個元素是一個物件，type 是形狀；label 是標籤文字；bbox 是邊界框座標；labelLocation 是標籤顯示位置（top 是上方；bottom 是下方）。

當 Node-RED 流程是使用 read file 節點載入 apple-01.jpg 圖檔後，使用 change 節點建立 msg.annotations 屬性值，即可在影像加上標註，然後在 viewer 節點預覽標註後的影像內容，點選 inject 節點可以看到執行結果，如下圖所示：

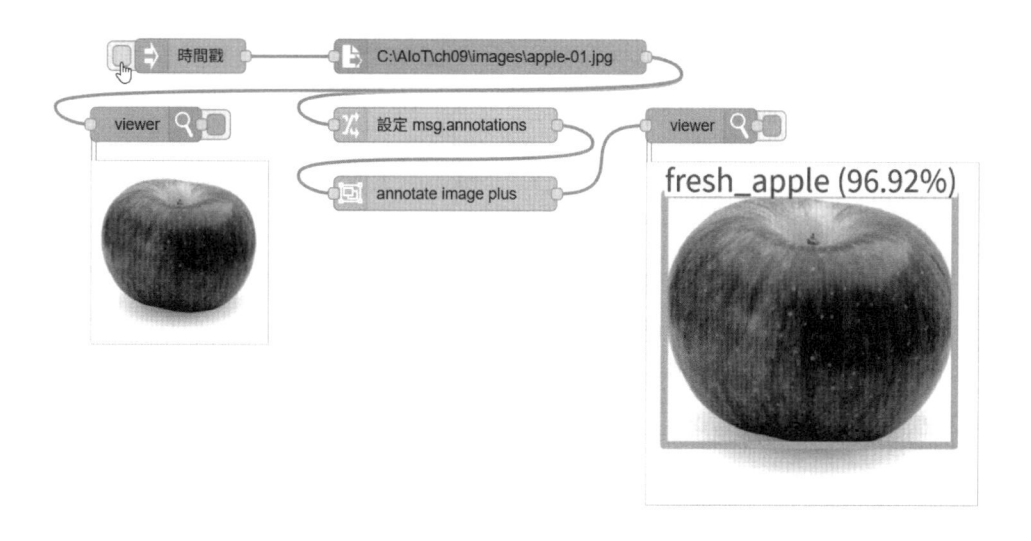

Node-RED 流程的節點說明，如下所示：

- read file 節點：讀取【檔案名】欄的檔案，圖檔 apple-01.jpg 是位在「C:\AIoT\ch09\images\apple-01.jpg」路徑，因為是讀取圖檔的二進位資料，所以輸出是一個 Buffer 物件（文字請選 utf8 編碼的一個字串），如下圖所示：

- change 節點：使用【設定】操作，指定 msg.annotations 屬性值（點選欄位後的【…】可以開啟編輯器），如下圖所示：

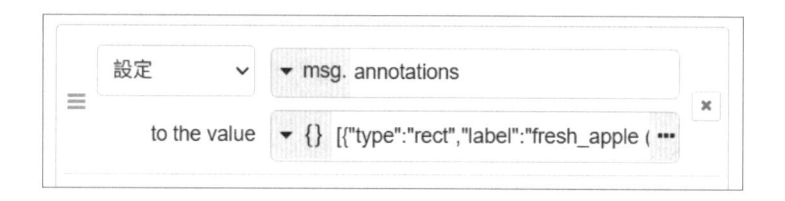

- annotate image plus 節點：預設值，【Property】屬性是影像來源，如果需要，可以自行指定標註的框線色彩和寬度，字型色彩和尺寸，如下圖所示：

- 2 個 viewer 節點：【Width】欄分別是預設值（左）和 300（右）。

9-2-3 內嵌框架

Node-RED 的 node-red-node-ui-iframe 節點可以建立 HTML 內嵌框架 <iframe> 標籤，讓我們直接在 Node-RED 儀表板嵌入其他網站或 Node-RED 流程建立的 Web 網站，並且用來支援建立第 9-4-1 節的 Node-RED 流程。

Node-RED 流程：ch9-2-3.json 共有 2 個流程，在第 1 個流程是靜態 Web 網頁，第 2 個流程只有 1 個 iframe 節點，可以內嵌顯示第 1 個流程的 Web 網頁內容，如下圖所示：

Node-RED 程式執行結果的儀表板網址是 http://127.0.0.1:1880/ui/，可以在儀表板看到 IFrame 元件顯示的網頁內容，如下圖所示：

Node-RED 流程的節點說明，如下所示：

- http in 節點：建立 Web 網站的路由，在【請求方式】欄選 HTTP 方法 GET 方法，在【URL】欄位輸入路由「/hello」，如下圖所示：

- template 節點：建立 Web 網頁內容，輸入的 HTML 標籤就是回應資料（沒有使用 Mustache 模版，只有單純 HTML 標籤），如下圖所示：

```
<html>
    <head>
        <title>Hello</title>
    </head>
    <body>
        <h1>我的Hello World!網頁</h1>
    </body>
</html>
```

- http response 節點：使用預設值，可以建立 msg.payload 屬性值的 HTTP 回應給瀏覽器。
- iframe 節點：在【Group】欄選【[Home] IFrame】（請自行新增名為 IFrame 的群組），【URL】欄是第 1 個流程的 URL 網址 http://localhost:1880/hello，在【Scale】欄設定縮放尺寸，如下圖所示：

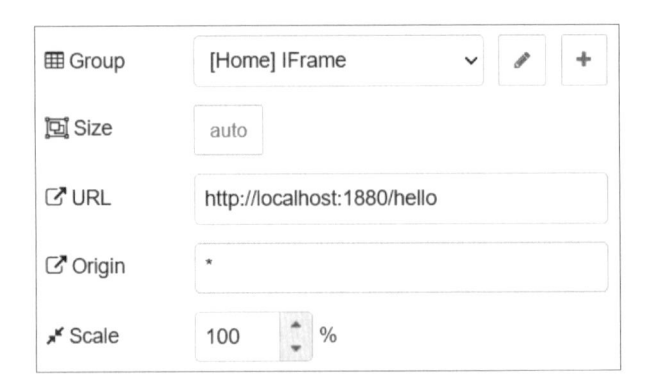

9-2-4 使用 Webcam 網路攝影機

在 Node-RED 只需安裝 node-red-node-ui-webcam 節點，就可以在儀表板開啟 Webcam 網路攝影機來擷取影像。Node-RED 流程：ch9-2-4.json 是使用 webcam 節點擷取影像後，在 viewer 節點預覽取得的影像內容，如下圖所示：

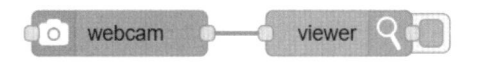

Node-RED 儀表板的 URL 網址是 http://localhost:1880/ui/，首先請允許在網頁使用攝影機的權限，如下圖所示：

請點選 webcam 圖示啟用攝影機，就可以看到影像，如下圖所示：

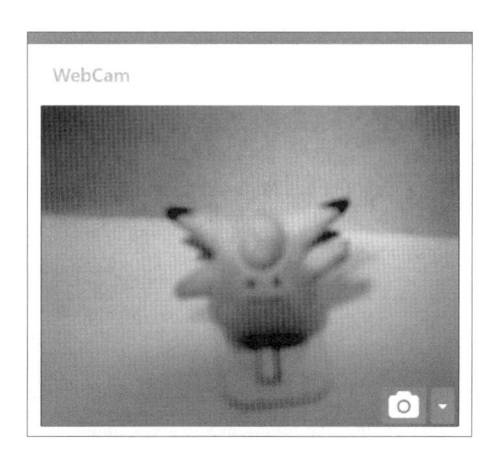

點選右下角相機圖示可以擷取目前影像,即可在 viewer 節點預覽擷取的影像內容,如下圖所示:

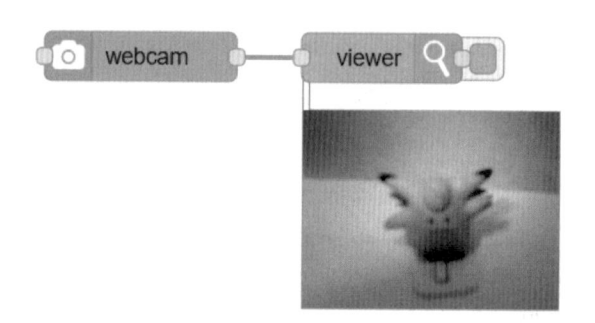

Node-RED 流程的節點說明,如下所示:

- webcam 節點:在【Group】欄選【[Home] WebCam】(請自行新增名為 WebCam 的群組)後,在【Size】欄輸入尺寸(最大 10x10),如下圖所示:

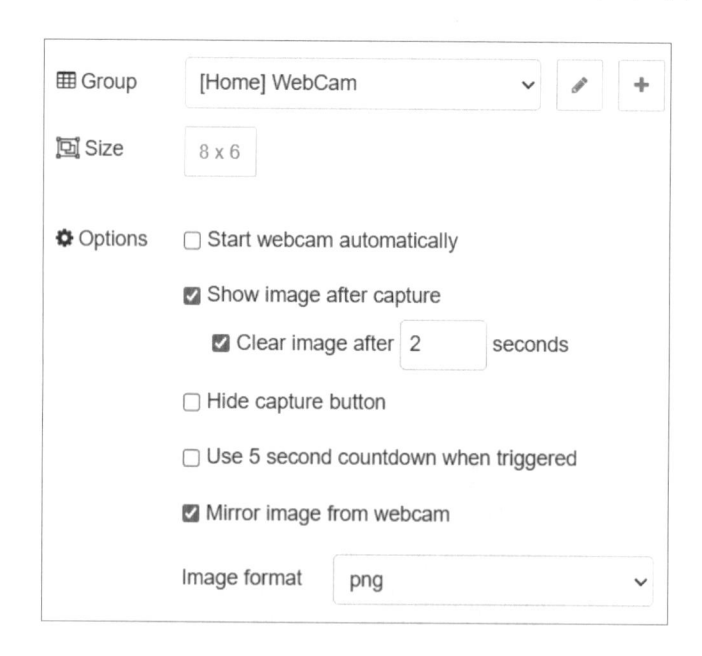

左述 Options 選項設定的說明，如下表所示：

選項	說明
Start webcam automatically	自動啟動 Webcam
Show image after capture	在擷取影像後，顯示影像
Clear image after seconds	顯示影像幾秒鐘後清除影像
Hide capture button	隱藏擷取影像按鈕
Use 5 second countdown when triggered	使用 5 秒倒數來擷取影像
Mirror image from webcam	使用鏡像影像，即左右相反
Image format	選擇輸出的影像格式

9-3 使用 Teachable Machine 訓練機器學習模型

Teachable Machine 是 Google 開發的網頁 AI 人工智慧工具，不需要任何專業知識和撰寫程式碼，就可以替網站和應用程式訓練機器學習模型，支援分類影像、辨識姿勢和分類聲音。

在這一節我們準備使用 Teachable Machine 訓練機器學習模型，可以分類剪刀、石頭和布的三種影像。然後在 Node-RED 儀表板執行 Tensorflow.js 程式來使用此機器學習模型，可以使用 Webcam 即時分類影像的影像是剪刀、石頭或布。

首先我們需要使用 Teachable Machine 訓練一個可以分類剪刀、石頭和布三種影像的機器學習模型。

步驟一：新增專案和選擇機器學習模型的類型

使用 Teachable Machine 的第一步是新增專案和選擇機器學習模型的種類，其步驟如下所示：

Step 1 請啟動瀏覽器進入網址 https://teachablemachine.withgoogle.com/，按【Get Started】鈕開始新增專案。

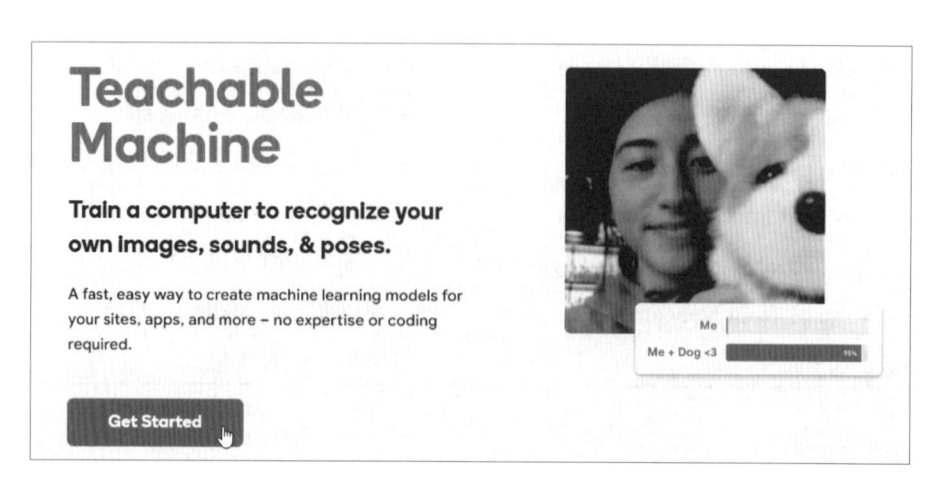

Step 2 選第 1 個【Image Project】分類影像專案，Audio Project 是分類聲音；Pose Project 是辨識姿勢。

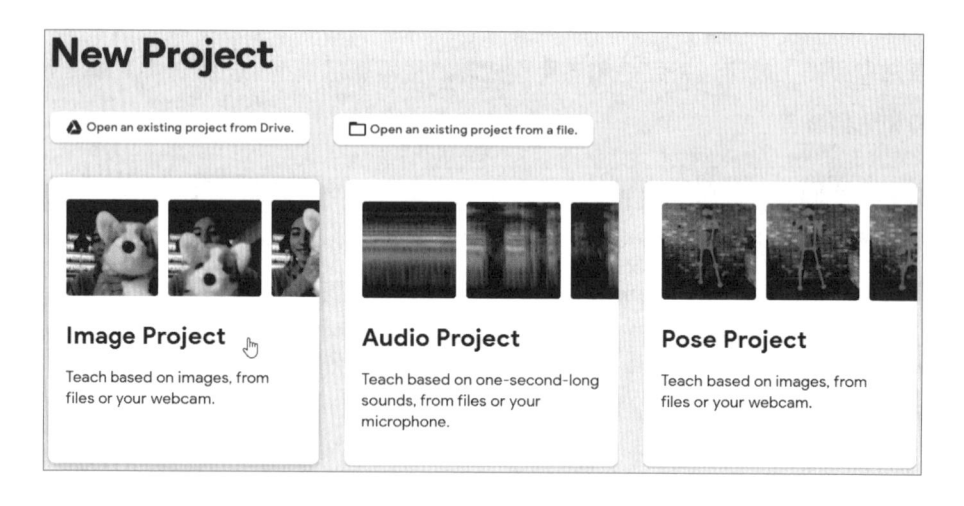

Step 3 再選【Standard image model】建立標準的影像模型。

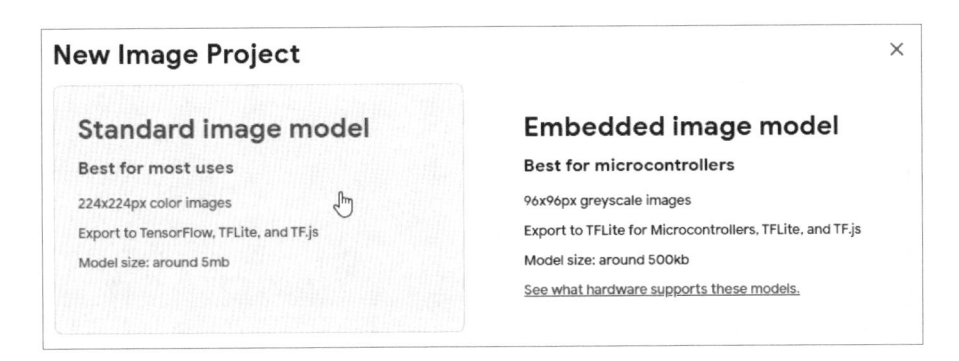

Step 4 可以看到 Teachable Machine 機器學習的模型訓練介面，如下圖所示：

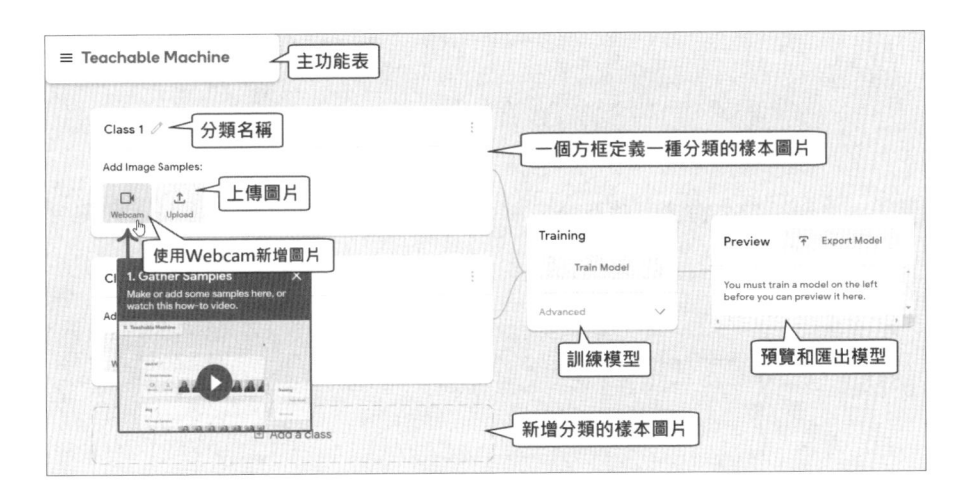

步驟二：建立分類和新增各分類的樣本影像

在新增專案和選擇模型種類後，我們需要建立分類來新增樣本影像，以剪刀、石頭或布來說，共需建立三種分類，然後在各分類使用 Webcam 新增樣本影像，其步驟如下所示：

Step 1 點選方框左上角的筆形圖示,可以修改分類名稱,請將第 1 個分類 Class 1 改成【Rock】石頭;第 2 個改成【Paper】布,點選下方虛線框的【Add a class】新增一個分類。

Step 2 在新增一個分類後,將此分類更名成【Scissors】剪刀。

Teachable Machine 訓練 TensorFlow 影像分類模型　**09**

Step 3 在「Rock」框點選【Webcam】鈕，使用 Webcam 新增分類的樣本影像（【Upload】鈕是上傳樣本影像），請按【允許】鈕允許網頁使用 Webcam 網路攝影機。

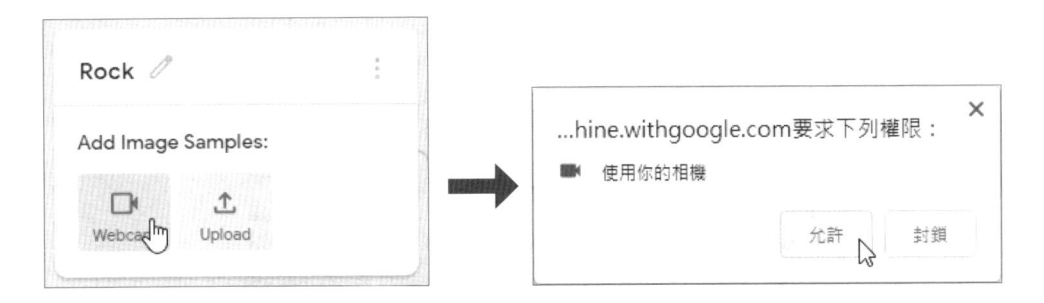

Step 4 然後按住【Hold to Record】鈕，就可以使用 Webcam 持續在右邊框產生影像中「石頭」的樣本影像（請試著旋轉、前進和後退來產生不同角度和尺寸的樣本影像），在右邊框可以自行挑選樣本影像，不需要的影像，請將游標移至影像上，點選垃圾桶圖示來刪除影像。

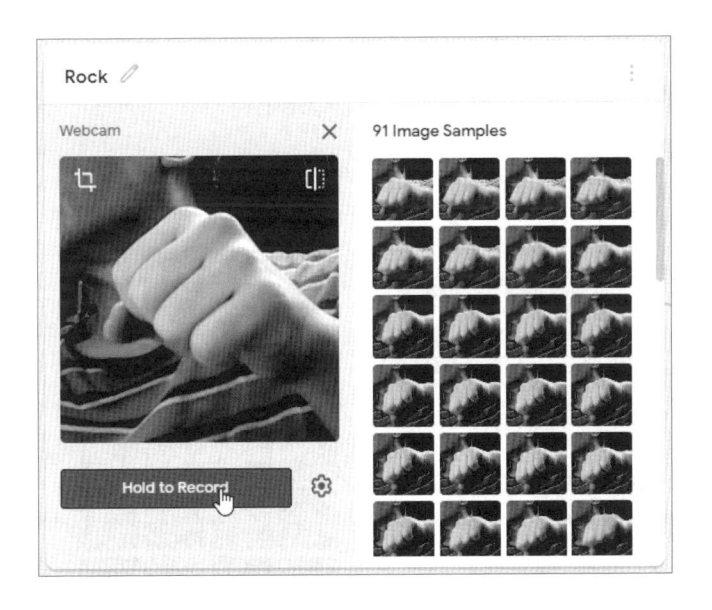

9-15

Step 5 在「Paper」框點選【Webcam】鈕，按住【Hold to Record】鈕，使用 Webcam 持續在右邊框產生影像中「布」的樣本影像。

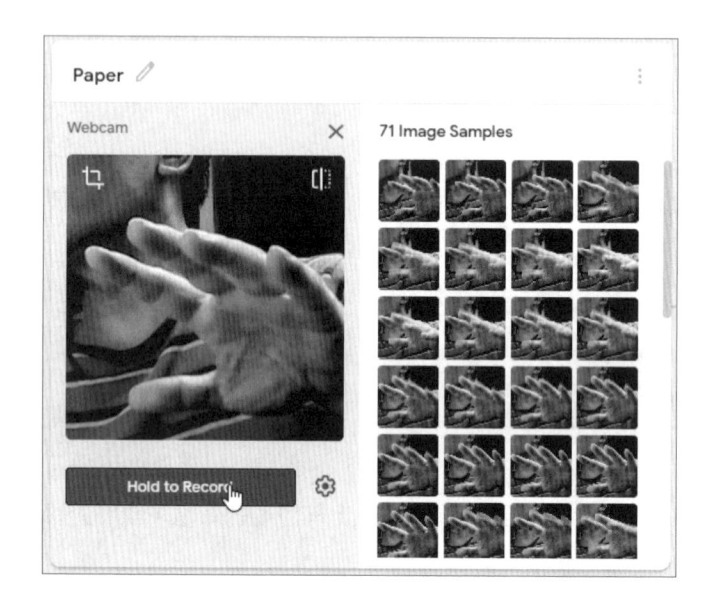

Step 6 在「Scissors」框點選【Webcam】鈕，按住【Hold to Record】鈕，使用 Webcam 持續在右邊框產生影像中「剪刀」的樣本影像。

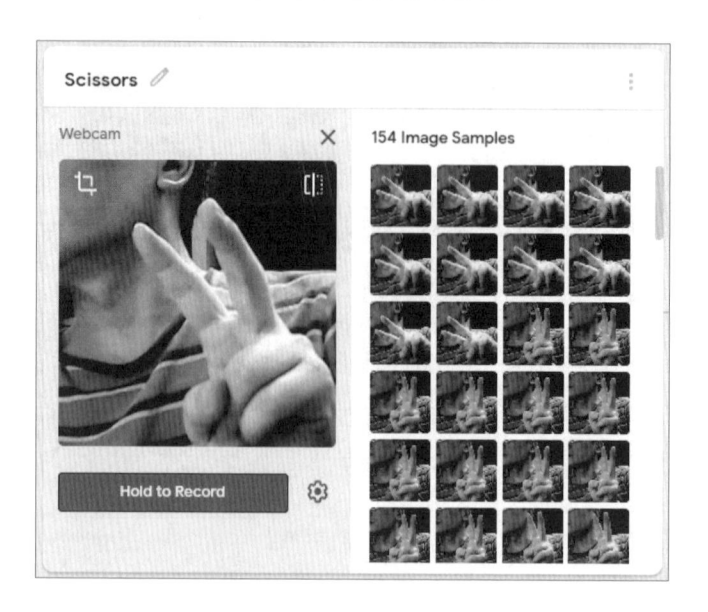

步驟三：訓練模型

在完成三個分類的樣本影像新增後，就可以開始訓練模型，其步驟如下所示：

Step 1 在中間的「Training」框按【Train Model】鈕，開始訓練模型。

Step 2 可以看到正在準備訓練資料後，開始訓練模型，模型訓練時間需視樣本數而定，請稍等一下，等待模型訓練完成。

步驟四：預覽、測試與優化模型

在完成模型訓練後，我們可以預覽、測試與優化模型，其步驟如下所示：

Step 1 在完成模型訓練後，可以在「Training」框看到 Model Trained 訊息文字，然後在「Preview」框匯出模型，不過，在匯出模型前，建議先測試模型來優化模型的準確度。

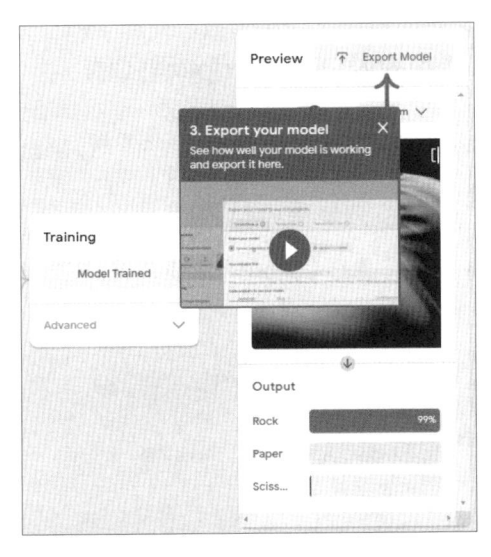

9-17

Step 2 請在「Preview」框預覽模型的辨識結果，在中間是 Webcam 影像，在下方是辨識結果的百分比，即模型分類影像的結果，如下圖所示：

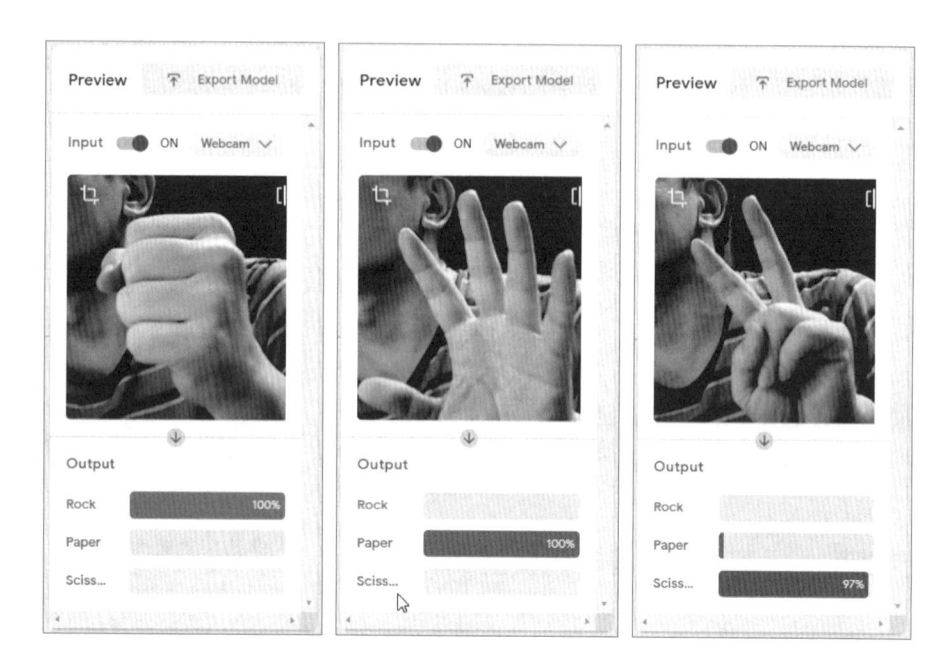

請在 Webcam 擺出不同角度和大小的剪刀、石頭或布來測試模型的準確度，如果發現某些情況的辨識錯誤率較高時，請增加此情況的樣本影像來重新訓練模型，即可優化模型直到得到滿意的準確率為止。

步驟五：匯出模型和複製 JavaScript 程式碼

當增加各分類樣本影像來優化出滿意的模型後，就可以匯出模型和複製 JavaScript 程式碼，其步驟如下所示：

Step 1 請在「Preview」按旁邊的【Export Model】鈕來匯出模型。

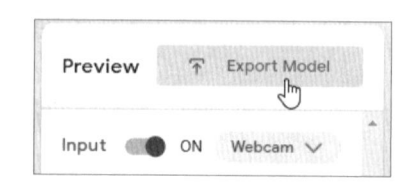

Teachable Machine 訓練 TensorFlow 影像分類模型　**09**

Step 2 Teachable Machine 支援匯出三種模型，請選【Tensorflow.js】後，選【Upload (shareable link)】，按【Upload my model】鈕上傳模型。

Step 3 等到成功上傳模型後，在【Your shareable link:】的下方可以看到模型的 URL 網址，可以按後方【Copy】圖示複製此網址。

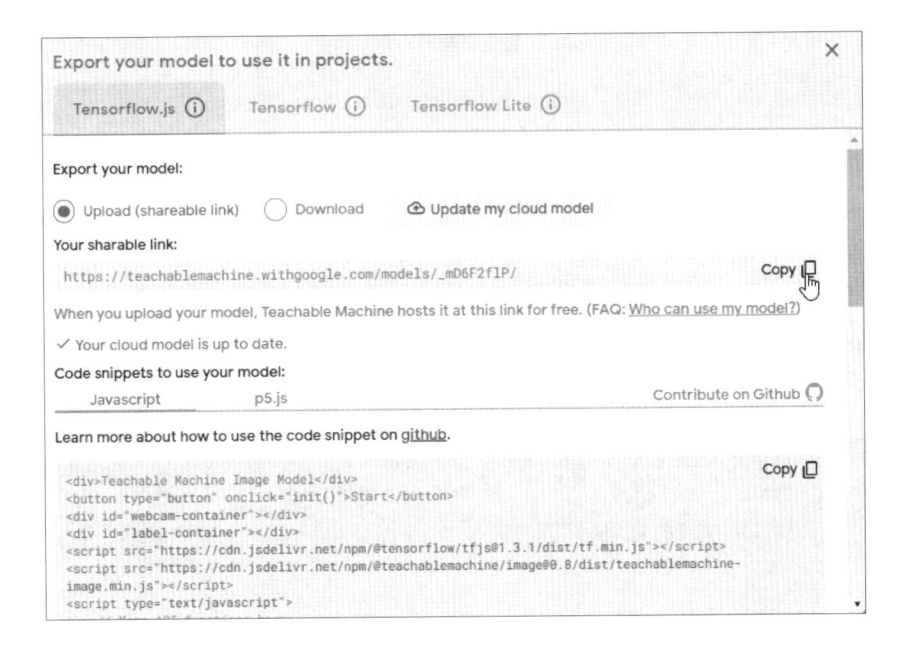

Step 4 在下方選【JavaScript】，按【Copy】圖示複製使用此 Tensorflow.js 模型的 JavaScript 程式碼，我們準備使用此 JavaScript 程式碼在第 9-4-1 節用來建立 Node-RED 的 Web 網站。

9-19

步驟六：儲存專案

在完成模型匯出後，我們可以儲存專案至 Google 雲端硬碟，其步驟如下所示：

`Step 1` 請開啟主功能表，執行【Save project to Drive】命令儲存專案至 Google 雲端硬碟。

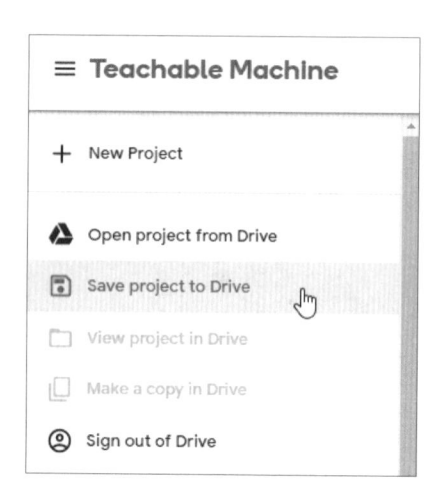

上述【Open project from Drive】命令，可以從雲端硬碟開啟我們儲存的 Teachable Machine 專案。

9-4 整合應用：在 Node-RED 使用 Teachable Machine 模型

在 Node-RED 使用 Teachable Machine 模型有二種方式，第一種是使用官方 HTML 網頁的 JavaScript 程式碼，第二種是使用 Node-RED 的 teachable machine 節點。

9-4-1 在 Web 介面使用 Teachable Machine 模型

當成功訓練 Teachable Machine 模型、匯出模型和複製 JavaScript 程式碼後，就可以使用 iframe 節點建立 Node-RED 流程：ch9-4-1.json，直接在 Node-RED 儀表板來即時識別 Webcam 的影像，如下圖所示：

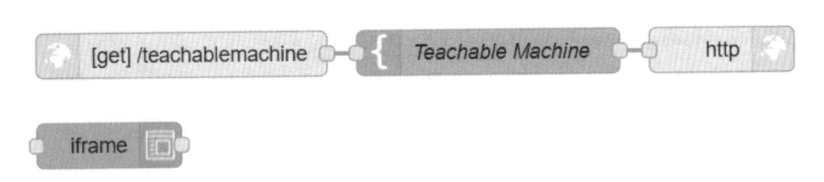

在 Node-RED 儀表板 http://localhost:1880/ui/ 可以看到 iframe 節點顯示的 Web 網站（即第 1 個流程），請按【Start】鈕啟動 Webcam 後，就可以看到影像的辨識結果，如下圖所示：

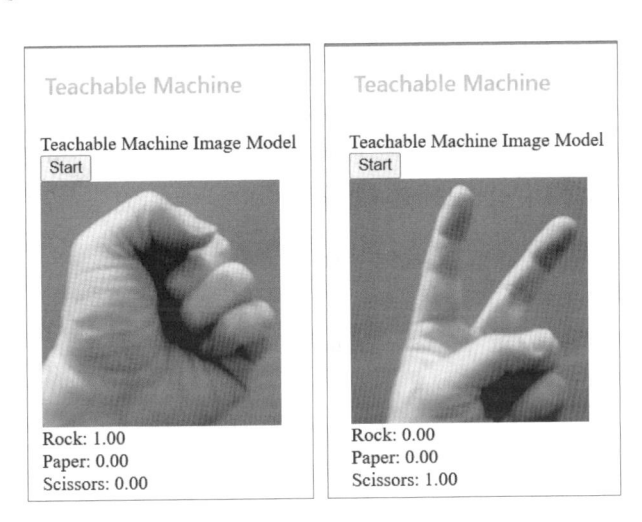

Node-RED 流程的節點說明，如下所示：

- http in 節點：使用 GET 方法，路由是「/teachablemachine」。
- template 節點：請將第 9-3 節步驟五複製的 JavaScript 程式碼（teachablemachine.html）貼入節點，如下圖所示：

```html
<div>Teachable Machine Image Model</div>
<button type="button" onclick="init()">Start</button>
<div id="webcam-container"></div>
<div id="label-container"></div>
<script src="https://cdn.jsdelivr.net/npm/@tensorflow/tfjs@1.3.1/dist/tf.min.js"></script>
<script src="https://cdn.jsdelivr.net/npm/@teachablemachine/image@0.8/dist/teachablemachine-image.min.js"></script>
<script type="text/javascript">
    // More API functions here:
    // https://github.com/googlecreativelab/teachablemachine-community/tree/master/libraries/image

    // the link to your model provided by Teachable Machine export panel
    const URL = "https://teachablemachine.withgoogle.com/models/_mD6F2flP/";

    let model, webcam, labelContainer, maxPredictions;

    // Load the image model and setup the webcam
    async function init() {
        const modelURL = URL + "model.json";
        const metadataURL = URL + "metadata.json";

        // load the model and metadata
        // Refer to tmImage.loadFromFiles() in the API to support files from a file picker
        // or files from your local hard drive
        // Note: the pose library adds "tmImage" object to your window (window.tmImage)
        model = await tmImage.load(modelURL, metadataURL);
        maxPredictions = model.getTotalClasses();

        // Convenience function to setup a webcam
        const flip = true; // whether to flip the webcam
        webcam = new tmImage.Webcam(200, 200, flip); // width, height, flip
        await webcam.setup(); // request access to the webcam
```

- http response 和 debug 節點：預設值。
- iframe 節點：在【Group】欄新增或選【[Home] Teachable Machine】,【Size】欄選 10x10，在【URL】欄輸入【http://localhost:1880/teachablemachine】（即第 1 個流程的 Web 網站），如下圖所示：

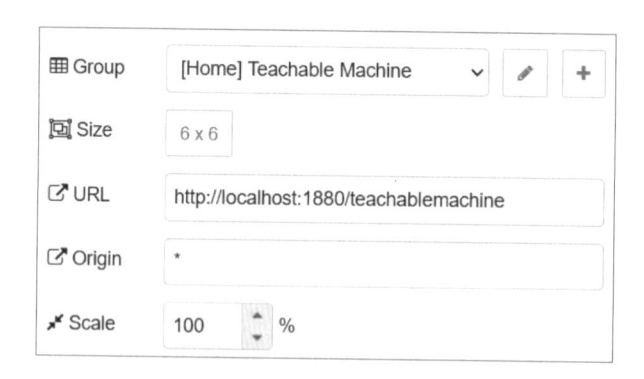

9-4-2 使用 Node-RED 的 teachable machine 節點

在 Node-RED 只需安裝 node-red-contrib-teachable-machine 節點，就可以支援 Teachable Machine 模型的推論。請注意！Windows 作業系統並無法安裝 1.4 之後的版本，在本書是安裝 1.3.1 版的節點（只支援線上的 Web 模型）。

Node-RED 流程：ch9-4-2.json 是使用「分析」區段的 teachable machine 節點來使用 Teachable Machine 模型，測試圖檔是使用 file inject 節點來載入，只需點選 file inject 節點，選擇位在「ch09\images」目錄的 Paper.jpg 圖檔，即可看到預覽的圖檔內容，在 teachable machine 節點下方可以看到偵測結果是 Paper，如下圖所示：

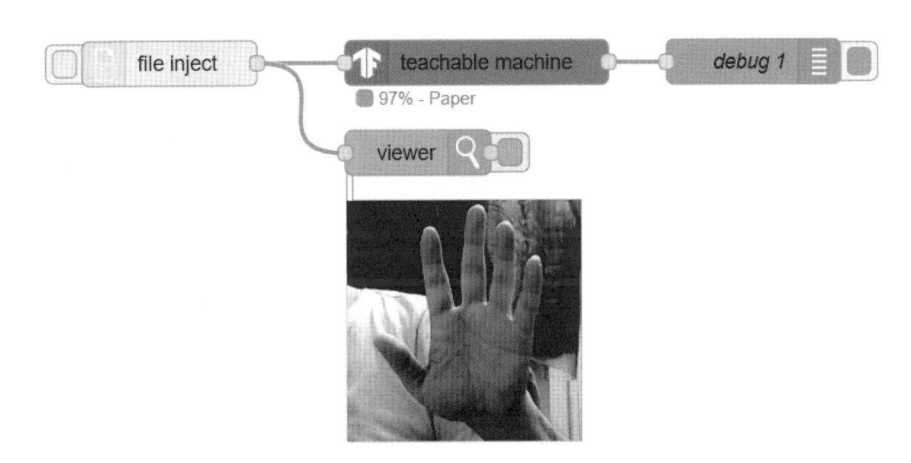

在「除錯窗口」標籤可以看到預測結果是 Paper，如下圖所示：

Node-RED 流程的節點說明，如下所示：

- file inject 和 viewer 節點：預設值。

- teachable machine 節點：【Mode】欄在 1.3.1 版只支援 Online，【Url】欄就是 Teachable Machine 模型的 URL 網址，【Output】欄是【Best prediction】最佳預測（All predictions 是全部預測），在【Image】欄勾選選項，可以儲存原始影像至 msg.image，如下圖所示：

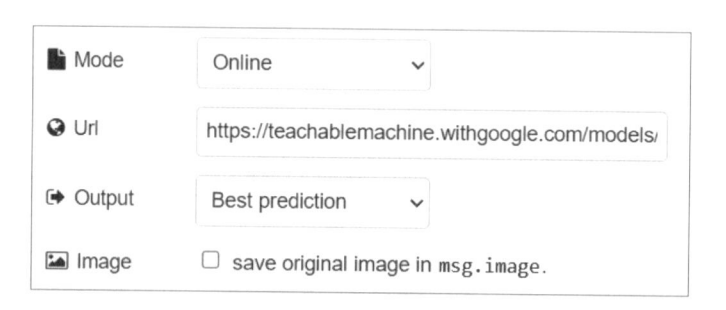

Mode	Online
Url	https://teachablemachine.withgoogle.com/models/
Output	Best prediction
Image	☐ save original image in `msg.image`.

學習評量

1. 請簡單說明什麼是 TensorFlow 與 TensorFlow.js？

2. 請說明什麼是 Teachable Machine 網頁工具？

3. Node-RED 可以使用 _____ 節點來預覽圖片，_____ 節點註記圖片內容，_____ 節點可以在儀表板開啟 Webcam 網路攝影機來擷取圖片。

4. 請問什麼是 HTML 內嵌框架？

5. 請修改第 6-4 節的 Node-RED 流程，首先使用第 9-3 節的步驟，使用 Teachable Machine 訓練能夠辨識 2 種手勢的模型後，然後修改流程，可以使用手勢來操作暫停或重啟更新監控圖表的溫 / 溼度，即開啟 / 關閉使用 MQTT 來取得溫 / 溼度。

CHAPTER 10

取得與標註 YOLO 訓練資料：LabelImg

- 10-1 認識 Ultralytics 的 YOLO
- 10-2 Thonny Python IDE 的基本使用
- 10-3 取得訓練 YOLO 模型的圖檔資料
- 10-4 使用 LabelImg 標註圖檔建立訓練資料
- 10-5 整合應用：在 Node-RED 顯示標註圖檔

10-1 認識 Ultralytics 的 YOLO

YOLO 原名 You only look once，英文的意思就是只需看一次，就可以快速且準確的偵測出影像或視訊影格等數位內容中的多種物體。

簡單的說，YOLO 可以在單一影像中識別出多種不同分類的多個物體，而且，不只能夠識別出物體分類，還能夠偵測出物體所在的邊界框，知道這些物體在哪裡。

10-1-1 YOLO 物體偵測的深度學習演算法

YOLO 就是一種快速且準確的物體偵測（Object Detection）演算法，也是一種深度學習演算法（Deep Learning Algorithms）。

YOLO 演算法是使用深度學習的「卷積神經網路」（Convolutional Neural Networks，CNN），如其英文名稱所述，YOLO 只需單次神經網路的前向傳播（Forward Propagation），就可以準確的偵測出多個物體。其官方網址如下所示：

https://pjreddie.com/darknet/yolo/

什麼是深度學習

深度學習就是一種機器學習，這是使用模仿人類大腦神經元（Neuron）傳輸所建立的一種神經網路架構（Neural Network Architectures），這就是深度學習演算法的核心，如下圖所示：

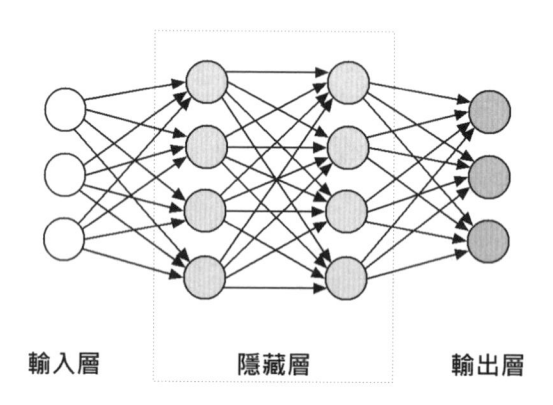

輸入層　　　　隱藏層　　　　輸出層

上述圖例是多層神經網路，每一個圓形的頂點是一個神經元，整個神經網路包含「輸入層」（Input Layer）、中間的「隱藏層」（Hidden Layers）和最後的「輸出層」（Output Layer）。

深度學習使用的神經網路稱為「深度神經網路」（Deep Neural Networks，DNNs），其中間的隱藏層有很多層，意味著整個神經網路十分的深（Deep），可能高達 150 層隱藏層。

> **說明**
>
> 深度學習的深度神經網路是一種神經網路，早在 1950 年就已經出現，只是受限早期電腦的硬體效能和技術不純熟，傳統多層神經網路並沒有成功，為了擺脫之前失敗的經驗，所以重新包裝成一個新名稱：「深度學習」。

卷積神經網路 CNN

卷積神經網路（Convolutional Neural Network，CNN）簡稱 CNNs 或 ConvNets，其基礎是 1998 年 Yann LeCun 提出名為 LeNet-5 的卷積神經網路架構，基本上，卷積神經網路是模仿人腦視覺處理區域的神經迴路，針對影像處理的神經網路，例如：影像分類、人臉偵測和手寫辨識等。

卷積神經網路的基本結構是卷積層（Convolution Layers）和池化層（Pooling Layers），使用多種不同的神經層來依序連接成神經網路，可以執行特徵萃取和進行影像分類，如下圖所示：

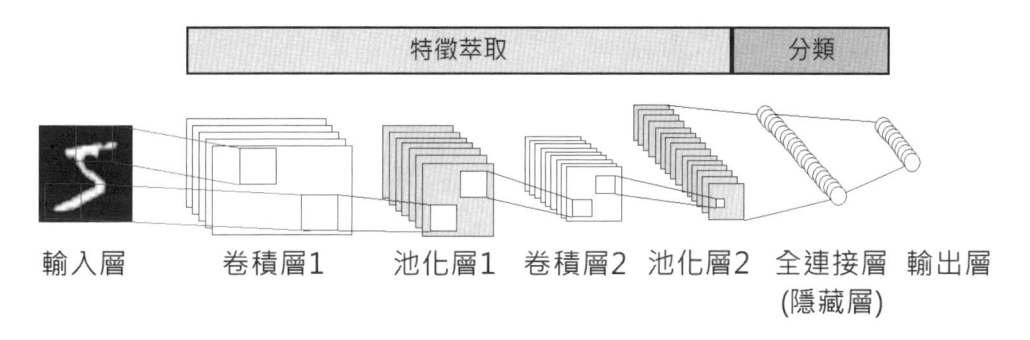

YOLO 演算法就是使用卷積神經網路 CNN 的物體偵測技術，其效能超過 Fast R-CNN、Retina-Net 和 SSD（Single Shot MultiBox Detector）等其他著名的物體偵測技術。

10-1-2 Ultralytics 的 YOLO

Ultralytics 公司開發的 YOLO 模型是使用優化的 YOLO 模型結構，提供更靈活的架構來幫助開發者開發更快速、更準確且易於使用的電腦視覺解決方案，包含：物體偵測、影像分割和姿態評估等。

YOLO 模型目前仍然在持續優化和更新中，Ultralytics 公司在 2024 年 9 月 27 日釋出 YOLO11，這是繼 YOLOv8 版之後，Ultralytics 官方釋出的 YOLO 最新版本，2025 年 2 月 18 推出引入注意力機制（Attention Mechanism）的 YOLO12。

請注意！因為 Node-RED 的 yolov8 節點支援的 YOLO 物體偵測模型是 v8 版，所以本書的 YOLO 模型是使用目前最廣泛的 YOLOv8 版。在 Ultralytics 官方網站可以查詢 YOLOv8 預訓練模型，其 URL 網址如下所示：

```
https://docs.ultralytics.com/models/yolov8/
```

模型	文件名	任務	推論	驗證	培訓	出口
YOLOv8	yolov8n.pt yolov8s.pt yolov8m.pt yolov8l.pt yolov8x.pt	檢測	✓	✓	✓	✓
YOLOv8-seg	yolov8n-seg.pt yolov8s-seg.pt yolov8m-seg.pt yolov8l-seg.pt yolov8x-seg.pt	实例分割	✓	✓	✓	✓
YOLOv8-姿勢	yolov8n-pose.pt yolov8s-pose.pt yolov8m-pose.pt yolov8l-pose.pt yolov8x-pose.pt yolov8x-pose-p6.pt	姿势/关键点	✓	✓	✓	✓
YOLOv8-obb	yolov8n-obb.pt yolov8s-obb.pt yolov8m-obb.pt yolov8l-obb.pt yolov8x-obb.pt	定向檢測	✓	✓	✓	✓
YOLOv8-cls	yolov8n-cls.pt yolov8s-cls.pt yolov8m-cls.pt yolov8l-cls.pt yolov8x-cls.pt	分类	✓	✓	✓	✓

上述 YOLO 預訓練模型的副檔名 .pt 是 PyTorch 格式，開發者可以依據不同應用和運算能力的裝置，專案所需執行速度和準確度來選擇使用的 YOLO 預訓練模型，其檔案格式如下所示：

```
yolo<版本><尺寸>-<任務>.pt
```

上述 yolo 後的 < 版本 > 是 YOLO 版本，YOLO12 是 12；YOLO11 是 11，YOLO8 不是 8，而是 v8，< 尺寸 > 可以是 n（Nano）、s（Small）、m（Medium）、l（Large）和 x（Extra Large）代表不同尺寸和複雜度的模型，位在「-」符號後的 < 任務 > 可以是 seg、pose、cls 和 obb，這就是【任務】欄支援的電腦視覺應用（沒有 < 任務 > 就是物體偵測和追蹤模型）。

在 Python 開發環境安裝 YOLO 需要安裝 OpenCV 和 ultralytics 套件，請開啟「命令提示字元」視窗輸入下列安裝命令來進行套件安裝（fChartEasy 套件已經安裝），如右所示：

```
pip install opencv-python==4.10.0.84 Enter
pip install ultralytics==8.3.85 Enter
```

> **說明**
>
> YOLO 預設安裝的是 CPU 版本，GPU 版本需要支援 CUDA 的獨立顯示卡，請先更新獨顯的驅動程式後，進入 PyTorch 官網查詢安裝命令，就可以在 fChartEasy 套件執行【Python 命令提示字元 (CLI)】命令，在「命令提示字元」視窗輸入命令來安裝 GPU 版，如下所示：
>
> ```
> pip install torch==2.5.1 torchvision==0.20.1 torchaudio==2.5.1
> --index-url https://download.pytorch.org/whl/cu118 Enter
> ```
>
> ```
> C:\WINDOWS\system32\cmd.
> C:\fChartEasy\WinPython\scripts>pip3 install torch==2.4.1 torchvision==0.19.1 torchaudio==2.4.1
> --index-url https://download.pytorch.org/whl/cu118
> Looking in indexes: https://download.pytorch.org/whl/cu118
> Requirement already satisfied: torch==2.4.1 in c:\fcharteasy\winpython\python-3.11.8.amd64\lib\
> site-packages (2.4.1)
> Requirement already satisfied: torchvision==0.19.1 in c:\fcharteasy\winpython\python-3.11.8.amd
> 64\lib\site-packages (0.19.1)
> Collecting torchaudio==2.4.1
> ```

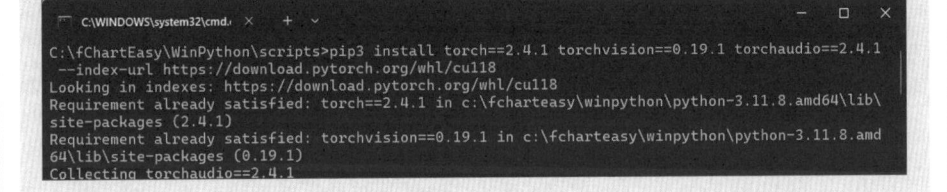

10-2 Thonny Python IDE 的基本使用

在本書使用的客製化 fChartEasy 套件已經安裝 Thonny Python IDE 和 YOLO 套件，我們可以馬上啟動 Thonny 來撰寫第 1 個 Python 程式，和在互動環境輸入和執行 Python 程式碼。

請注意！本書並不是 Python 教學書，在這一節的主要目的是讓讀者了解如何使用 Thonny 來執行 Python 程式，因為在之後的 YOLO 工具程式都是使用 Python 語言所撰寫，我們只需修改開頭的幾個變數值，就可以使用 Thonny 執行本書 YOLO 工具程式來標註和訓練你自己的 YOLO 模型。

10-2-1 建立第一個 Python 程式

現在,我們準備從啟動 Thonny 開始,一步一步建立你的第 1 個 Python 程式,其步驟如下所示:

Step 1 請在 fChart 主選單執行【Thonny Python IDE】命令啟動 Thonny 開發環境,可以看到簡潔的開發介面。

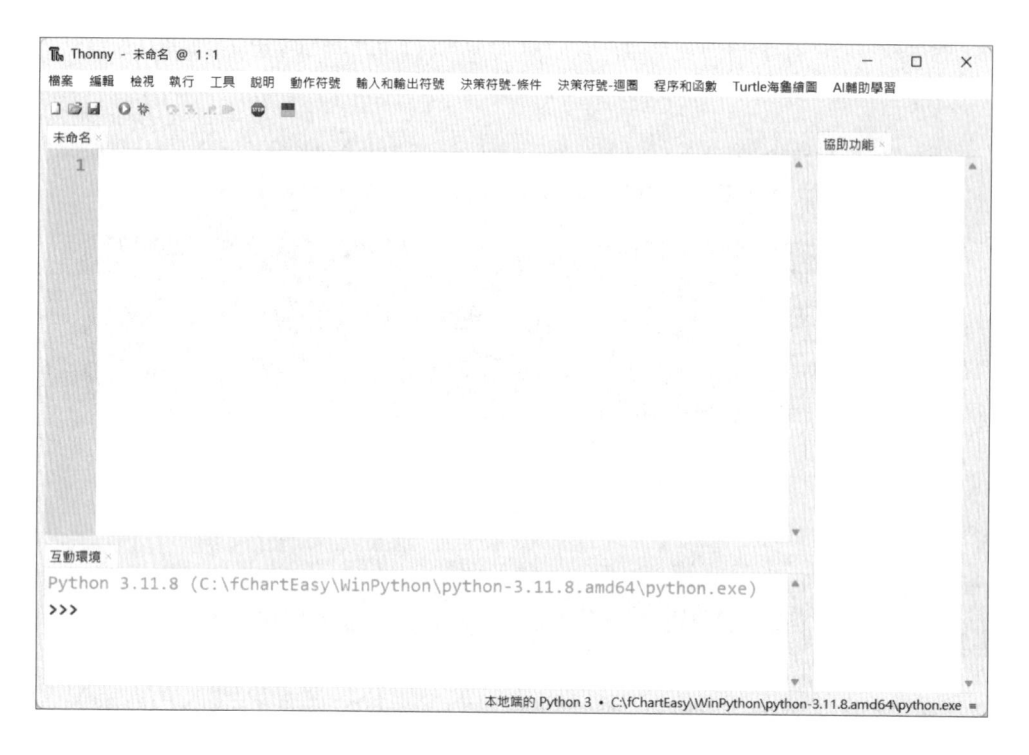

上述開發介面的上方是功能表,在功能表下方是工具列,工具列下方分成三部分,在右邊是「協助功能」視窗顯示協助說明(執行「檢視 > 協助功能」命令切換顯示),在左邊分成上/下兩部分,上方是程式碼編輯器的標籤頁;下方是「互動環境 (Shell)」視窗,可以看到 Python 版本 3.11.8,結束 Thonny 請執行「檔案 > 結束」命令。

Step 2 在編輯器的【未命名】標籤請輸入第一個 Python 程式的程式碼,如果沒有看到此標籤,請執行「檔案 > 開新檔案」命令新增 Python 程式檔案,我們準備建立的 Python 程式只有 1 行程式碼,如下所示:

```
print("第1個Python程式")
```

```
未命名 *
1  print("第1個Python程式")
```

> **說明**
>
> 請注意!如果輸入中文字串內容的 Python 程式碼,當輸入完中文字後,若無法成功輸入「"」符號,請記得從中文切換成英數模式後,即可成功輸入「"」符號。

Step 3 請執行「檔案 > 儲存檔案」命令或按工具列的【儲存檔案】鈕,然後在「另存新檔」對話方塊切換至「ch10」目錄,在下方輸入檔名【ch10-2-1】,按【存檔】鈕儲存成 ch10-2-1.py 程式。

Step 4 可以看到標籤名稱已經改成檔案名稱,然後請執行「執行 > 執行目前腳本」命令,或按工具列綠色箭頭圖示的【執行目前腳本】鈕(也可按 F5 鍵)來執行 Python 程式,就可以在下方「互動環境 (Shell)」視窗看到 Python 程式的執行結果。

```
互動環境
>>> %Run ch10-2-1.py
  第1個Python程式
>>>
```

10-7

對於本書的 YOLO 相關工具程式，請執行「檔案 > 開啟舊檔」命令開啟 Python 程式檔案後，就可以馬上使用「執行 > 執行目前腳本」命令來執行 Python 程式。

10-2-2　使用 Python 互動環境

在 Thonny 開發介面下方的「互動環境 (Shell)」視窗就是 REPL 交談模式，REPL（Read-Eval-Print Loop）是循環「讀取 - 評估 - 輸出」的互動程式開發環境，可以直接在「＞＞＞」提示文字後輸入 Python 程式碼來馬上執行程式碼。例如：輸入 5＋10，按 Enter 鍵，立刻可以看到執行結果 15，如下圖所示：

```
>>> %Run ch10-2-1.py
  第1個Python程式
>>> 5+10
15
>>>
```

同樣的，我們可以定義變數 num = 10 後，輸入 print() 函式來顯示變數 num 的值，如下圖所示：

```
>>> 5+10
15
>>> num = 10
>>> print(num)
  10
>>>
```

如果輸入的是程式區塊，例如：if 條件敘述，請在輸入 if num >= 10: 後（最後輸入「:」冒號），按 Enter 鍵，就會換行且自動縮排 4 個空白字元，我們需要按二次 Enter 鍵來執行程式碼，可以看到執行結果，如下圖所示：

```
互動環境
>>> num = 10
>>> print(num)
 10
>>> if num >= 10:
        print("數字是10")

 數字是10
>>>
```

10-3 取得訓練 YOLO 模型的圖檔資料

基本上，訓練 YOLO 物體偵測模型的第一步就是取得訓練模型所需的圖檔資料。一般來說，取得訓練圖檔的管道，如下所示：

- 從網路或 GitHub 自行搜尋取得訓練資料的圖檔。
- 從資料集網站下載圖檔，例如：Roboflow Universal 和 Kaggle 等。
- 使用 Python 程式從影片檔分割影格來取得訓練的圖檔資料。

10-3-1 從 GitHub 網站取得訓練資料的圖檔

在 GitHub 網站有很多訓練客製化 AI 模型的專案，我們可以直接從這些網站來取得 YOLO 訓練資料的圖檔，例如：使用星際大戰電影預告的圖檔來訓練 AI 模型的 GitHub 專案，其 URL 網址如下所示：

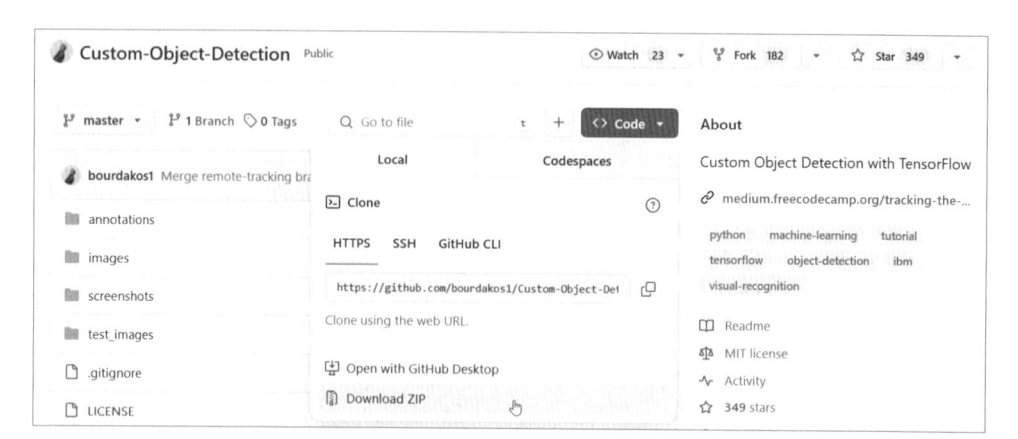

https://github.com/bourdakos1/Custom-Object-Detection/tree/master

當找到可用的 GitHub 專案後，請點選【Code】，執行【Download ZIP】命令，就可以將圖檔的訓練資料下載至本機電腦。在本書是解壓縮至「ch10\Custom-Object-Detection-master」目錄，其目錄結構如下圖所示：

上述「images」目錄是圖檔，「annotations」目錄是 VOC 格式的標註檔，並不是 YOLO 格式，我們可以使用程式來轉換，或自行使用第 10-4 節的 LabelImg 工具來標註圖檔。

在本章第 10-3-3 節的影片檔，就是使用此專案「images」目錄下的 JPG 圖檔轉換成的 MP4 影片檔。Python 程式：jpg_to_mp4_converter.py 只需修改第 5 行的圖檔路徑，和第 6 行的輸出影片檔名稱，就可以將指定目錄下的圖檔轉換成 MP4 影片檔，如右圖所示：

```
jpg_to_mp4_converter.py
1  import cv2
2  import os
3
4  # 設定圖檔資料夾和輸出影片檔案名稱
5  image_folder = "./Custom-Object-Detection-master/images"
6  output_video = "starwars.mp4"
7
```

Python 程式的執行結果可以建立名為 starwars.mp4 的影片檔。

10-3-2 從 Roboflow Universal 下載訓練 YOLO 模型的資料集

Roboflow 是一個網路平台，提供完整的模型建構、訓練和部署功能，可以幫助我們管理資料集、標註影像、訓練模型和部署模型。Roboflow Universal 是 Roboflow 提供的服務，這是開放原始碼的資料集，提供超過 3.5 億的圖檔和 50 萬個資料集，其 URL 網址如下所示：

https://universe.roboflow.com/

我們準備在 Roboflow Universal 搜尋和下載 apples Computer Vision Project 資料集來訓練偵測好蘋果或壞蘋果的 YOLO 物體偵測模型，其步驟如下所示：

Step 1 請啟動瀏覽器進入 Roboflow Universe 網頁後，輸入【apple Computer Vision Project】，按游標所在圖示來搜尋資料集。

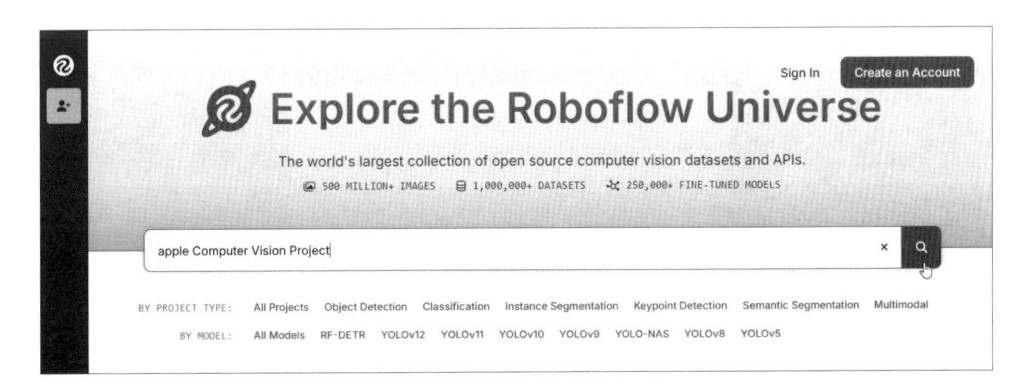

Step 2 可以看到搜尋結果找到了非常多的資料集，然後，只需點選方框就可以開啟此資料集。為了得到一致的訓練結果，本書使用的 Apple Computer Vision 資料集，其 URL 網址如下所示：

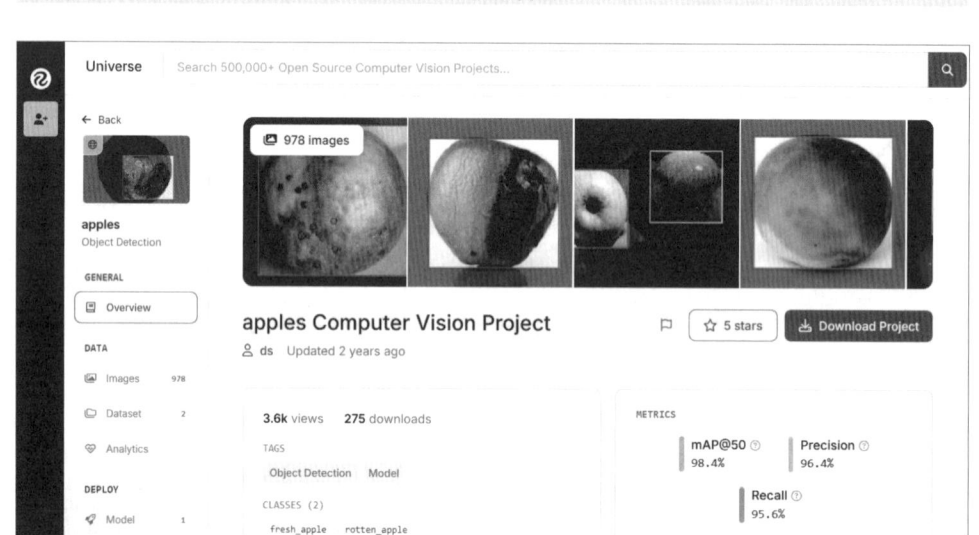

https://universe.roboflow.com/ds-1xa2d/apples-daz2v

Step 3 在 Roboflow Universal 下載資料集需要登入 Roboflow，請點選左上角第 2 個圖示後，再點選【Sign in with Google】使用 Google 帳號來登入 Roboflow。

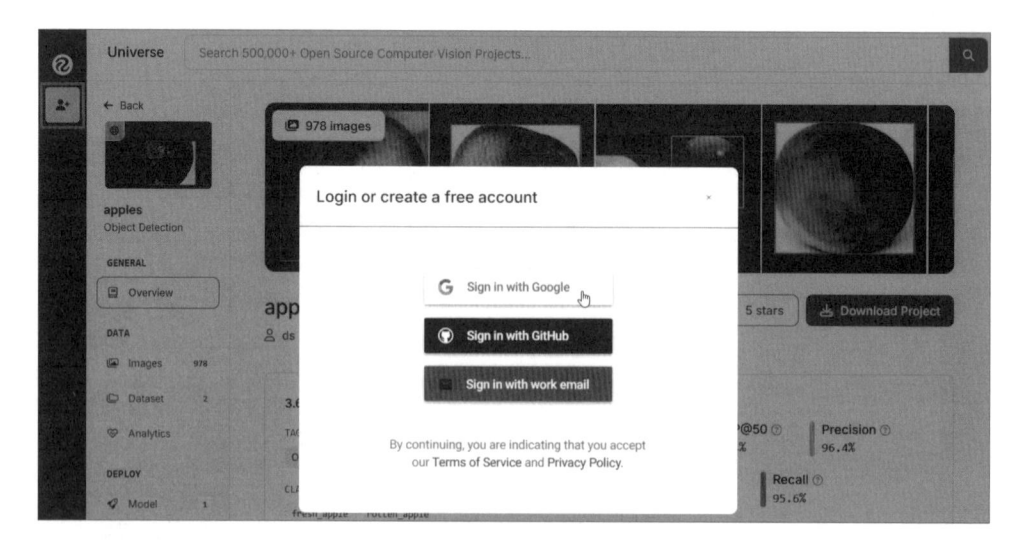

Step 4 當成功登入後,請在左邊選【Dataset】,右邊點選【YOLOv8】來下載資料集。

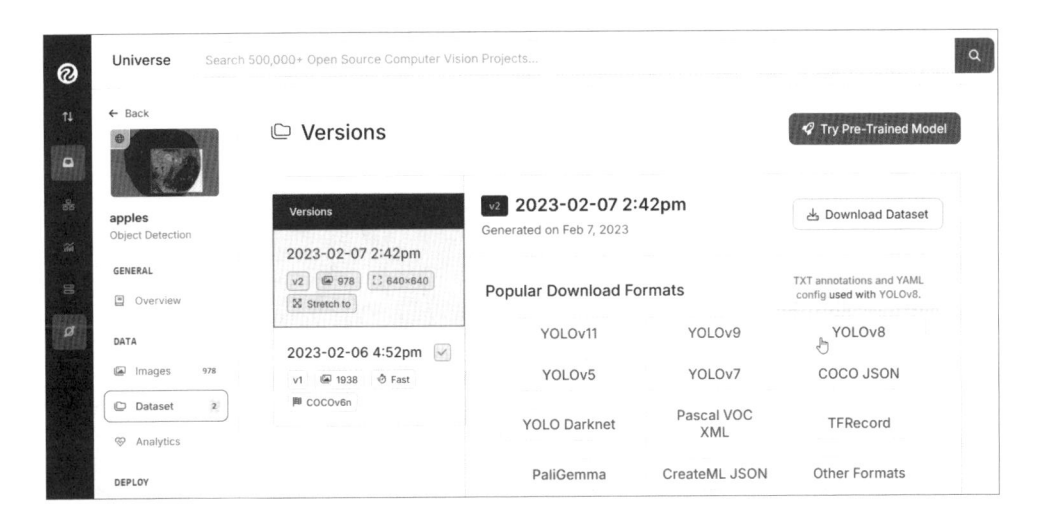

Step 5 接著選【Download dataset】後,按【Continue】鈕繼續。

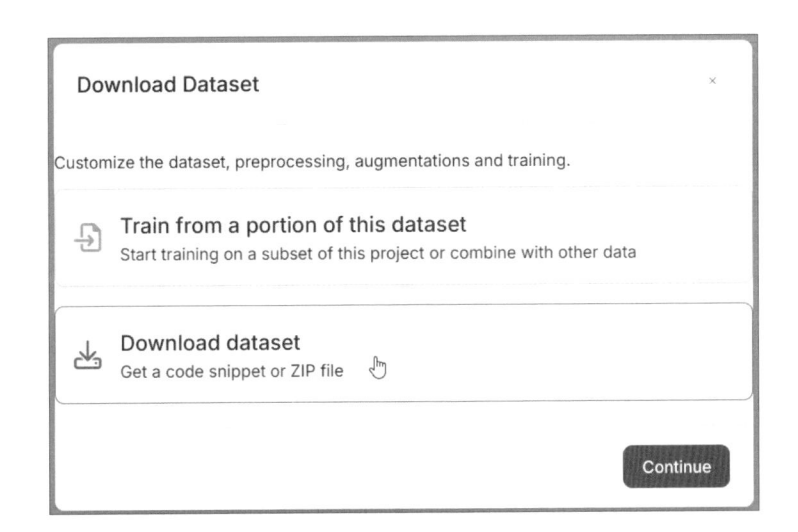

Step 6 再選【Download zip to computer】,即可按【Continue】鈕來下載 ZIP 格式檔案的資料集。

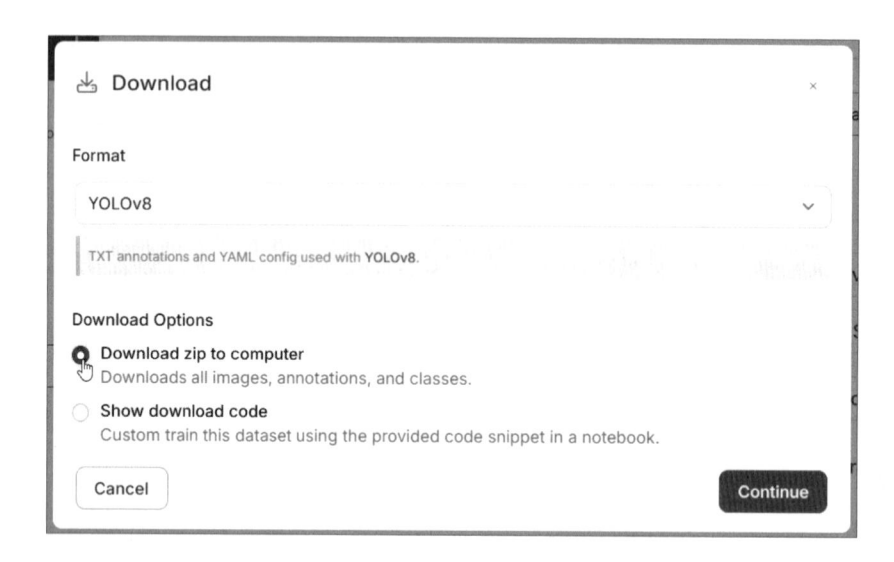

Step 7 在完成下載後，請按「Next Steps」右上角的【X】圖示。

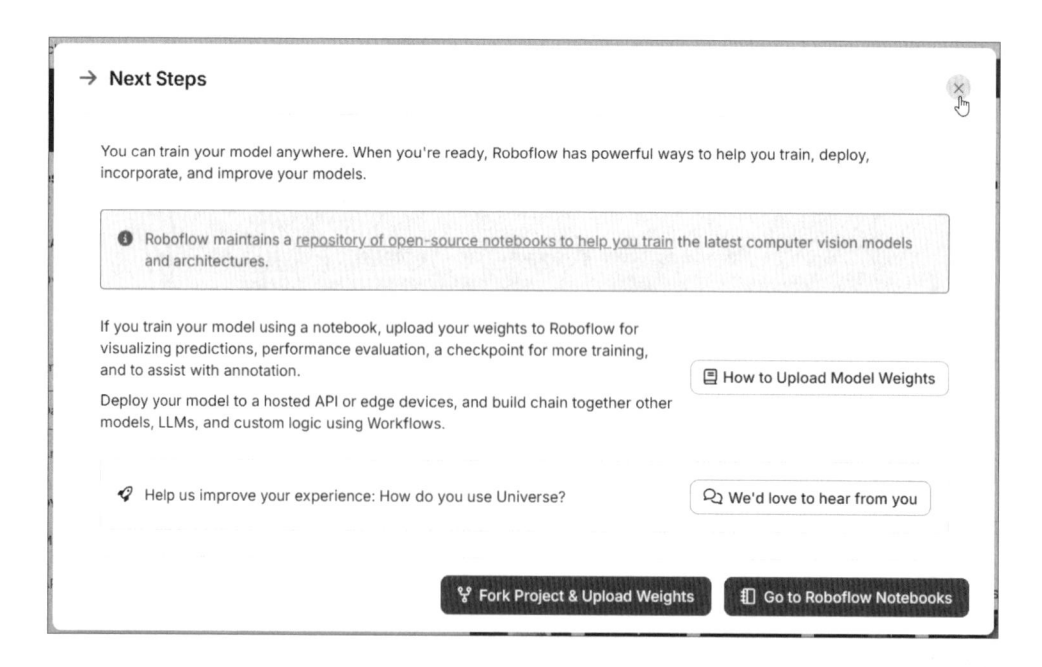

在本書下載的 YOLOv8 資料集的檔名是：apples.v2i.yolov8.zip。

10-3-3 使用視訊影片取得訓練模型的圖檔

如果擁有現成下載的 YouTube 影片檔或監控視訊的影片檔,例如:一段星際大戰電影預告的影片檔,我們就可以從視訊抽出每一張影格來另存成圖檔,然後在圖檔的影像自行標註【鈦戰機】和【千年鷹號】,就可以建立資料集,訓練偵測這 2 種戰機的 YOLO 物體偵測模型。

如果在第 10-3-1 節沒有建立 MP4 影片檔,我們也可以使用 Python 程式來下載本節所需的 MP4 影片檔。

▌步驟一:從網路下載 MP4 影片檔

Python 程式:ch10-3-3\step1_video_downloader.py 只需更改第 4 行影片檔的 URL 網址(url 變數)和第 6 行的輸出檔名(output_file 變數),就可以從網路下載 MP4 影片檔,如下圖所示:

```
step1_video_downloader.py
1  import requests
2
3  # 影片檔的URL網址
4  url = "https://github.com/fchart/test/raw/refs/heads/master/media/starwars.mp4"
5  # 下載的檔名
6  output_file = "starwars.mp4"
7  #
```

Python 程式的執行結果可以下載 starwars.mp4 檔案,在 Python 程式所在的「ch10-3-3」子目錄可以看到這個 MP4 檔案。

▌步驟二:將 MP4 影片檔的影格輸出成 JPG 圖檔

Python 程式:ch10-3-3\step2_frame_splitter.py 只需更改第 5 行的影片檔路徑(video_file 變數)和第 7 行的輸出目錄(output_dir 變數),就可以將影片檔的每一個影格抽出儲存成 JPG 圖檔,如下圖所示:

```
step2_frame_splitter.py
1  import cv2
2  import os
3
4  # 來源影片檔的路徑
5  video_file = "starwars.mp4"
6  # 切割影格成圖檔的輸出目錄
7  output_dir = "frames"
8  # ----------------------------------------
```

Python 程式的執行結果可以在「ch10-3-3\frames」子目錄看到儲存的圖檔,如下圖所示:

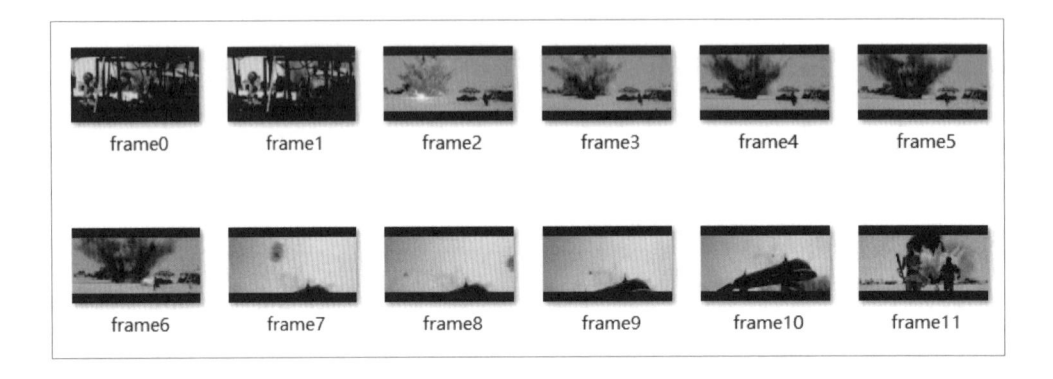

說明

請注意!本書 Python 程式是使用相對路徑,在 Thonny 開啟 Python 程式檔案所在的目錄「ch10-3-3」是目前的工作目錄,output_dir 變數值 "frames" 就是在目前工作目錄「ch10-3-3」下建立「frames」子目錄,所以執行結果的圖檔是輸出至「ch10-3-3\frames」子目錄。

10-4 使用 LabelImg 標註圖檔建立訓練資料

當成功取得訓練資料的圖檔後,接著,我們就可以自行使用 LabelImg 工具來標註影像,然後執行 Python 工具程式來切割成訓練和驗證資料集,就可以建立出你自己的 YOLO 訓練資料集。

請注意!因為從 Roboflow Universal 下載的資料集已經有標註檔,請直接參閱第 11-1 節的說明,整理成第 11-2 節所需的目錄結構即可。

10-4-1 認識 LabelImg 與 YOLO 標註檔

LabelImg 是開放原始碼的影像標註工具,這是使用 Python 語言開發的工具程式,在「ch10\ch10-4-2\labelImg」目錄是中文版 LabelImg 影像標註工具,已經設定預設輸出格式是 YOLO 標註檔。在 Python 開發環境需要安裝 PyQt5 和 lxml 套件(fChartEasy 套件已經安裝),其命令如下所示:

```
pip install pyqt5==5.15.10 Enter
pip install lxml==5.3.1 Enter
```

YOLO 標註檔是一個副檔名 .txt 的文字檔案,每一個圖檔對應一個同名的標註檔,例如:frame1.jpg 是對應 frame1.txt,在檔案內容的每一行標註影像中的一個物體資訊,以此例共標註 2 個物體,如下所示:

```
0 0.557000 0.662811 0.586000 0.282918
1 0.855500 0.462633 0.065000 0.096085
```

上述每一行是使用空白字元分隔成 5 項資料(數值已經分別除以影像的寬度和高度),其格式如下所示:

```
<分類索引> <中心點座標x> <中心點座標y> <邊界框的寬> <邊界框的高>
```

上述第 1 項資料是物體分類索引（從 0 開始），之後 2 個是中心點座標，接著是標示物體邊界框的寬度和高度，如下圖所示：

上述邊界框是用來標示出影像中欲偵測的物體的外框（在同一張影像可以標註多個物體），分類索引 0 是 "Millennium Falcon" 千年鷹號；索引 1 是 " Tie Fighter" 鈦戰機。

10-4-2　自行標註影像建立資料集

在了解 YOLO 標註檔的格式後，我們就可以啟動 LabelImg 工具來自行標註圖檔中欲偵測物體的影像，首先，請將第 10-3-3 節從影片檔抽出的「frames」圖檔目錄，複製至「ch10\ch10-4-2」目錄之下，如下圖所示：

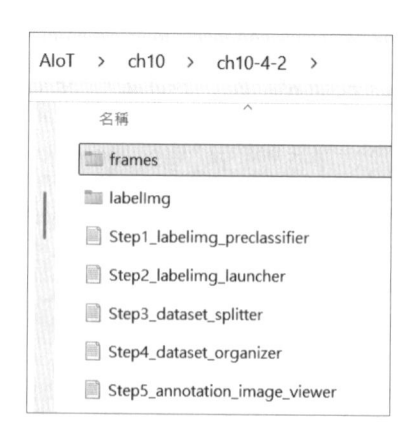

上述「Step1~5」開頭的 Python 程式就是本節使用的工具程式，可以幫助我們建立訓練 YOLO 模型所需的資料集。

步驟一：設定 LabelImg 預分類資料

LabelImg 工具可以在啟動前預先設定標註影像的分類資料，這是位在「labelImg\data」目錄的 predefined_classes.txt 檔案，在此文字檔案內容的每一行就是一種分類。

Python 程式：ch10-4-2\Step1_labelimg_preclassifier.py 可以自動將 Python 串列的分類資料寫入 predefined_classes.txt 檔案，這是使用第 2 行的 class_list 變數定義分類串列，第 4 行的 file_path 變數指定寫入的檔案路徑，如下圖所示：

```
# 定義分類串列
class_list = ["Millennium Falcon", "Tie Fighter"]
# 定義要寫入的檔案路徑
file_path = "labelImg/data/predefined_classes.txt"
# ----------------------------------------
```

Python 程式的執行結果可以建立 predefined_classes.txt 檔案，其內容如下圖所示：

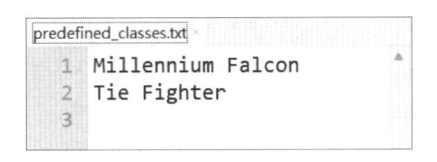

```
Millennium Falcon
Tie Fighter

```

步驟二：啟動和使用 LabelImg 影像標註工具

LabelImg 影像標註工具是使用 Python 語言所開發，我們有兩種方式來啟動此工具，如下所示：

- 在 Thonny 開啟「ch10-4-2\labelImg」目錄的 Python 程式 labelImg.py，執行此程式來啟動工具。

- 在 Thonny 執行 Python 程式：ch10-4-2\Step2_labelimg_launcher.py 來啟動 LabelImg 影像標註工具。

當成功啟動 LabelImg 後，就可以使用 LabelImg 影像標註工具來標註「frames」目錄下的圖檔，其步驟如下所示：

Step 1 請使用前述任一種方法來啟動 LabelImg 影像標註工具後，在右邊「區塊的標籤」視窗可以看到【使用預設標籤】欄位，在之後的下拉式選單，就是預先載入的 2 種分類，如下圖所示：

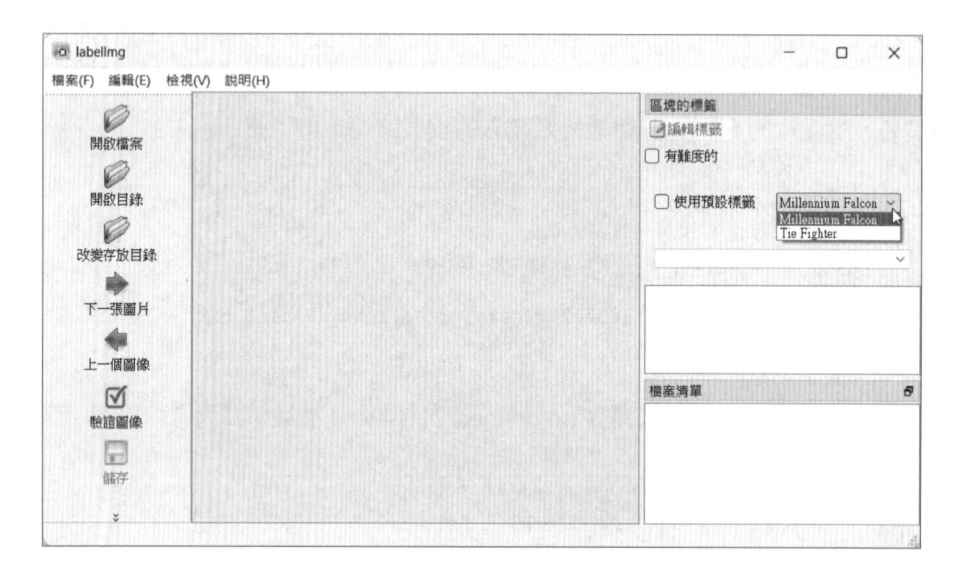

Step 2 執行「檔案 > 開啟目錄」命令（或點選【開啟目錄】），選擇「ch10\ch10-4-2\frames」目錄，即可顯示此目錄的第 1 張圖檔，按 Ctrl 和 + 鍵是放大影像；Ctrl 和 - 鍵是縮小影像，在右下方視窗可以看到此圖檔目錄下的檔案清單，如右圖所示：

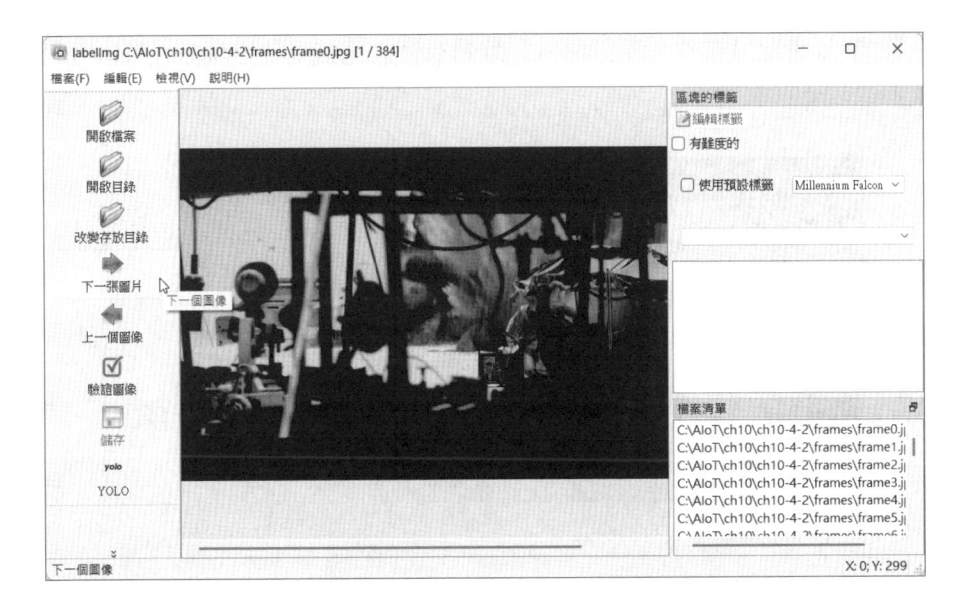

Step 3 在側邊欄點選【下一張圖片】是切換至下一個圖檔;【上一張圖像】是上一個圖檔,因為並不是每一個影格都有欲標註的物體,請切換至 fram65.jpg,或請直接雙擊右下角「檔案清單」視窗的檔名來切換至此圖檔。

Step 4 在開啟欲標註的圖檔後,請在側邊欄選【創建區塊】,就可以在中間編輯區域從左上角至右下角拖拉出包圍物體的邊界框。

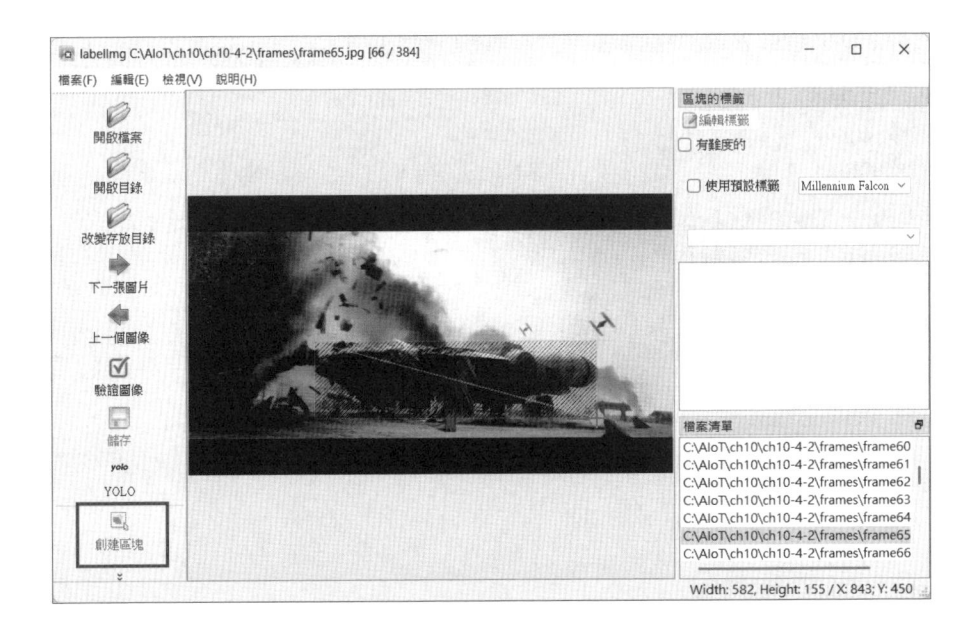

Step 5 當放開滑鼠左鍵,就可以看到分類視窗,請選【Millennium Falcon】,按【OK】鈕。

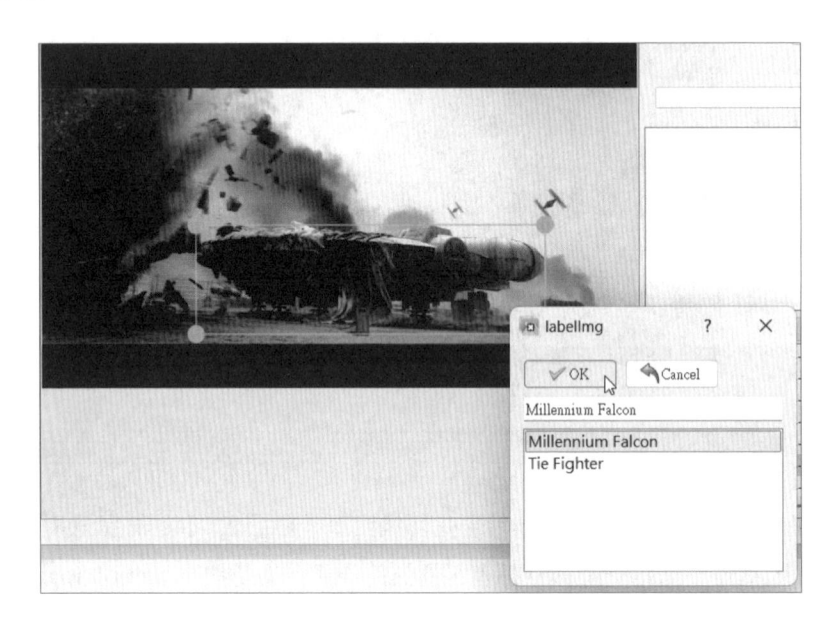

Step 6 請重複操作 2 次,先選【創建區塊】,再一一拖拉出上方 2 台【Tie Fighter】和選擇分類後,就可以看到我們已經在影像上共標註了 3 個物體,如下圖所示:

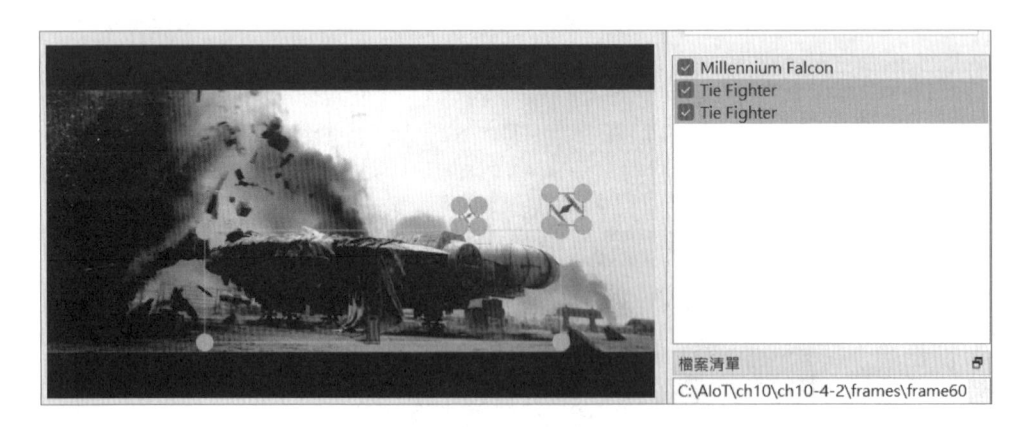

Step 7 在完成圖檔標註後,請執行「檔案 > 儲存」命令儲存標註檔,如果是選【下一張圖片】,因為尚未儲存標註檔,就會顯示尚未儲存的訊息視窗,請按【Yes】鈕儲存標註檔。

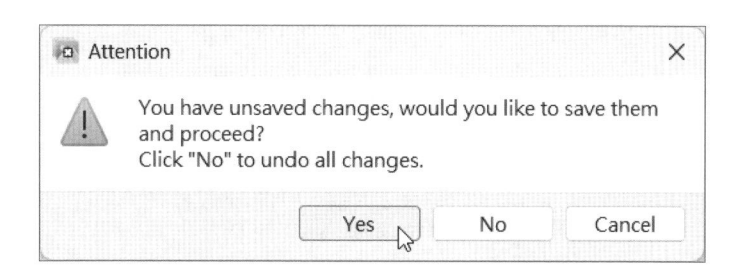

Step 8 當切換至下一個圖檔後,就可以重複上述步驟來標註物體,直到所有影像標註完成。

LabelImg 影像標註工具預設就會自動在「frames」目錄下建立名為 classes.txt 的分類檔案。

步驟三:分割成訓練和驗證資料集

在完成整個「frames」目錄的圖檔標註後,我們需要將資料集分割成訓練和驗證資料集。Python 程式:ch10-4-2\Step3_dataset_splitter.py 是一個檔案處理程式,我們只需修改第 5~10 行的變數,就可以將指定目錄下的檔案依比例分割成訓練資料集和驗證資料集,如下圖所示:

```
Step3_dataset_splitter.py
 1  import os
 2  import shutil
 3  import random
 4
 5  input_dir = "frames"        # 請將此處替換為您的輸入目錄
 6  train_dir = "train"         # 訓練資料集目錄
 7  val_dir = "val"             # 驗證資料集目錄
 8  split_ratio = 0.8           # 訓練與驗證的分割比例
 9  img_type = ".jpg"           # 圖檔類型
10  operation = "copy"          # 選擇 "move" 搬移檔案 或 "copy" 複製檔案
11  # -----------------------------------------------------------
```

10-23

上述 input_dir 變數是 LabelImg 標註圖檔的目錄，train_dir 和 val_dir 變數分別是訓練資料集和驗證資料集的輸出目錄，split_ratio 變數是分割比例，0.8 就是 80% 是訓練資料集；20% 是驗證資料集。

Python 程式的執行結果，可以看到已經使用分割比例 0.8，和 copy 複製操作分割成「train」和「val」目錄的訓練資料集和驗證資料集，如下所示：

```
>>> %Run Step3_dataset_splitter.py
使用 copy 操作處理 frames 目錄的資料集
資料集分割成 train 和 val 目錄的資料集
使用的分割比例: 0.8
```

在「ch10\ch10-4-2」目錄可以看到新增的 2 個目錄，如下圖所示：

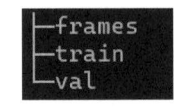

```
├frames
├train
└val
```

步驟四：將資料集再分割成圖檔和標註檔資料夾

YOLO 資料集的目錄結構還需要將圖檔和標註檔分別置於之下的「images」和「labels」子目錄，如下圖所示：

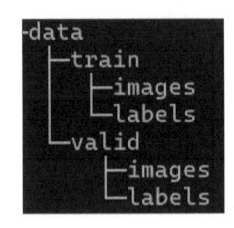

```
-data
 ├train
 │ ├images
 │ └labels
 └valid
   ├images
   └labels
```

現在，我們需要進一步將資料集再分割成圖檔和標註檔的 2 個子目錄。Python 程式：ch10-4-2\Step4_dataset_organizer.py 是一個檔案處理程式，只需修改第 4～5 行的變數，就可以重組目錄結構成為 YOLO 資料集的目錄結構，如右圖所示：

取得與標註 YOLO 訓練資料：LabelImg　　**10**

```
Step4_dataset_organizer.py
1  import os
2  import shutil
3
4  train_dir = "train"    # 訓練資料集目錄
5  val_dir = "val"        # 驗證資料集目錄
6  # ----------------------------------------
```

上述 train_dir 和 val_dir 變數分別是訓練資料集和驗證資料集的目錄，Python 程式的執行結果，可以看到目錄下的檔案已經分別分配至「images」和「labels」子目錄，如下所示：

```
>>> %Run Step4_dataset_organizer.py
目錄的檔案已經分配至 'train\images' 和 'train\labels' 目錄
目錄的檔案已經分配至 'val\images' 和 'val\labels' 目錄
```

在「ch10\ch10-4-2」目錄可以看到目前的目錄結構，如下圖所示：

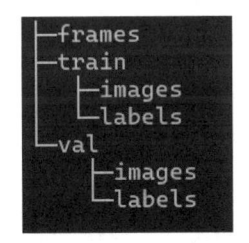

```
├─frames
├─train
│   ├─images
│   └─labels
└─val
    ├─images
    └─labels
```

上述「train」和「val」目錄需要複製至第 11-2 節的「data」目錄下，而第 11-2 節的「data」目錄就是訓練 YOLO 模型的資料集根目錄。

▍步驟五：瀏覽 LabelImg 標註的圖檔

當成功建立 YOLO 資料集後，Python 程式：ch10-4-2\ Step5_annotation_image_viewer.py 可以瀏覽我們標註的 YOLO 資料集，我們只需修改第 4～6 行的變數值，就可以使用 OpenCV 開啟圖檔來顯示標註的邊界框和分類，如下圖所示：

10-25

```
Step5_annotation_image_viewer.py
1  import cv2
2  import os
3
4  image_folder = "train/images"      # 圖檔路徑
5  label_folder = "train/labels"      # 標註檔路徑
6  class_names = ["Millennium Falcon", "Tie Fighter"]
7  # --------------------------------------------------
```

上述 image_folder 變數是圖檔路徑；label_folder 是標註檔路徑，以此例是訓練資料集，class_names 變數是分類名稱串列。

Python 程式的執行結果，可以顯示圖檔影像和標示出物體邊界框與上方的分類名稱，如下圖所示：

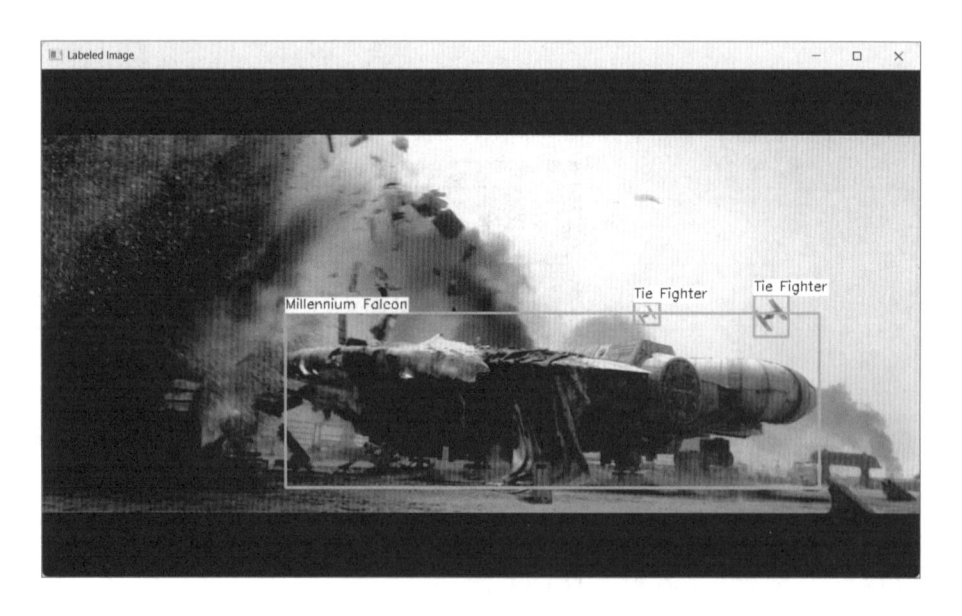

請按任意鍵，就可以顯示下一張圖檔和標註資料，直到沒有圖檔為止，請按 Esc 鍵離開。

10-5 整合應用：在 Node-RED 顯示標註圖檔

如同上一節步驟五的 Python 程式，我們一樣可以建立 Node-RED 流程來顯示標註的圖檔。在 Node-RED 需要在【節點管理】安裝 node-red-contrib-image-info 節點來取得圖檔尺寸，以便計算出真正的座標。

Node-RED 流程：ch10-5.json 是在【設定參數】的 function 節點指定分類和圖檔 images 的上一層路徑，就可以點選 file inject 節點開啟圖檔來顯示標註內容，其執行結果如下圖所示：

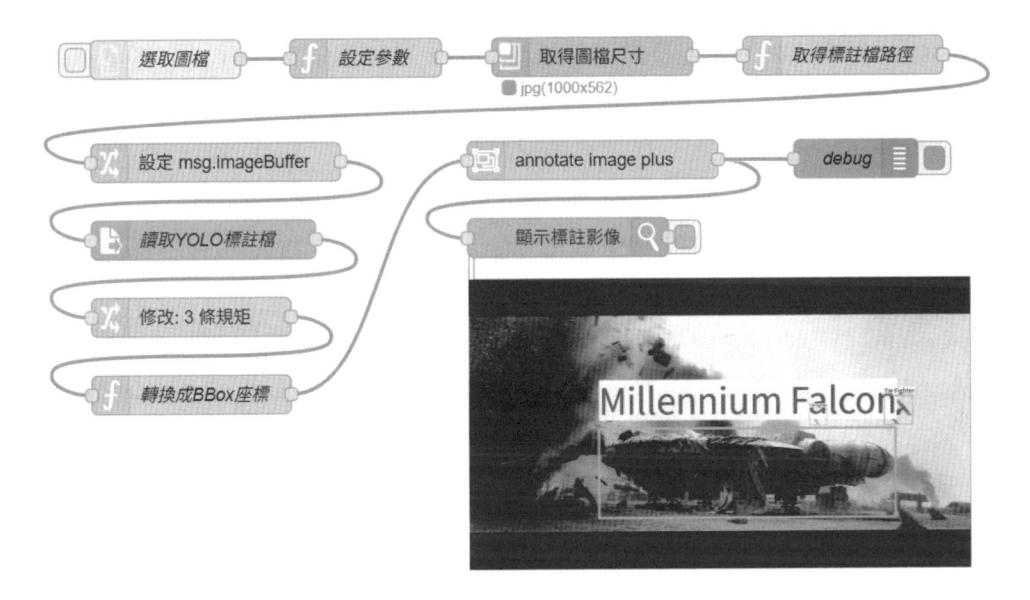

Node-RED 流程的節點說明，如下所示：

- file inject 節點：名為【選取圖檔】的節點是用來選取圖檔。
- function 節點：名為【設定參數】的節點是用來指定分類陣列和圖檔路徑，圖檔路徑是在「images」目錄的上一層，在最後需要加上「/」（請注意！因為權限問題，在瀏覽器選取的圖檔並無法取得完整的檔案路徑，只能取得圖檔名稱，所

10-27

以我們需要指定圖檔所在的絕對路徑，以便自行建立選取圖檔的路徑），如下圖所示：

```
1  // 分類名稱陣列
2  msg.classNames = ["Millennium Falcon", "Tie Fighter"];
3  // 圖檔資料集的絕對路徑，最後需加上"/"，如用"\"，請用"\\"
4  msg.filePath = "C:/AIoT/ch10/ch10-4-2/train/";
5
6  return msg;
```

- image-info 節點：名為【取得圖檔尺寸】的節點可以取得選取影像的尺寸，即 msg.width 的寬和 msg.height 的高。
- function 節點：名為【取得標註檔路徑】的節點是使用 JavaScript 程式碼依據選取圖檔的檔名和 msg.filePath 來建立對應 YOLO 標註檔的完整路徑，即 msg.textFilePath。
- change 節點：使用 msg.imageBuffer 保留 msg.payload 的影像資料。
- read file 節點：名為【讀取 YOLO 標註檔】的節點可以讀取 msg.textFilePath 路徑的標註檔，輸出是一個 Buffer 物件。
- change 節點：三條規則分別指定 msg.annotations 的值是 msg.payload，就可以使用 msg.imageBuffer 回存 msg.payload 影像資料，最後刪除 msg.textFilePath（已經用不到），如下圖所示：

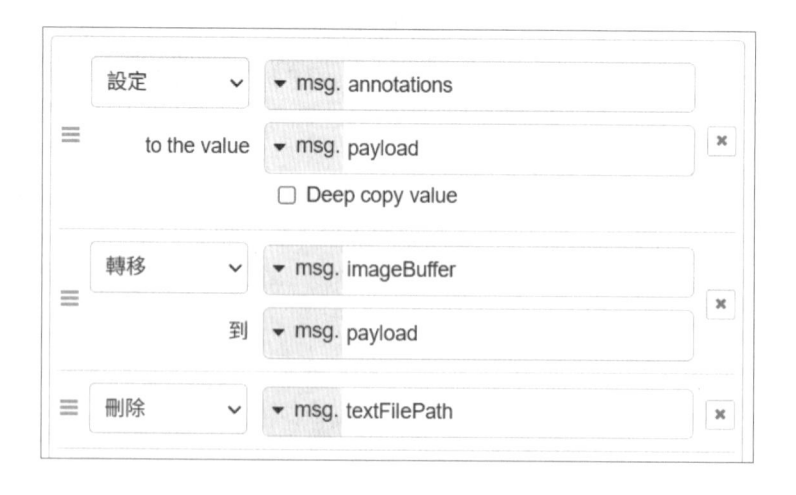

- function 節點：名為【轉換成 BBox 座標】的節點是參考上一節步驟五的 Python 程式，只是改用 JavaScript 程式碼依據讀取的標註檔來轉換成【annotate image plus】節點所需 msg.annotations 屬性的註記資料，這是一個 JSON 物件。
- annotate image plus 節點：使用 YOLO 註記檔轉換成的 BBox 座標來標註圖檔的影像。
- viewer 節點：名為【顯示標註影像】的節點可以顯示標註結果的影像，【Image】欄是影像資料來源，【Width】欄可以指定影像寬度，高度會自動依比例來調整，如下圖所示：

Name	顯示標註影像
Image	▼ msg. payload
Width	400

學習評量

1. 請簡單說明什麼是深度學習和卷積神經網路 CNN？什麼是 Ultralytics 公司開發的 YOLO？

2. 請問 Thonny Python IDE 是什麼？什麼是 Roboflow、Roboflow Universal 和 LabelImg 工具？

3. 請自行搜尋 Roboflow Universal 找到一個資料集，然後下載 YOLOv8 版的資料集。

4. 請從 https://www.pexels.com/zh-tw/ 網站搜尋影片檔後，參閱第 10-3-3 節的步驟來下載和分割成模型訓練所需的圖檔。

5. 請繼續學習評量 4.，使用第 10-4-2 節的步驟自行使用 LabelImg 工具來標註圖檔，並且建立訓練 YOLO 模型所需的資料集。

CHAPTER 11

訓練你自己的 YOLO 物體偵測模型

- 11-1 整理與瀏覽 Roboflow Universal 取得的資料集
- 11-2 建立 YAML 檔訓練與驗證你的 YOLO 模型
- 11-3 在 Node-RED 使用 YOLO 預訓練模型
- 11-4 整合應用：在 Node-RED 使用 YOLO 客製化模型

11-1 整理與瀏覽 Roboflow Universal 取得的資料集

基本上，從 Roboflow Universal 下載的資料集是擁有標註影像檔的資料集，所以，我們並不需要再使用 LabelImg 工具來標註影像，只需找出分類名稱，和確認資料集是否符合第 11-2 節所需的資料集結構。

步驟一：將 Roboflow Universal 訓練資料複製至 data 目錄

請解壓縮第 10-3-2 節下載的 apples.v2i.yolov8.zip 檔案至「ch11\ch11-1\data」目錄，其目錄結構如下圖所示：

```
ch11-1
└─data
    ├─test
    │   ├─images
    │   └─labels
    ├─train
    │   ├─images
    │   └─labels
    └─valid
        ├─images
        └─labels
```

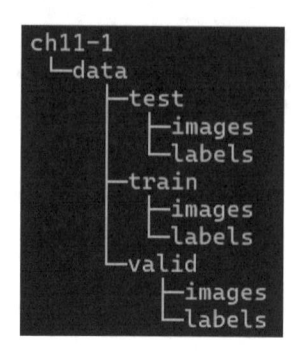

上述「test」目錄是測試資料集，一般來說，機器學習模型是使用此資料集來評估模型的性能，不過，目前的 YOLO 版本並沒有使用。「train」目錄是訓練資料集；「valid」是驗證資料集，在第 11-2 節本書訓練 YOLO 模型使用的目錄結構，驗證資料集目錄可以名為「val」或「valid」目錄。

在「data」目錄下有 Roboflow Universal 資料集的一些檔案，如下圖所示：

> ch11-1 > data >

名稱
- test
- train
- valid
- data
- README.dataset
- README.roboflow

上述 data.yaml 檔案是用來定義 YOLO 模型訓練所需的資料集和相關參數，其他 2 個 README 檔案是資料集本身的說明檔。

步驟二：取得 YOLO 分類名稱資料

一般來說，因為 Roboflow Universal 資料集在 data.yaml 定義的路徑和第 11-2 節並不相同，所以，在第 11-2 節的 Python 工具程式會直接依據目前的路徑來重建 data.yaml 檔案，其內容除了資料集路徑外，還需要從 Roboflow Universal 資料集取得分類名稱資料。請使用 Thonny 開啟「data」目錄下的 data.yaml 檔案，如下圖所示：

```
data.yaml
1   train: ../train/images
2   val: ../valid/images
3   test: ../test/images
4
5   nc: 2
6   names: ['fresh_apple', 'rotten_apple']
7
8   roboflow:
9     workspace: ds-lxa2d
10    project: apples-daz2v
11    version: 2
12    license: CC BY 4.0
13    url: https://universe.roboflow.com/ds-lxa2d/apples-daz2v/dataset/2
```

上述【name:】就是分類名稱資料，其值是 Python 串列，以此例有 2 種分類名稱，如下所示：

```
['fresh_apple', 'rotten_apple']
```

步驟三：瀏覽 Roboflow Universal 的訓練資料

Python 程式：ch11-1\Step3_annotation_image_viewer.py 和第 10-4-2 節步驟五的 Python 程式相同，我們只需修改第 4～6 行的變數值，就可以瀏覽 Roboflow Universal 下載的資料集，如下圖所示：

```
Step3_annotation_image_viewer.py
1  import cv2
2  import os
3
4  image_folder = "data/train/images"              # 圖檔路徑
5  label_folder = "data/train/labels"              # 標註檔路徑
6  class_names = ['fresh_apple', 'rotten_apple']   # 分類名稱
7  # --------------------------------------------
```

上述 image_folder 變數是圖檔路徑；label_folder 是標註檔路徑，以此例是訓練資料集，class_names 變數是分類名稱的 Python 串列。

Python 程式的執行結果，可以顯示圖檔影像和標示物體邊界框，在邊界框的上方顯示的就是分類名稱，如下圖所示：

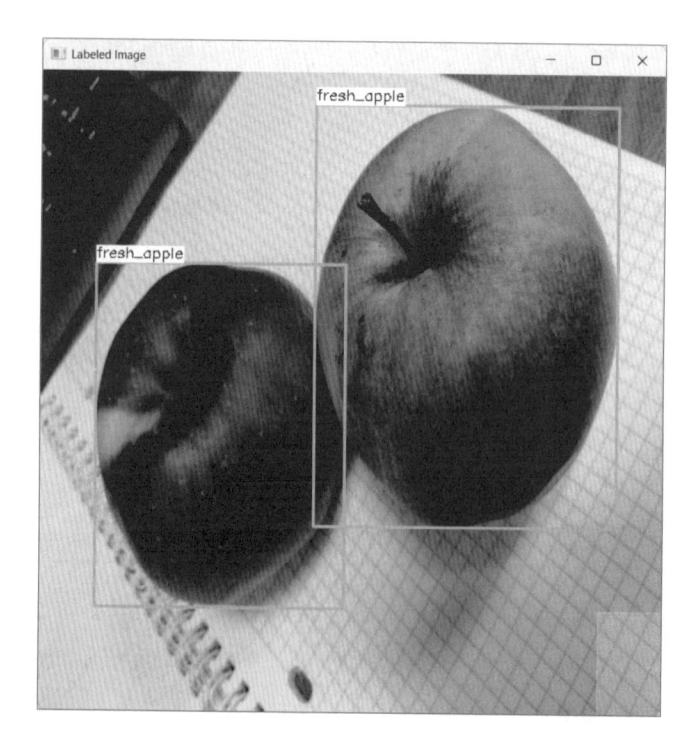

請按任意鍵，就可以顯示下一張圖檔和標註資料，直到沒有圖檔為止，請按 Esc 鍵離開。

11-2 建立 YAML 檔訓練與驗證你的 YOLO 模型

在準備好訓練 YOLO 模型的資料集後，我們就可以從資料集取得分類名稱資料，如下所示：

- 資料集是使用 LabelImg 標註的圖檔：在資料集目錄的 classes.txt 就是分類名稱資料，其內容的每一行就是一種分類名稱。
- 資料集是從 Roboflow Universal 下載：在資料集的 data.yaml 檔案可以找到資料集的分類名稱資料，其值是一個 Python 串列。

在本節訓練 YOLO 客製化模型的目錄結構是配合本節的 Python 工具程式，因為目錄結構和 Roboflow Universal 的 data.yaml 檔案不同，所以我們準備重建 data.yaml 檔案，其目錄結構如下圖所示：

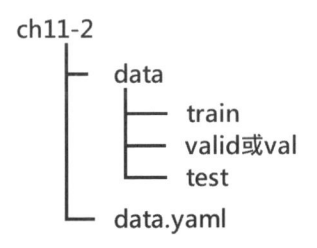

```
ch11-2
    ├── data
    │     ├── train
    │     ├── valid或val
    │     └── test
    └── data.yaml
```

上述「data」目錄是 YOLO 資料集的主目錄，在其下的「train」子目錄是訓練資料集；「valid」或「val」子目錄是驗證資料集，「test」子目錄是測試資料集（並不會使用）。YOLO 的 data.yaml 檔案和「data」目錄是位在同一目錄下，YOLO 就是在此檔案定義模型訓練和驗證過程中所需的資料集屬性與參數，其檔案內容如下圖所示：

```
data.yaml
1  train: data/train/images
2  val: data/valid/images
3  test: data/test/images
4
5  nc: 2
6  names: ['fresh_apple', 'rotten_apple']
```

上述檔案內容的說明，如下所示：

- 資料集路徑：分別使用 train:、val: 和 test: 定義訓練、驗證和測試資料集的路徑，路徑可以是絕對路徑或相對路徑。
- 分類數量和分類名稱：nc: 定義分類數，name: 定義分類名稱，分類名稱的值就是一個 Python 串列。

現在，請將第 11-1 節 Roboflow Universal 資料集建立的「data」目錄複製取代「ch11-2」下的同名「data」目錄，如下圖所示：

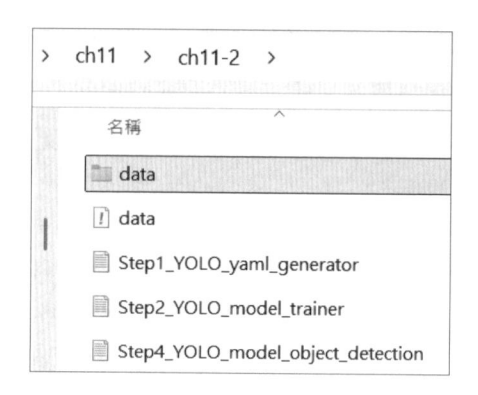

```
> ch11 > ch11-2 >

名稱
📁 data
❗ data
📄 Step1_YOLO_yaml_generator
📄 Step2_YOLO_model_trainer
📄 Step4_YOLO_model_object_detection
```

上述 3 個 Python 程式就是本節訓練 YOLO 模型使用的工具程式。如果是使用第 10-4-2 節 LabelImg 工具自行建立的資料集，請將建立的「train」和「val」目錄都複製至「data」目錄之下。

步驟一：建立 data.yaml 檔案

首先，我們需要重建 data.yaml 檔案來指明資料集路徑、分類數和分類名稱。Python 程式：ch11-2\Step1_YOLO_yaml_generator.py 只需指定資料集所在的目錄和分類名稱串列，就可以產生訓練 YOLO 模型所需的 data.yaml 檔案，如下圖所示：

```
Step1_YOLO_yaml_generator.py
1  import os
2
3  data_dir = "data"                              # 訓練資料所在的子目錄
4  classes = ['fresh_apple', 'rotten_apple']      # 分類名稱串列,或classes.txt路徑
5  # ----------------------------------------
```

上述 data_dir 變數是訓練資料所在的子目錄，classes 變數值有兩種值，其說明如下所示：

- 直接指定分類名稱串列，例如：['fresh_apple', 'rotten_apple']。
- 指定 LabelImg 工具自動產生 classes.txt 檔案的路徑。

Python 程式的執行結果可以建立名為 data.yaml 的檔案（其內容就是本節前說明的檔案內容），如下所示：

```
>>> %Run Step1_YOLO_yaml_generator.py
YOLO 的 data.yaml 已經建立在 C:\AIoT\ch11\ch11-2\data.yaml
```

步驟二：訓練與驗證你的 YOLO 模型

在複製好資料集和產生 data.yaml 檔案後，我們就可以訓練 YOLO 模型。請注意！在 fChartEasy 的 Python 套件只支援 CPU，Windows 電腦需安裝支援 CUDA 的獨立顯示卡，並且在 Python 安裝 PyTorch GPU 的 CUDA 套件，才能支援使用 GPU 進行 YOLO 模型訓練。

Python 程式：ch11-2\Step2_YOLO_model_trainer.py 是 YOLO 模型訓練程式，此程式同時支援 CPU 和 GPU 版本，在執行前需要設定第 7～12 行的訓練參數，如下圖所示：

```
Step2_YOLO_model_trainer.py
 1  from multiprocessing import freeze_support
 2  from ultralytics import YOLO
 3  import os
 4  import torch
 5
 6  # 定義模型訓練的參數
 7  model_size = "n"    # YOLO 模型尺寸是"n", "s", "m", "l", "x"
 8  version = "v8"      # YOLO 版本是"12", "11", "v8"
 9  epochs = 10         # 訓練週期
10  batch = 16          # 批次大小，每次迭代中使用的數據樣本數
11  imgsz = 640         # 圖片尺寸，指圖像在訓練時會被調整到的尺寸
12  plots = True        # 是否在訓練過程中繪製圖表，用於可視化訓練過程
13  # -----------------------------------------------------
```

上述變數是用來設定訓練 YOLO 模型所需的參數，這些變數代表的參數說明，如下所示：

- model_size = "n"（YOLO 模型的尺寸）：值 "n" 是 YOLO 模型最輕量的版本，適用硬體資源有限的情況或需高速的應用場景，在第 11-4 節的 Node-RED 節點使用的 YOLO 模型就是 "n" 尺寸。
- version = "v8"（YOLO 版本）：值 "v8" 就是 YOLOv8 版本，此版本也是適用第 11-4 節 Node-RED 的 YOLO 版本。
- epochs = 10（訓練週期）：這是訓練模型所需的迭代次數，值 10 表示模型會進行 10 次完整的訓練循環。指定的週期愈多，模型可能愈精準，不過，過度訓練也可能導致模型的表現不佳。
- batch = 16（批次大小）：每次訓練使用的樣本數是 16，這是中等硬體資源的合理配置。
- imgsz = 640（影像尺寸）：影像會縮放成 640×640 尺寸來進行訓練，此尺寸能夠在偵測速度與精確度之間達到良好的平衡。
- plots = True（是否繪製圖表）：啟用圖表生成功能，在訓練過程中就會自動繪製損失曲線、精度變化的視覺化圖表，有助於你監控整個訓練的進度與效果。

在設定好訓練參數後，就可以執行 Python 程式進行模型訓練，可以看到訓練 YOLO 模型的過程（此資料集使用 CPU 訓練需花些時間，筆者共花了約 1 個小時 45 分鐘才完成 10 個週期的訓練），如右所示：

訓練你自己的 YOLO 物體偵測模型

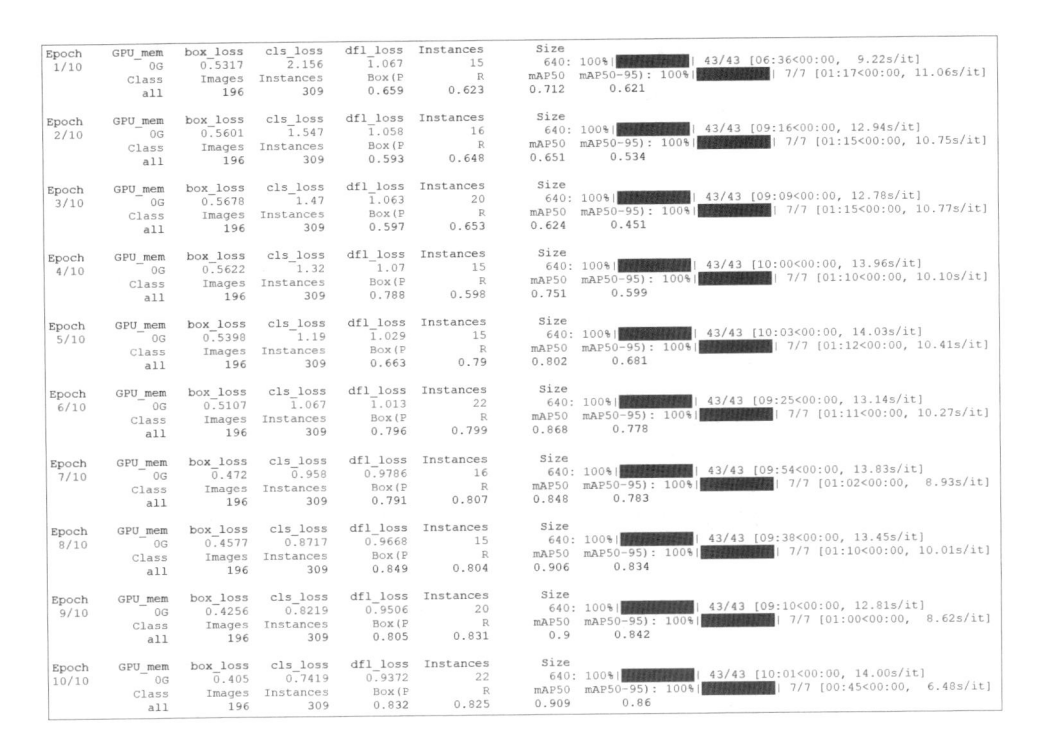

Epoch	GPU_mem	box_loss	cls_loss	dfl_loss	Instances	Size		
1/10	0G	0.5317	2.156	1.067	15	640: 100%|██████████| 43/43 [06:36<00:00, 9.22s/it]
	Class	Images	Instances	Box(P	R	mAP50 mAP50-95): 100%|██████████| 7/7 [01:17<00:00, 11.06s/it]
	all	196	309	0.659	0.623	0.712 0.621

Epoch	GPU_mem	box_loss	cls_loss	dfl_loss	Instances	Size
2/10	0G	0.5601	1.547	1.058	16	640: 100%|██████████| 43/43 [09:16<00:00, 12.94s/it]
	Class	Images	Instances	Box(P	R	mAP50 mAP50-95): 100%|██████████| 7/7 [01:15<00:00, 10.75s/it]
	all	196	309	0.593	0.648	0.651 0.534

Epoch	GPU_mem	box_loss	cls_loss	dfl_loss	Instances	Size
3/10	0G	0.5678	1.47	1.063	20	640: 100%|██████████| 43/43 [09:09<00:00, 12.78s/it]
	Class	Images	Instances	Box(P	R	mAP50 mAP50-95): 100%|██████████| 7/7 [01:15<00:00, 10.77s/it]
	all	196	309	0.597	0.653	0.624 0.451

Epoch	GPU_mem	box_loss	cls_loss	dfl_loss	Instances	Size
4/10	0G	0.5622	1.32	1.07	15	640: 100%|██████████| 43/43 [10:00<00:00, 13.96s/it]
	Class	Images	Instances	Box(P	R	mAP50 mAP50-95): 100%|██████████| 7/7 [01:10<00:00, 10.10s/it]
	all	196	309	0.788	0.598	0.751 0.599

Epoch	GPU_mem	box_loss	cls_loss	dfl_loss	Instances	Size
5/10	0G	0.5398	1.19	1.029	15	640: 100%|██████████| 43/43 [10:03<00:00, 14.03s/it]
	Class	Images	Instances	Box(P	R	mAP50 mAP50-95): 100%|██████████| 7/7 [01:12<00:00, 10.41s/it]
	all	196	309	0.663	0.79	0.802 0.681

Epoch	GPU_mem	box_loss	cls_loss	dfl_loss	Instances	Size
6/10	0G	0.5107	1.067	1.013	22	640: 100%|██████████| 43/43 [09:25<00:00, 13.14s/it]
	Class	Images	Instances	Box(P	R	mAP50 mAP50-95): 100%|██████████| 7/7 [01:11<00:00, 10.27s/it]
	all	196	309	0.796	0.799	0.868 0.778

Epoch	GPU_mem	box_loss	cls_loss	dfl_loss	Instances	Size
7/10	0G	0.472	0.958	0.9786	16	640: 100%|██████████| 43/43 [09:54<00:00, 13.83s/it]
	Class	Images	Instances	Box(P	R	mAP50 mAP50-95): 100%|██████████| 7/7 [01:02<00:00, 8.93s/it]
	all	196	309	0.791	0.807	0.848 0.783

Epoch	GPU_mem	box_loss	cls_loss	dfl_loss	Instances	Size
8/10	0G	0.4577	0.8717	0.9668	15	640: 100%|██████████| 43/43 [09:38<00:00, 13.45s/it]
	Class	Images	Instances	Box(P	R	mAP50 mAP50-95): 100%|██████████| 7/7 [01:10<00:00, 10.01s/it]
	all	196	309	0.849	0.804	0.906 0.834

Epoch	GPU_mem	box_loss	cls_loss	dfl_loss	Instances	Size
9/10	0G	0.4256	0.8219	0.9506	20	640: 100%|██████████| 43/43 [09:10<00:00, 12.81s/it]
	Class	Images	Instances	Box(P	R	mAP50 mAP50-95): 100%|██████████| 7/7 [01:00<00:00, 8.62s/it]
	all	196	309	0.805	0.831	0.9 0.842

Epoch	GPU_mem	box_loss	cls_loss	dfl_loss	Instances	Size
10/10	0G	0.405	0.7419	0.9372	22	640: 100%|██████████| 43/43 [10:01<00:00, 14.00s/it]
	Class	Images	Instances	Box(P	R	mAP50 mAP50-95): 100%|██████████| 7/7 [00:45<00:00, 6.48s/it]
	all	196	309	0.832	0.825	0.909 0.86

等到模型訓練完成後，就會顯示訓練結果的模型性能指標和儲存的路徑「runs\detect\train」（請記得此路徑，此路徑就是模型訓練結果儲存的目錄），如下所示：

```
Results saved to runs\detect\train
模型訓練結果=============
map50-95: 0.8601925957758059
map50: 0.9085560083314536
map75: 0.897409848901491
每一分類的map50-95: [    0.83175      0.88863]
```

然後，在驗證完成後，顯示驗證結果的模型性能指標和儲存的路徑「runs\detect\train2」，如下所示：

```
Results saved to runs\detect\train2
模型驗證結果=============
map50-95: 0.8601925957758059
map50: 0.9085560083314536
map75: 0.897409848901491
每一分類的map50-95: [    0.83175      0.88863]
```

11-9

上述指標可以量化模型偵測能力來評估模型的性能，主要是在了解模型在不同 IoU 閾值下的表現，IoU 是指模型預測出的邊界框（預測框）和實際標註的邊界框（真實框）之間的交集面積與聯集面積比。各種指標的說明，如下所示：

- mAP50（平均精度在 IoU 閾值 0.5）：這個指標表示物體邊界框與預測框之間的 IoU（交佔比）至少為 0.5 時，模型偵測到物體的平均精度。其數值範圍是 0～1，值越高表示模型的性能越好。例如：mAP50＝0.85，表示模型在 IoU 閾值 0.5 時的平均精度是 85%。

- mAP75（平均精度在 IoU 閾值 0.75）：這個指標表示在物體邊界框與預測框之間的 IoU 至少為 0.75 時，模型偵測到物體的平均精度。數值範圍也是 0～1，值越高表示模型的性能越好。例如：mAP75＝0.65，表示模型在 IoU 閾值 0.75 時的平均精度是 65%。

- mAP50-95（在多個 IoU 閾值從 0.5 到 0.95 的平均精度）：這個指標表示在多個 IoU 閾值（0.5～0.95，通常步長 0.05）下，模型偵測到物體的平均精度。數值範圍是 0～1，值越高表示模型的性能越好。例如：mAP50-95＝0.70，表示模型在多個 IoU 閾值的平均精度是 70%。

步驟三：取得訓練/驗證結果資料和複製 best.pt 模型檔

YOLO 模型的訓練/驗證結果的目錄是「runs/detect/train?」，「?」是計數，當執行多次後會依序產生 train2、train3 或 train22 等編號的目錄，請注意！正確的輸出目錄可在程式執行結果的 Results save to 找到，2 個路徑的第 1 個是訓練結果；第 2 個是驗證結果的路徑。

以此例的 YOLO 訓練結果是儲存在「ch11-2\runs\detect\train」目錄，在此目錄之中可以看到訓練過程產生的一些視覺化圖表，如右圖所示：

訓練你自己的 YOLO 物體偵測模型　11

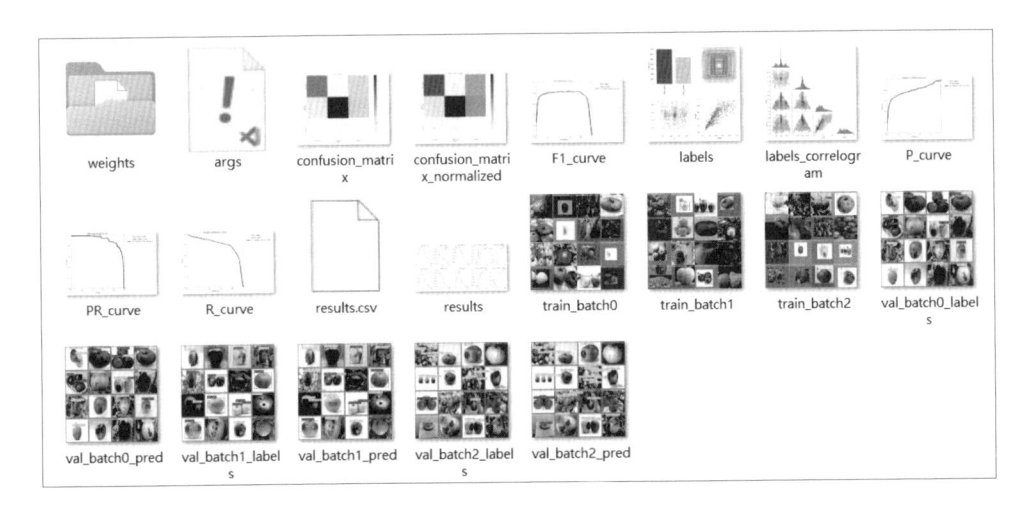

上述 CSV 檔案：resuts.csv 是訓練過程的詳細數據，我們可以使用此 CSV 檔案的內容來詢問 ChatGPT，幫忙我們評估最佳訓練週期和是否需增加訓練週期。ChatGPT 提示詞（ch11-2.txt），如下所示：

> 你是一位YOLO模型訓練專家，下列CSV檔案是YOLO的訓練結果，請替我分析最佳的訓練週期是幾次？是否需增加訓練週期？
> <results.csv檔案內容>

上述 < results.csv 檔案內容 > 是 resuts.csv 檔案的內容，ChatGPT 回應內容請參閱 ch11-2.pdf。

在「ch11-2\runs\detect\train\weights」目錄就是訓練結果的權重檔，如下圖所示：

11-11

上述 best.pt 是整個訓練過程中的最佳權重檔（即 YOLO 模型檔），last.pt 是最後一次訓練的權重檔，請將 best.pt 複製至「ch11\ch11-2」目錄下，如下圖所示：

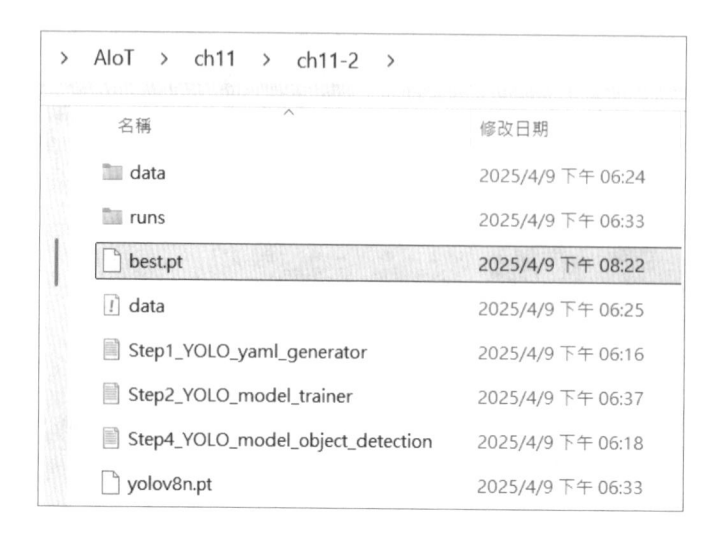

模型驗證結果是儲存在「ch11-2\runs\detect\train2」目錄，如下圖所示：

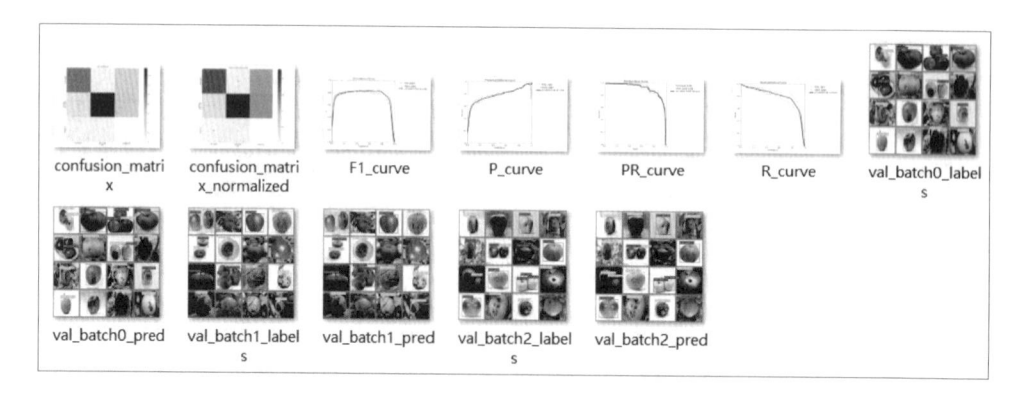

步驟四：測試你自己訓練的 YOLO 模型

Python 程式：ch11-2\Step4_YOLO_model_object_detection.py 就是載入步驟三的 best.pt 模型檔來執行 YOLO 物體偵測，使用的測試圖檔是第 6 行的 apple-01.jpg，如右圖所示：

訓練你自己的 YOLO 物體偵測模型　**11**

```
Step4_YOLO_model_object_detection.py
1  from ultralytics import YOLO
2  import cv2
3  import torch
4
5  # 圖檔路徑
6  input = "../images/apple-01.jpg"
7  # ----------------------------------------
```

Python 程式的執行結果，可以看到準確度是 97%，如下圖所示：

11-13

11-3 在 Node-RED 使用 YOLO 預訓練模型

Node-RED 的 node-red-contrib-yolov8 節點支援 YOLO 物體偵測的預訓練模型，使用的是 ONNX 格式（請注意！如果 Node.js 版的 onnx-runtime 啟動發生錯誤，請升級你的 Windows 作業系統）。

目前 node-red-contrib-yolov8 節點的版本是筆者協助開發的版本，除了支援 YOLOv8 預訓練模型的物體偵測外，也支援執行第 11-2 節客製化 YOLO 模型的推論，這部分的說明請參閱第 11-4 節。

11-3-1 使用 Node-RED 的 yolov8 節點

在 Node-RED 流程只需新增【obj detection】節點，並且將影像 Buffer 使用 msg.payload 屬性送入此節點，就可以執行 YOLO 物體偵測，在 YOLO 預訓練模型能夠偵測 80 種分類的物體（請參考「ch11\classes.txt」）。在此節點的「屬性」視窗可以指定物體偵測的相關參數，如下圖所示：

📁 Model Path	Optional: Path to model directory
# Top-K	3
🔲 IoU Threshold	0.45
★ Confidence Threshold	0.25

上述欄位的屬性說明，如下所示：

- Model Path：客製化 YOLOv8 模型所在的路徑，可以設定模型檔的存放路徑，如果沒有指定，就是使用 YOLOv8 預訓練模型。

- Top-K：回傳偵測結果前幾個最高可能性（信心指數）的物體。預設值 1 只會回傳最高可能性的物體，以此例的值 3 可以回傳最高可能性的前 3 個偵測結果（前 3 個最高，但不一定是 3 種分類，因為前幾個最高的物體有可能是同一種分類）。
- IoU Threshold（IoU 的閾值）：IoU 代表交集除以聯集，此參數值是用來過濾掉重疊的邊界框，以此例的值 0.45，表示當兩個偵測到物體的邊界框重疊度高於此閾值時，就會採用非極大值抑制（NMS）演算法保留信心指數較高的框，可以刪除重複的偵測結果。簡單的說，其目的是確認邊界框是同一個物體的不同預測，還是屬於兩個不同的物體。
- Confidence Threshold（信心指數的閾值）：偵測結果的最低信心指數，值 0.25，表示只有信心指數高於 25% 的偵測結果才會被保留，低於此值的偵測結果就會被視為雜訊而忽略掉。

Node-RED 流程：ch11-3-1.json 是使用 file inject 節點來選擇圖檔，請點選 file inject 節點前的按鈕開啟對話方塊，選擇「ch11\images」目錄的 people.jpg 圖檔，即可看到預覽影像，和 YOLO 偵測結果註記的影像（在 obj detection 節點下方的 2 detected，表示偵測到 2 種分類），如下圖所示：

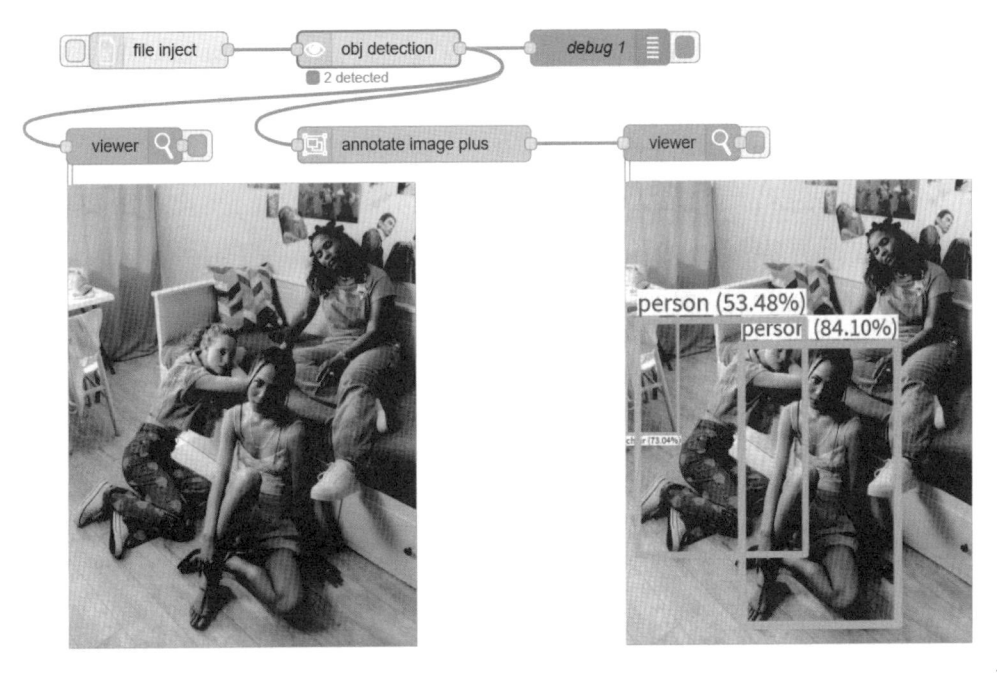

在「除錯窗口」標籤可以看到 msg 物件的內容,如下圖所示:

```
msg : Object
▼object
 ▶payload: buffer[44952]
  filename: "people.jpg"
  mimetype: "image/jpeg"
  _msgid: "067e97e963268fb9"
 ▼detected: array[2]
   0: "person"
   1: "chair"
 ▼annotations: array[3]
  ▶0: object
  ▶1: object
  ▶2: object
```

上述 msg.detected 屬性的陣列是偵測到的分類數,有 2 種;msg.annotations 屬性是標註資料,共偵測到 3 個物體(即 Top-K 欄位數)。Node-RED 流程的節點說明,如下所示:

- file inject 節點:預設值。
- obj detection 節點:使用本節前說明的參數值。
- 第 1 個 viewer 節點:顯示選取圖檔的影像,Width 寬度是 300。
- annotate image plus 節點:使用 msg.annotations 屬性值來標註影像,可以顯示 3 個物體的邊界框和分類名稱,在分類名稱後是可能性的信心指數。
- 第 2 個 viewer 節點:顯示偵測結果的標註影像,Width 寬度是 300。

11-3-2 取得物體偵測結果的資訊

在 node-red-contrib-yolov8 節點偵測結果的 msg 物件有多個屬性,msg.payload 是影像內容,我們是使用 msg.annotations 屬性來取得偵測結果,在上一節的偵測結果是 3 個元素的陣列，表示偵測到 3 個物體，每一個陣列元素是一個偵測到的物體，其內容如下所示：

```
{
  "type": "rect",
  "label": "person (84.10%)",
  "classId": 0,
  "className": "person",
  "probability": 0.8409948348999023,
  "bbox": [
    137.2492254972458,
    189.5472847223282,
    188.06550335884094,
    324.09652495384216
  ]
}
```

上述 classId 是分類索引（從 0 開始）；className 是分類名稱，probability 是信心指數的可能性，bbox 是邊界框座標（x, y, w, h）。

Node-RED 流程：ch11-3-2.json 就是使用上述 JSON 資料來取出偵測結果最高的分類名稱與可能性，即 msg.annotations[0]，如下所示：

```
msg.annotations[0].className
msg.annotations[0].probability
```

請點選 file inject 節點，選擇「ch11\images」目錄的 dog.jpg 圖檔，即可看到預覽影像，和 YOLO 偵測結果註記的影像，switch 節點可以判斷是否有偵測到物體，如下圖所示：

11-17

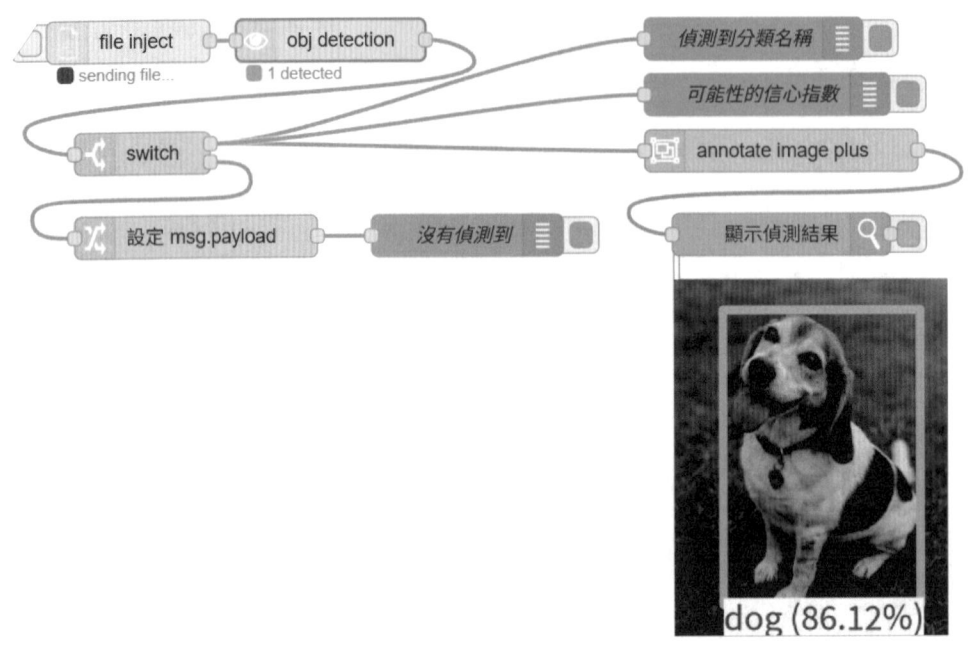

在「除錯窗口」標籤可以看到分類名稱與可能性，如下圖所示：

Node-RED 流程的節點說明，如下所示：

- file inject 節點：預設值。
- obj detection 節點：預設值。
- switch 節點：條件是判斷 msg.annotations 陣列長度（length屬性）是否不等於 0，就可以知道是否有偵測到物體，如下圖所示：

訓練你自己的 YOLO 物體偵測模型　11

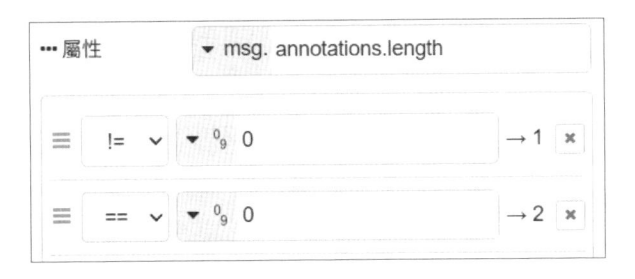

```
••• 屬性          ▼ msg. annotations.length

≡   != ▼  ⁰⁹ 0                          → 1  ✕

≡   == ▼  ⁰⁹ 0                          → 2  ✕
```

- change 節點：如果沒有偵測到，就使用 change 節點指定輸出訊息文字，如下圖所示：

```
       設定        ▼   ▼ msg. payload
≡                                            ✕
       to the value  ▼ ᵃ_z no detection
```

- 下方的 debug 節點：顯示沒有偵測到的訊息文字。
- 上方的 2 個 debug 節點：如果有偵測到，就使用 2 個 debug 節點來分別顯示下列 2 個屬性值的分類名稱與可能性，如下所示：

```
msg.annotations[0].className
msg.annotations[0].probability
```

- annotate image plus 節點：如果有偵測到，就使用 msg.annotations 屬性值來標註影像。
- viewer 節點：顯示偵測結果的標註影像，Width 寬度是 200。

11-3-3 計算出偵測到的物體種類與數量

Node-RED 流程只需取得 msg.detected 屬性的陣列長度，就可以計算出偵測到的物體種類數，然後透過走訪 msg.annotations 標註資料陣列，即可計算出指定分類的偵測物體數量，例如：在影像中偵測到幾個人。

11-19

Node-RED 流程：ch11-3-3.json 可以計算偵測結果的分類數和人數（這是在 change 節點指定分類名稱和信心指數來進行計數），請點選 file inject 節點，選擇「ch11\images」目錄的 people.jpg 圖檔，即可看到偵測結果的註記影像，如下圖所示：

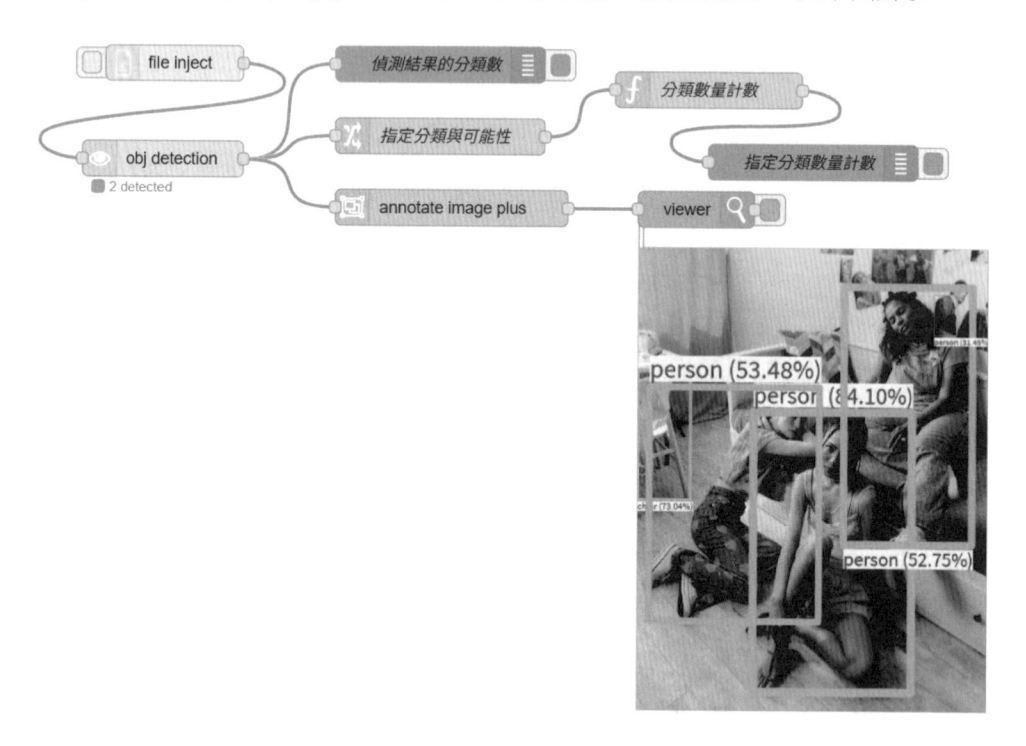

在「除錯窗口」標籤可以看到分類數是 2；共有 3 個人，如下圖所示：

Node-RED 流程的節點說明，如下所示：

- file inject 節點：預設值。

訓練你自己的 YOLO 物體偵測模型

- obj detection 節點：Top-K 參數值是 10，最多可偵測到 10 個物體。
- 第 1 個 debug 節點：使用 msg.detected 陣列計算分類數，如下所示：

```
msg.detected.length
```

- change 節點：指定準備計數的分類名稱（msg.topic）和信心指數的閾值（msg.prob），如下圖所示：

- function 節點：JavaScript 程式碼首先指定分類名稱和可能性的預設值，然後在第 6 行和第 8 行判斷是否有設定 msg.topic 和 msg.prob 屬性值，如果有，就更新分類名稱和可能性，如下圖所示：

```javascript
1  // 設定欲統計的分類和信心指數
2  var className = "person";    // 您可以根據需要更改為任何類別
3  var probability = 0.9;        // 請更改信心指數的門檻
4
5  // 設定欲統計的類別 - 如果msg.topic不是空的，使用msg.topic作為目標分類
6  var targetClass = (msg.topic && msg.topic !== "") ? msg.topic : className;
7  // 設定信心指數的門檻 - 如果msg.prob不是空的，使用msg.prob作為信心指數的門檻
8  var targetProb = (msg.prob && msg.prob !== "") ? msg.prob : probability;
9  // 初始化計數器
10 var count = 0;
11 // 檢查是否有偵測到的物體陣列
12 if (msg.annotations && Array.isArray(msg.annotations)) {
13     // 走訪annotations陣列並統計指定分類的數量，並且需超過指定的信心指數門檻
14     for (var i = 0; i < msg.annotations.length; i++) {
15         if (msg.annotations[i].className === targetClass &&
16             msg.annotations[i].probability >= targetProb) {
17             count++;
18         }
19     }
20 }
21 var new_msg = {};
22 // 顯示統計訊息
23 new_msg.payload = count;
24 new_msg.topic = targetClass;
25
26 return new_msg;
```

11-21

上述第 10 行初始計數，在第 12～20 行的 if 條件判斷是否有偵測到物體，有，就使用第 14～19 行的 for 迴圈走訪 msg.annotations 陣列的每一個元素，即可在第 15～18 行的 if 條件判斷是否是指定分類且超過可能性，如果是，就將計數加 1。

- 第 2 個 debug 節點：顯示 msg.payload 指定分類的計數值。
- annotate image plus 節點：使用 msg.annotations 屬性值來標註影像。
- 第 2 個 viewer 節點：顯示偵測結果的標註影像，Width 寬度是 300。

11-4 整合應用：在 Node-RED 使用 YOLO 客製化模型

Node-RED 的 node-red-contrib-yolov8 節點支援 ONNX 格式的模型，我們需要將第 11-2 節訓練出的 YOLO 客製化模型（.pt）轉換成 ONNX 格式後，就可以在 Node-RED 節點執行 YOLO 模型的推論。

11-4-1 將 YOLO 模型轉換成 ONNX 格式

ONNX（Open Neural Network Exchange）是一個開放標準來描述機器學習和深度學習的模型檔，此標準是 Microsoft 和 Facebook 合作開發，其目的是幫助開發者在不同框架和平台之間，能夠更方便的共享和運行模型，特別適合使用在邊緣 AI。

ONNX 支援 PyTorch、TensorFlow 和 Scikit-learn 等框架，並且提供工具來進行模型之間的轉換。在 Python 開發環境需要安裝 ONNX 相關套件（fChartEasy 套件已經安裝），其命令如下所示：

```
pip install onnx==1.17.0 Enter
pip install onnxruntime==1.21.0 Enter
pip install onnxslim==0.1.48 Enter
```

在這一節的 Python 工具程式可以將 PyTorch 模型轉換成 ONNX 格式，並且自動建立 classes.txt 分類名稱檔案。

步驟一：複製 YOLOv8 客製化模型的 best.pt 模型檔

請將第 11-2 節訓練結果 YOLO 客製化模型的 best.pt 檔複製至「ch11\ch11-4-1」目錄，如下圖所示：

```
> ch11 > ch11-4-1
  名稱
  best.pt
  Step2_convert2onnx
```

步驟二：將 YOLO 模型轉換成 ONNX 格式

Python 程式：ch11-4-1\Step2_convert2onnx.py 可以轉換模型和建立分類名稱檔 classes.txt，我們只需修改第 7 行 YOLO 模型檔的路徑，就可以將此路徑的 YOLO 模型轉換成 ONNX 格式，如下圖所示：

```python
from ultralytics import YOLO
import torch
import numpy as np
import random
import os

modelPath = "best.pt"    # YOLOv8客製化模型檔的路徑
# -----------------------------------------
```

Python 程式的執行結果顯示已經成功轉換且建立 best.onnx 和 classes.txt 檔案，如下所示：

```
Results saved to C:\AIoT\ch11\ch11-4-1
Predict:         yolo predict task=detect model=best.onnx imgsz=640
Validate:        yolo val task=detect model=best.onnx imgsz=640 data
=D:\Python_AI_Programming\YOLO_Custom\Apple_Detection\data.yaml
Visualize:       https://netron.app
{0: 'fresh_apple', 1: 'rotten_apple'}
成功匯出 best.pt 成 best.onnx ，並且建立 classes.txt...
```

步驟三：建立客製化 YOLO 模型的目錄

最後，請將轉換成 ONNX 格式的 best.onnx 模型檔和 classes.txt 分類名稱檔案都複製至「ch11\AppleModel」目錄，就完成客製化 YOLO 模型的目錄建立，如下圖所示：

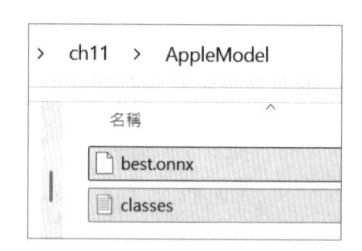

11-4-2 在 Node-RED 使用 YOLO 客製化模型

我們只需將第 11-3-1 節的 Node-RED 流程改成 ch11-4-2.json 後，修改【obj detection】節點的屬性，指定【Model Path】欄位的模型目錄是「C:\AIoT\ch11\AppleModel」，即可使用此目錄的 YOLO 客製化模型來執行物體偵測，如下圖所示：

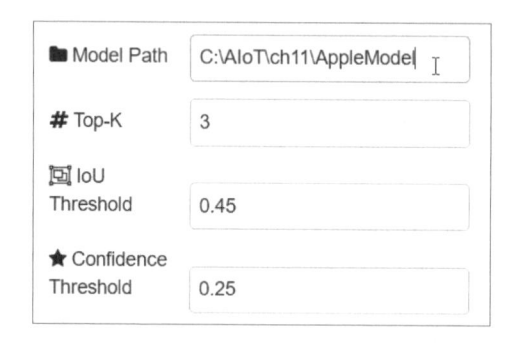

在部署流程後，請點選 file inject 節點，選擇「ch11\images」目錄的 apple-03.jpg 圖檔，即可看到預覽影像，和 YOLO 偵測結果註記的影像，如右圖所示：

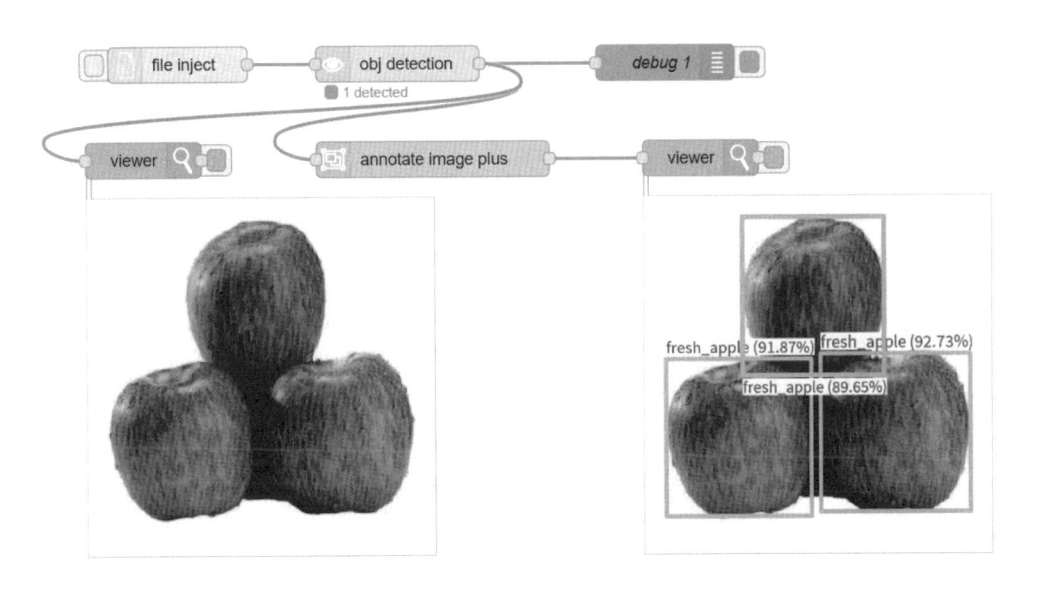

選擇 apple-04.jpg 圖檔的 YOLO 偵測結果，如下圖所示：

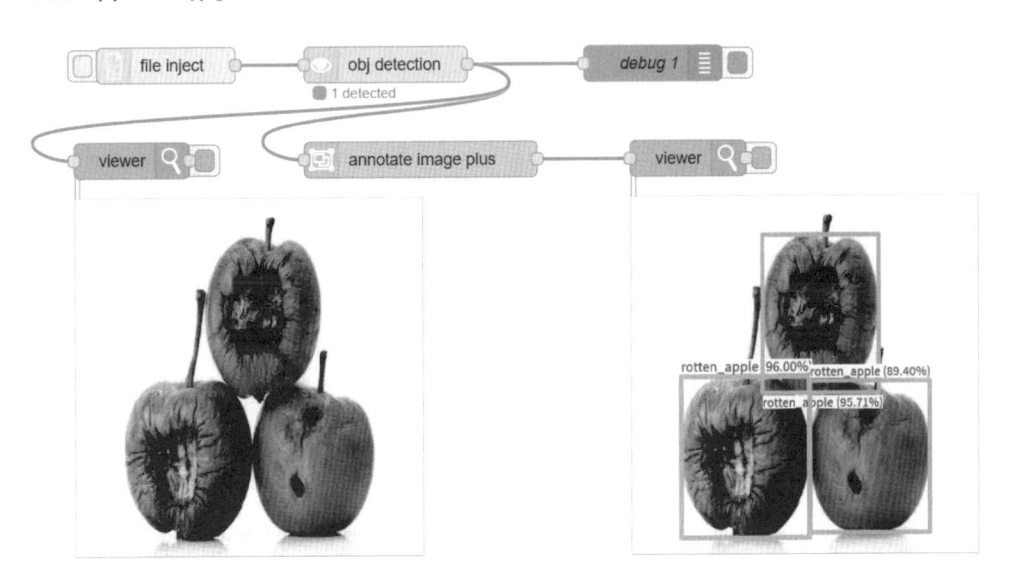

請注意！當我們將 YOLO 的 PyTorch 模型轉換成為 ONNX 格式後，有可能會出現準確度下降或發生錯誤分類，這是常見的情況，基本上，準確度下降 1-3%（絕對下降）在一般應用是可接受範圍，但仍然需依應用場景的需求而定。

學習評量

1. 請問訓練 YOLO 客製化模型所需資料集的目錄結構為何？

2. 請簡單說明什麼是 data.yaml 檔案？其內容提供什麼資訊？

3. 請問 Node-RED 如何執行 YOLO 客製化模型的推論？其使用的模型檔格式是什麼？

4. 請自行搜尋 Roboflow Universal 找到一個 YOLO 資料集，在下載 YOLOv8 版資料集後，參考第 11-1 節的步驟整理和瀏覽 Roboflow Universal 資料集，即可使用第 11-2 節的步驟來訓練出你自己的 YOLO 物體偵測模型。

5. 請修改第 11-4-2 節的 Node-RED 流程，可以執行學習評量 4. 訓練出的 YOLO 客製化模型。

CHAPTER 12

Node-RED+LLM 生成式 AI 應用

- ▶ 12-1 認識生成式 AI 與 LLM
- ▶ 12-2 使用 OpenAI 的 ChatGPT API
- ▶ 12-3 LLM API 服務：Groq API
- ▶ 12-4 使用 Ollama 打造本機 LLM
- ▶ 12-5 整合應用：在 Node-RED 儀表板使用 LLM

12-1 認識生成式 AI 與 LLM

「生成式 AI」（Generative AI）是目前當紅的資訊科技，其背後的大腦就是「大型語言模型」（Large Language Model，LLM），LLM 替生成式 AI 提供語言理解與生成的能力。

生成式 AI

生成式 AI 是一種能夠根據輸入內容，自動產生出文字、影像、音樂和程式碼等創作的技術。例如：我們可以透過生成式 AI，撰寫一篇文章、設計一幅圖案，或撰寫一段程式碼等。

生成式 AI 的運作原理是依靠 LLM 大型語言模型的機器學習模型，主要是使用深度學習技術，可以從大量資料中學習結構與模式，然後，依據這些模式來產生新的內容，目前這些技術已經廣泛運用在聊天機器人、語音生成、內容創作與資料增強等領域，而且已經替各行各業帶來各種不同的創新解決方案。

LLM 大型語言模型

LLM 大型語言模型就是一種自然語言處理（NLP），這是透過學習巨量的文字資料，來掌握語言結構和內容邏輯，進而建立出對人類語言的深刻理解，然後，LLM 就可以將這些學習的知識應用在生成各種形式的內容，例如：文字、對話、影像或程式碼等。

基本上，LLM 可以執行多種與語言相關的任務，例如：文字生成、翻譯、摘要和情感分析等。LLM 能夠根據輸入文字，稱為提示詞（Prompts）來提供合適的回答，模擬出人性化的對話內容。

事實上，生成式 AI 就是依賴 LLM 作為核心技術，目前 LLM 的發展不僅提升了 AI 的溝通能力，更讓自然語言處理更貼近於我們使用的真實語言。例如：ChatGPT 等聊天機器人就是使用 LLM 分析使用者的提問，並且產生回應內容。

12-2 使用 OpenAI 的 ChatGPT API

OpenAI 公司是在 2023 年 3 月初釋出官方版本的 ChatGPT API，可以讓我們透過 API 來使用 GPT 模型的生成式 AI。在 Node-RED 使用 ChatGPT API 前，我們需要註冊成付費帳號和取得 API Key。

12-2-1 註冊 OpenAI 付費帳號和取得 API Key

OpenAI 帳號需要設定成付費帳號後，才能呼叫 ChatGPT API，其費用是以 Tokens 為單位，1000 個 Tokens 大約等於 750 個單字，其費用詳情請參考 https://openai.com/pricing 網頁。

設定 OpenAI 付費帳號

請啟動瀏覽器進入 https://chatgpt.com/ 的 ChatGPT 登入首頁，然後按左下角【註冊】鈕註冊 OpenAI 帳號，就可以登入 OpenAI 平台 https://platform.openai.com/ 首頁後，點選右上方【Settings】設定圖示來設定成為 OpenAI 付費帳號，如下圖所示：

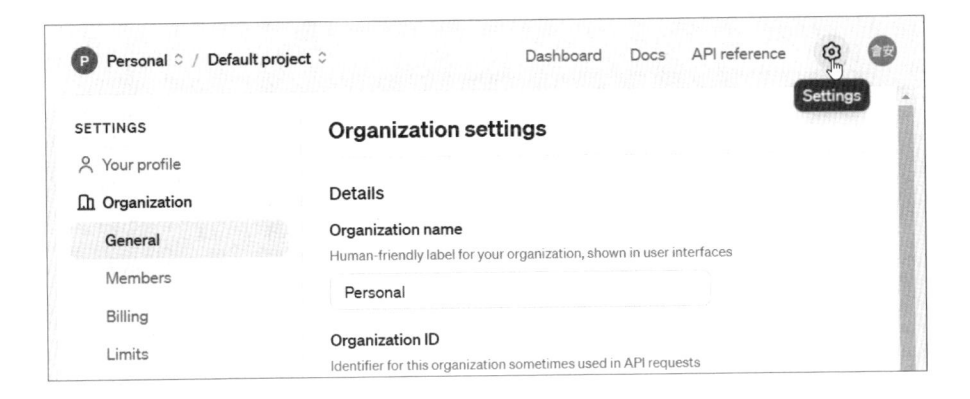

在左邊選【Billing】後，按【Add payment details】鈕，即可選擇 Individual 個人或 Company 公司後，輸入付款的信用卡資料來成為付費帳號，並且需要預付美金 $5～$95 元，而且啟用 Auto recharge，如下圖所示：

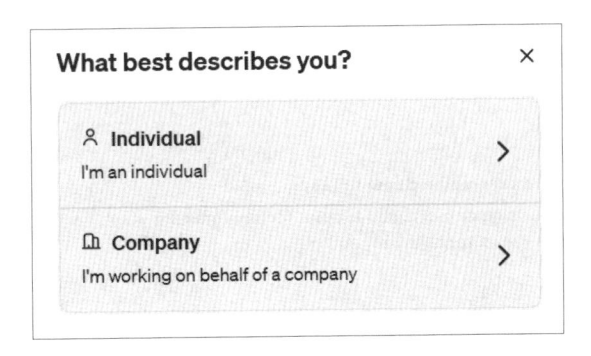

取得 OpenAI 帳號的 API Key

在設定成付費帳號後,只需登入 OpenAI 帳號,就可以產生和取得使用 ChatGPT API 的 API Key,其產生和取得步驟,如下所示:

Step 1 請啟動瀏覽器登入 https://platform.openai.com/assistants 的 OpenAI 的 Dashboard 頁面後,點選左方 API keys 命令(Usage 命令可以查詢目前的用量)。

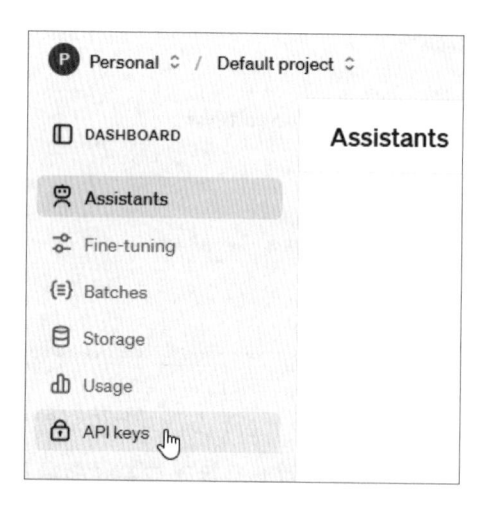

Step 2 按右上角【 + Create new secret key 】鈕產生 API Key。

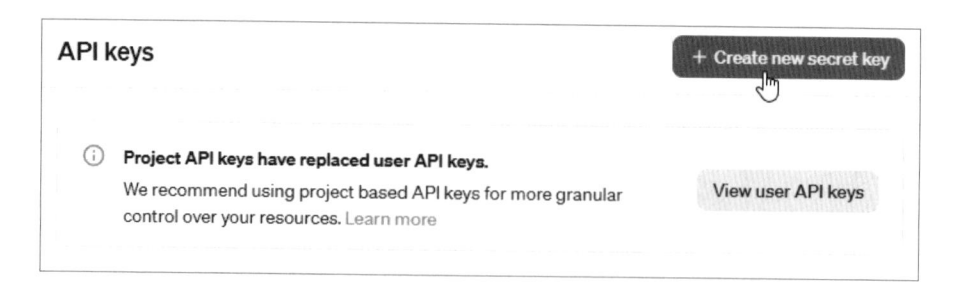

`Step 3` 在輸入名稱後，按【Create secret key】鈕產生 API Key。

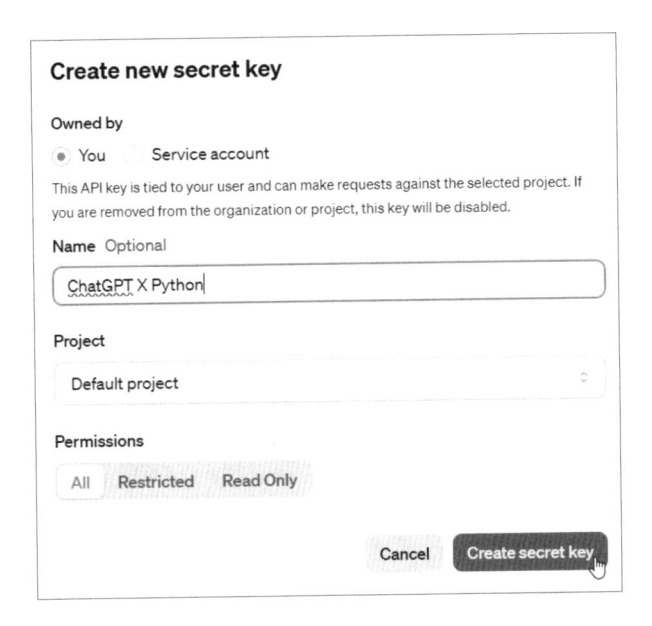

`Step 4` 可以看到產生的 API Key，因為只會產生一次，請記得按欄位後【Copy】鈕複製和保存好 API Key 後，按【Done】鈕。

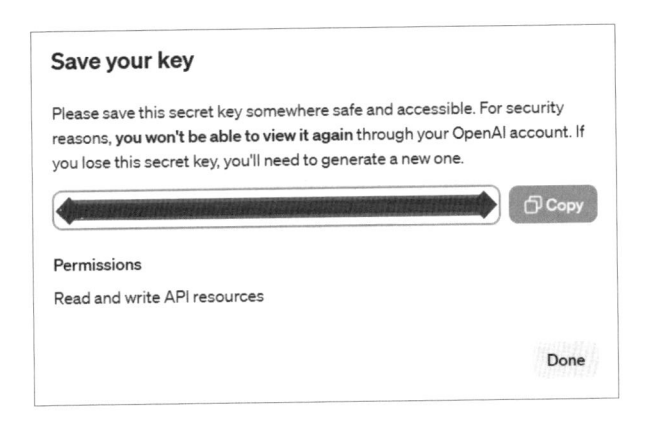

在「API Keys」區段可以看到我們產生的 SECRET KEY 清單，如下圖所示：

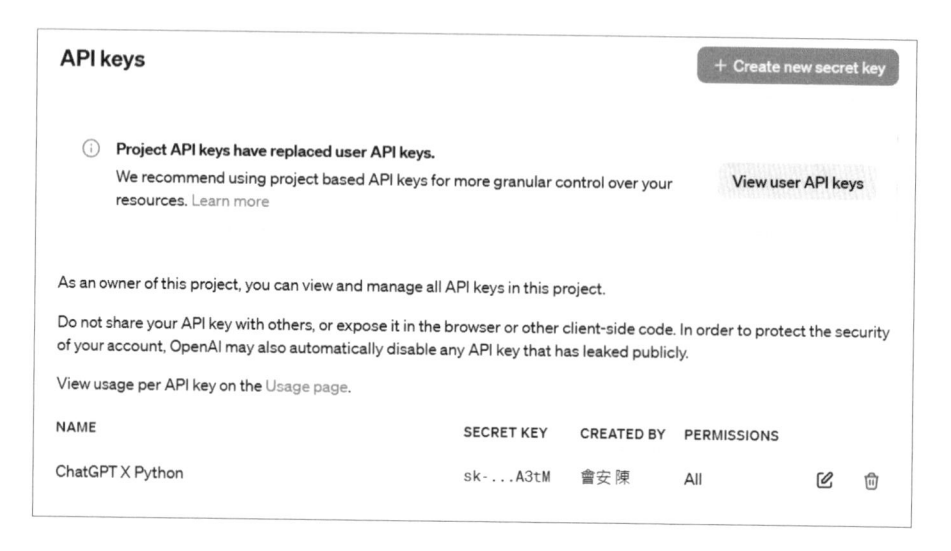

上述 API Keys 並無法再次複製，如果忘了或沒有複製 API Key，我們只能先重新產生一次 API Key 後，再點選舊 API Key 之後的垃圾桶圖示來刪除舊的 API Key。

12-2-2 在 Node-RED 流程呼叫 ChatGPT API

當取得 API KEY 後，我們就可以整合 Node-RED 流程和 ChatGPT API 來建立相關的生成式 AI 應用，在本書是使用 OpenAI API 節點（在【節點管理】是安裝 @inductiv/node-red-openai-api 節點）來呼叫 ChatGPT API，如下圖所示：

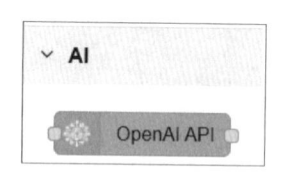

新增 Service Host 配置節點

在 Node-RED 流程使用 OpenAI API 節點之前，我們需要先設定 OpenAI API 服務，即設定 API Key，其步驟如下所示：

Step 1 從「AI」區後拖拉【OpenAI API】節點至編輯區域後，開啟屬性視窗，按【Service Host】欄後的【+】鈕，新增 Service Host 配置節點。

Step 2 在【API Key】欄位填入第 12-2-1 節取得的 API Key 字串，【Name】欄輸入節點名稱【ChatGPT API】，按上方【添加】鈕新增配置節點。

在 Node-RED 流程呼叫 ChatGPT API：ch12-2-2.json

我們只需將訊息送入 OpenAI API 節點，就可以呼叫 ChatGPT API 來取得回應，其訊息結構是由下列幾個部分所組成，如下所示：

- model 參數：指定使用的 GPT 模型，例如："gpt-4-turbo"、"gpt-4" 或 "gpt-3.5-turbo"。
- messages 參數：此參數是 JSON 物件陣列，每一個訊息是一個 JSON 物件，擁有 2 個鍵，role 鍵是角色；content 鍵是訊息內容，如下所示：

```
{
    "role": "user",
    "content": "請解釋ChatGPT API的訊息結構。"
}
```

上述每一個訊息可以指定三種 role 角色，在 role 鍵的三種角色值說明，如下表所示：

角色	說明
"system"	此角色是用來設定對話的背景或初始條件，可以告訴 GPT 表現出的回應行為或規則
"user"	這個角色就是你的問題，可以是單一字典，也可以是多個字典串列的訊息
"assistant"	此角色是助理，可以協助 GPT 模型來進行回應，在實作上，可以將上一次對話的回應內容，再送給語言模型，如此 GPT 就會記得上一次聊了些什麼

完整 messages 是一個 JOSN 物件陣列，如下所示：

```
[
    {"role": "system", "content": "你是一個天氣的AI助手。"},
    {"role": "user", "content": "今天的天氣如何？"}
]
```

- max_tokens 參數：GPT 回應的最大 Tokens 數的整數值。
- temperature 參數：控制 GPT 回應的隨機程度，其值是 0~2（預設值是 1），值愈高回應的愈隨機，ChatGPT 愈會亂回答。

ChatGPT 的回應是 JSON 資料的 JSON 物件，我們可以使用 choice[0] 來取出回應內容，如下所示：

```
msg.payload.choices[0].message.content
```

Node-RED 流程：ch12-2-2.json 是在 inject 節點指定 msg.topic 的提示詞字串，當點選 inject 節點，就可以建立訊息的 JSON物件來呼叫 ChatGPT API，可以在「除錯窗口」標籤看到 ChatGPT 的回應內容，其執行結果如下圖所示：

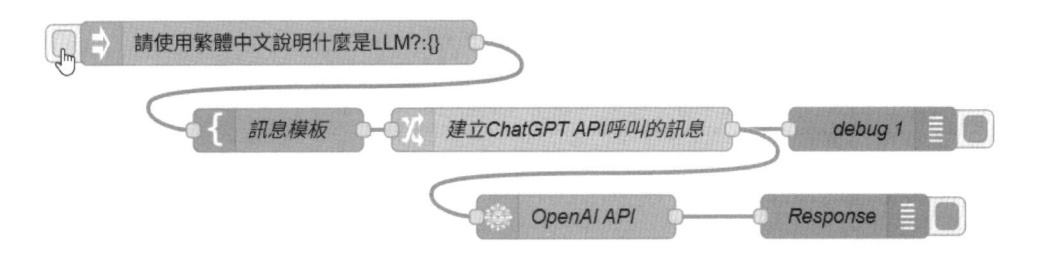

在「除錯窗口」標籤首先看到的是 msg.payload 的內容，這是我們送出的訊息，如下圖所示：

```
2025/4/12 下午1:35:15   node: debug 1
[object Object] : msg.payload : Object
▼ object
    model: "gpt-4-turbo"
    max_tokens: 1024
  ▼ messages: array[1]
    ▼ 0: object
        role: "user"
      ▼ content: array[1]
        ▼ 0: object
            type: "text"
            text: "請使用繁體中文說明什麼是LLM?"
```

12-9

然後看到 ChatGPT 的回應內容，說明什麼是 LLM，如下圖所示：

```
2025/4/12 下午1:35:26   node: Response
[object Object] : msg.payload.choices[0].message.content : string[373]
▶ "LLM 是「Large Language Model」的縮寫，中文意為
「大型語言模型」。這類模型是人工智慧領域的一種技術，
主要用於處理和生成人類語言。LLM 通常基於機器學習，特
別是深度學習技術來訓練大量的文本數據，從而具備了理解
和生成自然語言文本的能力。↵↵LLM 例如 OpenAI 的 GPT
(Generative Pre-trained Transformer) 系列模型，
能夠執行多種語言任務，如文本生成、翻譯、文本摘要、情
感分析等。這些模型在接受大量文字資料的訓練後，能學習
到語言的結構和語義，進而能夠創造出具有一定語境連貫性
和語法正確的文本。↵↵LLM 的應用範圍廣泛，包括客服機
器人、自動內容創作、法律文本分析、醫療記錄分析等領
域。隨著技術的進步，這些模型的語言處理能力越來越接近
甚至超過人類的水平，開創了許多新的可能性和機會。"
```

Node-RED 流程的節點說明，如下所示：

- inject 節點：送出 msg.payload 是一個空的 JSON 物件；msg.topic 是提示詞字串，如下圖所示：

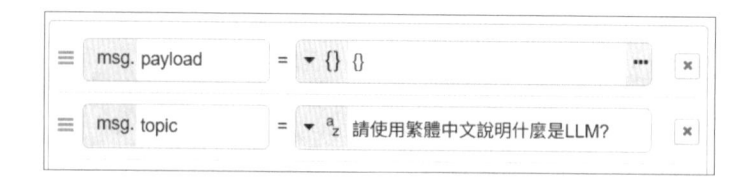

```
≡  msg. payload    =  ▼ {} {}                                   ...  ×
≡  msg. topic      =  ▼ ᵃz 請使用繁體中文說明什麼是LLM?              ×
```

- template 節點：使用 msg.topic 建立模版的訊息內容，如下圖所示：

```
••• 屬性        ▼ msg. topic
🔲 模版                              語法高亮: mustache       ⤢

 1  [
 2    {
 3      "role": "user",
 4      "content": [
 5        {
 6          "type": "text",
 7          "text": "{{topic}}"
 8        }
 9      ]
10    }
11  ]
12
```

- change 節點：建立本節前說明的完整 ChatGPT 訊息，model、messages 和 max_tokens 都是 msg.payload 的屬性，如下圖所示：

設定	msg. payload.model
to the value	gpt-4-turbo

設定	msg. payload.max_tokens
to the value	1024

設定	msg. payload.messages
to the value	msg. topic
	☐ Deep copy value

- 上方的 debug 節點：預設值，可以顯示送出的訊息。
- OpenAI API 節點：使用 msg.payload 屬性值的訊息來呼叫 ChatGPT API，【Service Host】欄位是之前新增的配置節點，【Method】欄位請選【create chat completion】，如下圖所示：

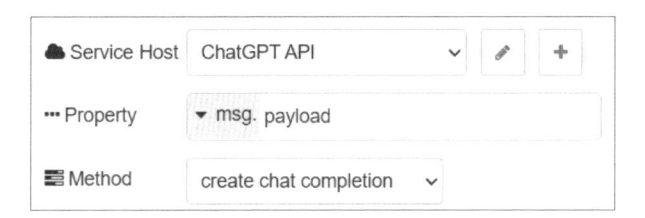

☁ Service Host	ChatGPT API
⋯ Property	msg. payload
☰ Method	create chat completion

- 下方的 debug 節點：顯示 ChatGPT 回應的內容，如下所示：

`msg.payload.choices[0].message.content`

12-3　LLM API 服務：Groq API

Groq API 是一種基於 LLM 的 API 服務，目前仍然是一個有提供免費服務的線上開源語言模型平台，其使用的是自行研發的 LPU（Language Processing Unit），而非 GPU，可以使用更少的硬體資源，提供更佳的推論速度。

不只如此，Groq Cloud 目前還提供有兼容 ChatGPT API 的免費 API，可以讓開發者建立 Node-RED 流程來高效率的生成文字內容，和進行自然語言處理。

12-3-1　Groq Cloud 的基本使用

目前 Groq Cloud 仍然提供有免費的測試帳號，請直接使用 Google 或 GitHub 帳號來註冊與登入 Groq Cloud。

▌註冊與登入 Groq Cloud 帳號

我們準備使用 Google 帳號來註冊 Groq Cloud 的免費測試帳號，其步驟如下所示：

Step 1　請啟動瀏覽器進入 https://console.groq.com/login 網頁後，按【Login with Google】鈕，就可以使用 Google 帳號來註冊與登入 Groq Cloud，如下圖所示：

Step 2 在選擇 Google 帳號（如果有多個帳號）後，按【繼續】鈕，就可以註冊且登入 Groq Cloud，在左邊選【Billing】項目，可以看到目前的帳號是 Free 免費帳號，如下圖所示：

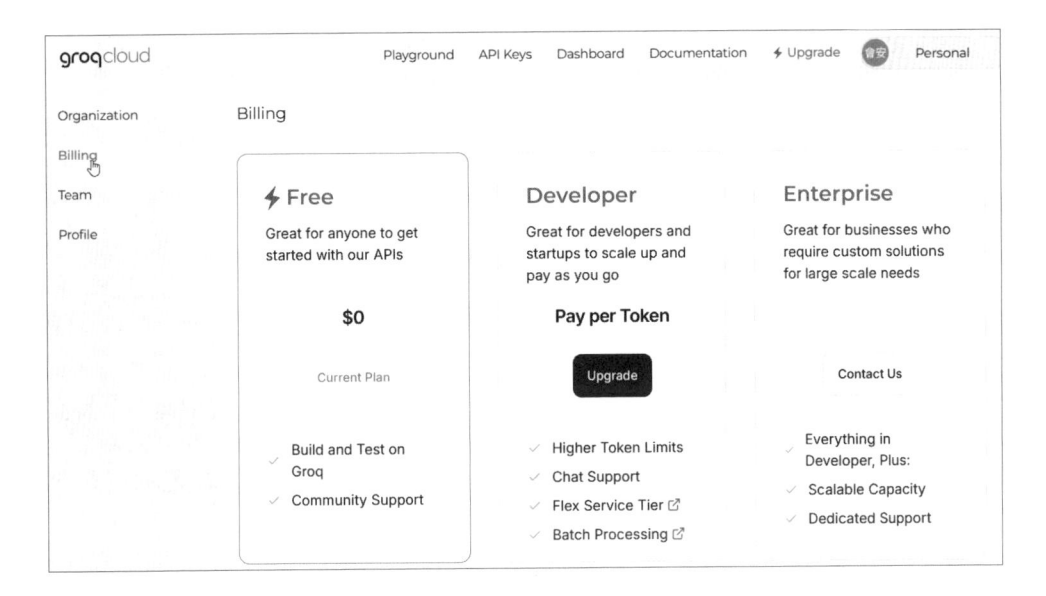

Groq Cloud 的基本使用

在成功登入 Groq Cloud 後，就可以馬上在 Playground 使用 LLM 大型語言模型，例如：DeepSeek，其步驟如下所示：

Step 1 請在上方選【Playground】後，在下拉式選單選擇使用的模型，例如：DeepSeek R1 Distill Llama 70B 模型，如下圖所示：

```
Playground          Chat   Studio                    Llama 3 70B

        DeepSeek R1 Distill Llama 70B              🔍 Search Models...
 SYS
        deepseek-r1-distill-llama-70b              Alibaba Cloud
                                                   QwQ 32B
        PRICING     Input Token   Output Token
                    $0.75         $0.99            DeepSeek / Meta
                    1.33M / $1    1.01M / $1       DeepSeek R1 Distill Llama 70B

        LIMITS      Requests                       Google
                    30 / minute                    Gemma 2 Instruct
                    1k / day
                                                   Groq
                                                   Compound Beta

        RELEASED    January 27, 2025

 USER         User Message...
```

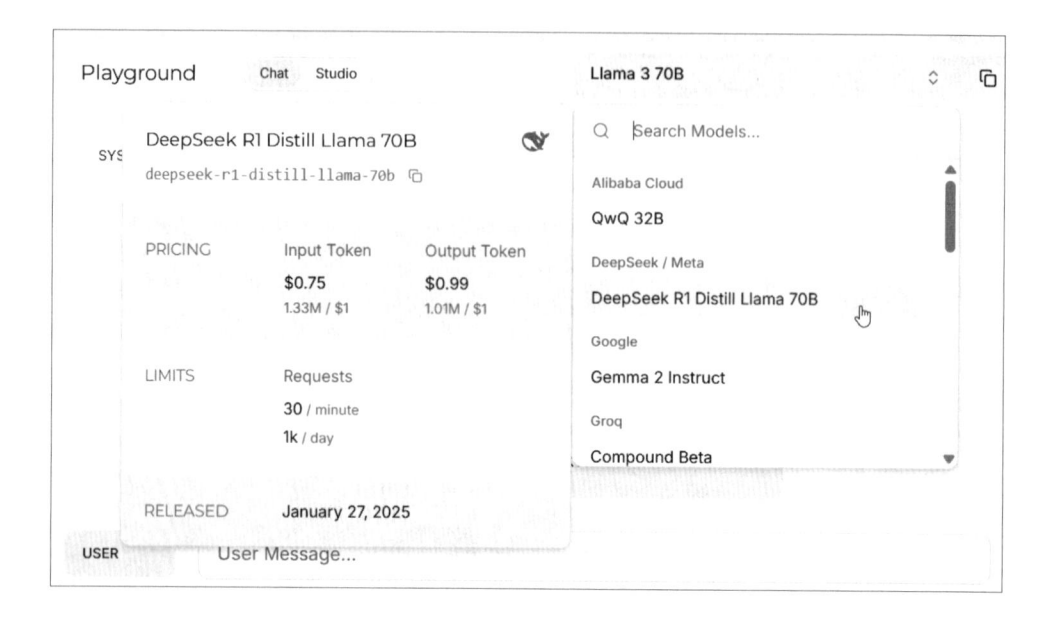

Step 2 在選好模型後，我們還可以進一步在右方的側邊欄，設定模型的相關參數，如下圖所示：

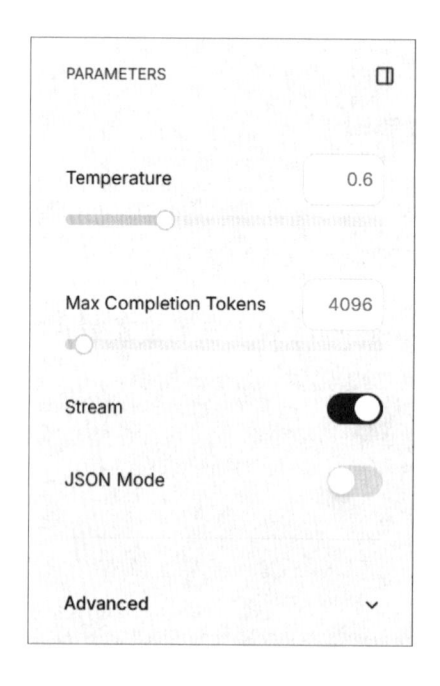

```
            PARAMETERS

            Temperature              0.6
            ●━━━━━━━━━━

            Max Completion Tokens    4096
            ●━━

            Stream                   ⬤

            JSON Mode                ◯

            Advanced                 ⌄
```

Step 3 請在下方欄位輸入提示詞「請使用繁體中文和台灣用語來說明如何使用 Groq API？」後，按【Submit】鈕，就可以開始和 LLM 進行對話聊天。

Step 4 在上方可以看到 LLM 的回應內容，如下圖所示：

12-3-2 使用 Node-RED 呼叫 Groq API

在 Node-RED 流程呼叫 Groq API 之前，如同 OpenAI API，我們需要先取得 API Key 金鑰。

登入 Groq Cloud 取得 API Key

在完成註冊且登入 Groq Cloud 後，我們就可以產生和取得 API Key，其步驟如下所示：

Step 1 請在上方選【API Keys】後，按【Create API Key】鈕產生 API Key。

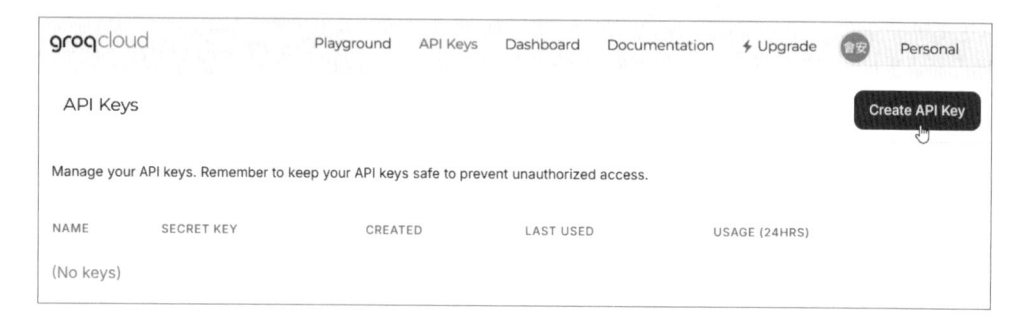

Step 2 在欄位輸入 API Key 的顯示名稱後，按【Submit】鈕。

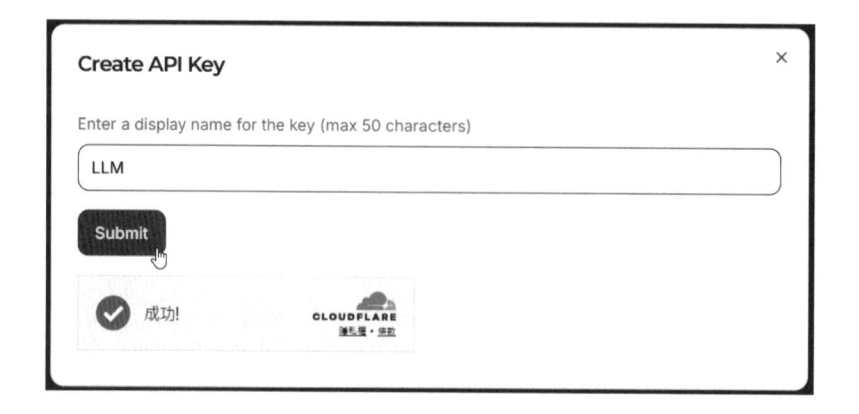

Step 3 可以看到產生的 API Key 字串，請按【Copy】鈕複製到剪貼簿（請注意！API Key 不會再次顯示）後，按【Done】鈕繼續。

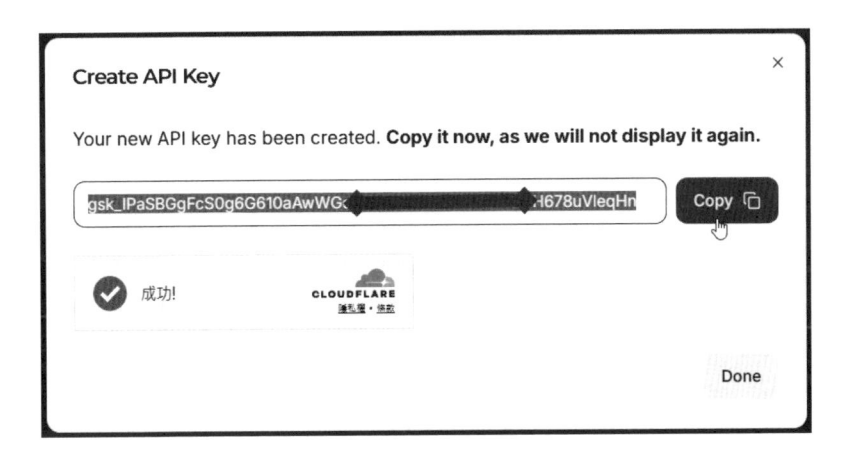

Step 4 可以看到 Groq Cloud 帳號建立的 API Key 清單，如下圖所示：

取得 LLM 模型的 model id

在 Groq Cloud 的 Playground 選【Llama 3 70B】模型後，請點選游標所在的複製圖示，就可以複製取得模型編號 model id，如下圖所示：

現在，我們可以取得此模型的 model id，如下所示：

```
llama3-70b-8192
```

在 Node-RED 流程呼叫 Groq API：ch12-3-2.json

當取得 Groq API 的 API KEY 和 model id 後，就可以使用 Node-RED 流程呼叫 Groq API 來建立 LLM 的相關應用，在本書是在【節點管理】安裝 node-red-contrib-croq-api 節點來呼叫 Groq API，如下圖所示：

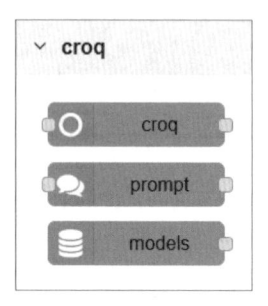

上述 models 節點可以查詢可用的 LLM 模型清單，croq 節點呼叫 Groq API，prompt 節點建立 Groq API 的提示詞訊息，其訊息格式和第 12-2-2 節的 ChatGPT API 相容。

Node-RED 流程：ch12-3-2.json 共有 2 個流程，在第 1 個流程是查詢 Groq API 可用的 LLM 模型清單，請點選 models 節點，就可以在 debug 節點顯示模型清單，如下圖所示：

在「除錯視窗」標籤可以看到 msg.payload.body.data 可用模型清單的陣列，如右圖所示：

```
2025/4/12 下午2:16:57  node: 可用的模型清單和描述
msg.payload.body.data : array[25]
▼ array[25]
▶ [0 … 9]
▼ [10 … 19]
  ▼ 10: object
      id: "allam-2-7b"
      object: "model"
      created: 1737672203
      owned_by: "SDAIA"
      active: true
      context_window: 4096
      public_apps: null
      max_completion_tokens: 4096
  ▶ 11: object
```

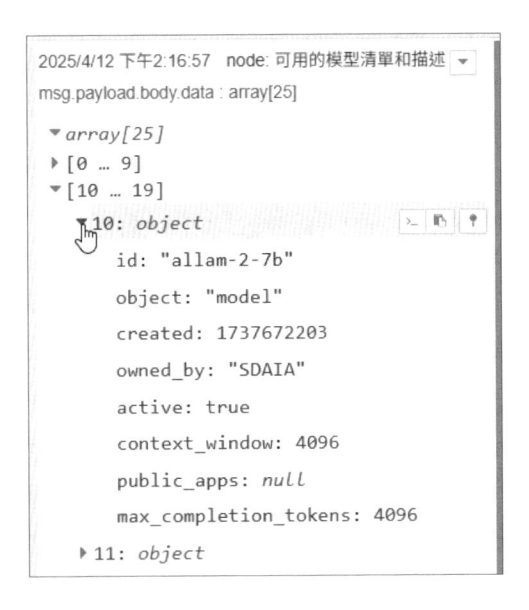

Node-RED 流程的節點說明，如下所示：

- models 節點：在【API Key】欄位填入上一小節取得的 API KEY，如下圖所示：

```
🔑 API Key        gsk_IPaSBGgFcS0g6G610aAwWGdyb3FY08SPc
% API Endpoint   /openai/v1/models
```

- debug 節點：顯示模型清單的陣列，如下所示：

`msg.payload.payload.body.data`

第 2 個流程是在 inject 節點指定 msg.text 的提示詞字串來呼叫 Groq API，請點選 inject 節點，就可以使用 prompt 節點建立 JSON 物件的訊息，然後呼叫 Groq API 來取得 LLM 的回應，如下圖所示：

```
[使用者的問題] → [prompt] → [croq] → [Response]
```

在「除錯窗口」標籤可以看到 LLM 的回應內容，說明什麼是 Groq API，如下圖所示：

```
2025/4/12 下午2:22:40   node: Response
msg.payload.choices[0].message.content : string[459]

▶ "Groq API是一個開源的查詢引擎，允許開發
人員使用簡潔的查詢語言來訪問和處理大型數據
集。Groq的設計目標是提供一個高效、灵活且簡
單易用的數據訪問接口，讓開發人員能夠快速獲
取所需的數據。↵↵Groq API支持多���數據
源，包括relation databases、NoSQL
databases、雲端儲存服務等，讓開發人員可以
使用單一的API來訪問不同的數據源。Groq的查
詢語言簡潔易學習，並且支持多種查詢操作，包
括篩選、排序、分組、聚合等。Groq還提供了強
大的數據轉換和處理功能，讓開發人員能夠輕鬆
地將數據轉換為所需的格式。↵↵Groq API的主要
特點包括：↵↵* 效率高：Groq使用高效的查詢引
擎和緩存機制，實現了快速的數據訪問速度。↵*
簡單易用：Groq的查詢語言簡潔易學習，讓開發
人員能夠快速上手。↵* 灵活：Groq支持多種數
據源和查詢操作，讓開發人員能夠滿足不同的需
求。↵↵總之，Groq API是一個功能強大、簡單易
用的數據訪問接口，能夠幫助開發人員快速獲取
所需的數據，並提高開發效率。"
```

Node-RED 流程的節點說明，如下所示：

- inject 節點：送出 msg.text 的提示詞字串，如下圖所示：

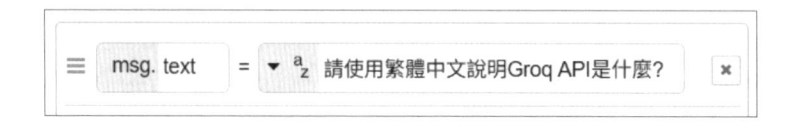

  ```
  ≡  msg. text  =  ▼ a→z  請使用繁體中文說明Groq API是什麼？   ✕
  ```

- prompt 節點：建立完整 Groq API 訊息，即 System、Assistant 和 User 角色，可以看到使用者的提示詞是 msg.txt，如下圖所示：

  ```
  ≡  System    ▼    ▼ a→z  你是生成式AI專家        ✕
  ≡  Assistant ▼    ▼ a→z  請使用200個字來回答      ✕
  ≡  User      ▼    ▼ msg. text                    ✕
  ```

- croq 節點：在【API Key】欄位填入上一小節取得的 API KEY，【Model】欄位是使用的 LLM 模型名稱，即之前取得的 model id，Temperature 和 Max Tokens 欄位是和 ChatGPT API 同名的參數，如下圖所示：

API Key	gsk_IPaSBGgFcS0g6G610aAwWGdyb3FY08SPc
API Endpoint	/openai/v1/chat/completions
Model	llama3-70b-8192
Temperature	0.7
Max Tokens	1024

- debug 節點：顯示 LLM 回應的內容，如下所示：

```
msg.payload.choices[0].message.content
```

12-4 使用 Ollama 打造本機 LLM

Ollama 是支援 macOS、Linux 和 Windows 作業系統的開源軟體平台，特別適用在希望可以在本地端準備自行建立、運行和管理多種 LLM 的使用者，例如：Llama、DeepSeek 和 Phi 等模型。

12-4-1 下載與安裝 Ollama

Ollama 可以讓我們如同安裝手機 App 一般簡單的來體驗 LLM 大型語言模型，在 Windows 作業系統可以免費下載和安裝 Ollama。

下載 Ollama

Ollama 可以在官方網站免費下載，其 URL 網址如下所示：

https://ollama.com/

請在左邊按【Download】鈕後，再在右邊按【Download for Windows】鈕下載 Ollama，在本書的下載檔名是：OllamaSetup.exe。

安裝 Ollama

當成功下載 Ollama 安裝程式 OllamaSetup.exe 後，我們就可以在 Windows 11 作業系統進行安裝，其步驟如下所示：

Step 1 請雙擊【OllamaSetup.exe】執行安裝程式後，按【Install】鈕開始安裝 Ollama，如右圖所示：

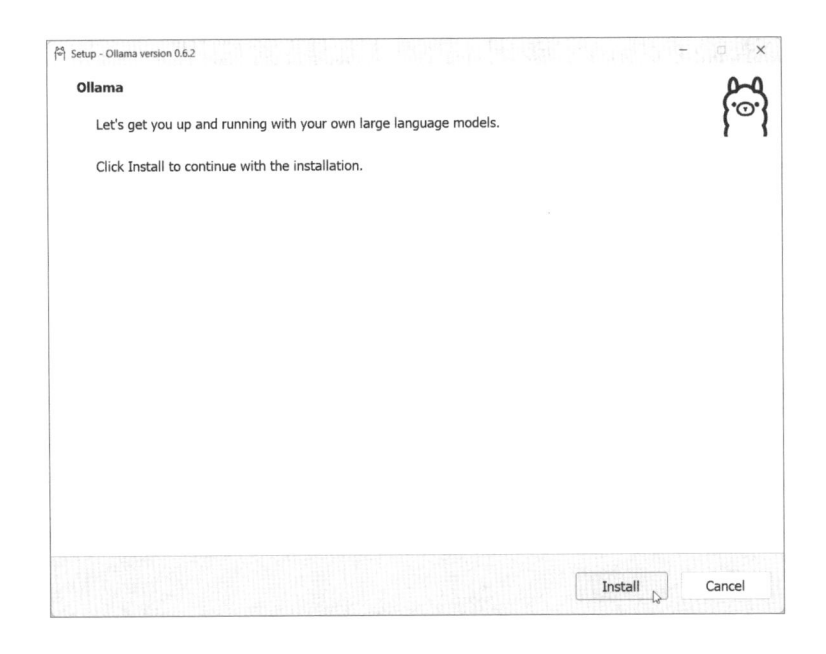

Step 2 可以看到目前的安裝進度，等到安裝完成，就可以在右下角顯示 Ollama 已經啟動中的訊息框。

檢查 Ollama 安裝的版本

在成功安裝 Ollama 後，請開啟「命令提示字元」視窗，使用 ollama 命令加上 --version 參數來顯示版本，可以看到是 0.6.2，如下所示：

> ollama --version [Enter]

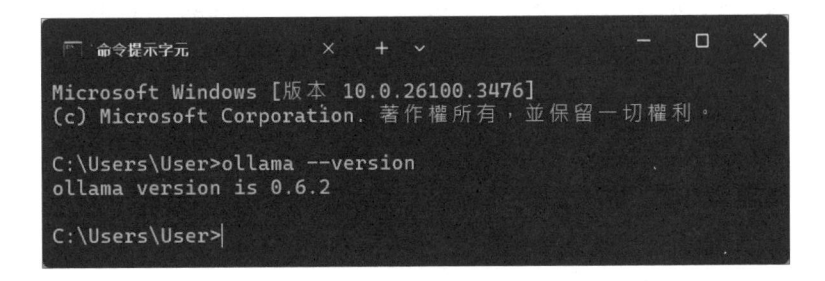

12-4-2 透過 Ollama 使用 LLM 大型語言模型

Ollama 支援多種 LLM 大型語言模型，但受限於電腦的記憶體容量，能夠執行的模型尺寸也有所限制，例如：16GB 的記憶體大約可運行 10GB 量級以下的 LLM 模型（部分模型雖然可以執行，但是執行效能並不是很好）。

搜尋 Ollama 可用的模型清單

在 Ollama 官網選上方【Models】，可以看到 LLM 模型清單，你也可以在上方欄位輸入關鍵字來搜尋可用的特定模型，如下圖所示：

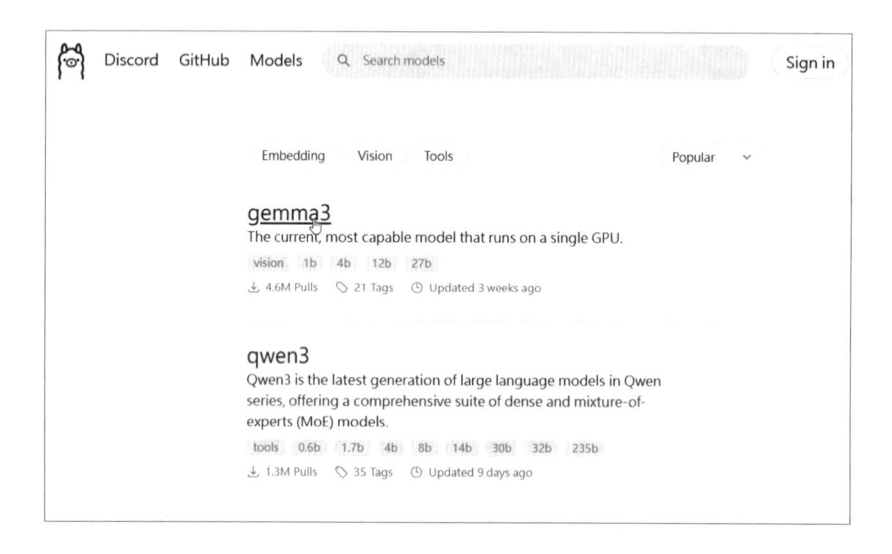

點選【gemma3】模型名稱，就可以看到模型說明，和不同參數的模型清單（若縮小視窗顯示的是下拉式選單），例如：選 4b，就可以在 gemma3 模型名稱後顯示下載和執行此模型的命令，如右圖所示：

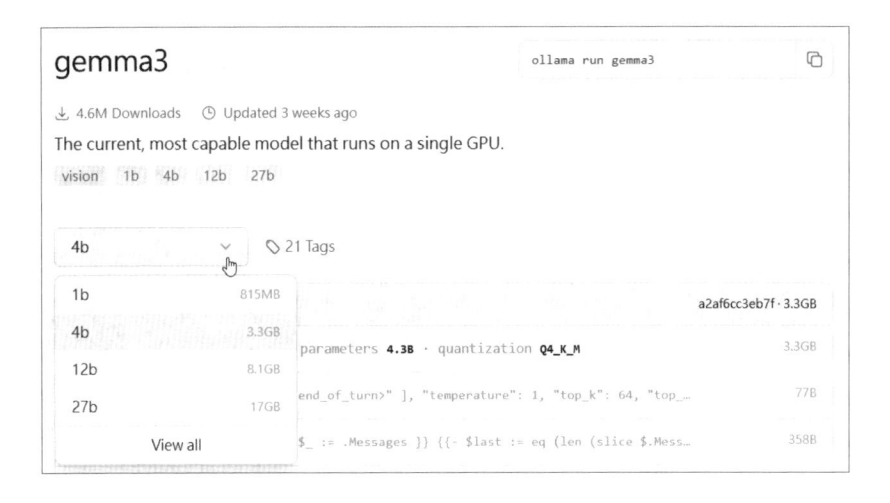

在 Ollama 使用 Llama3 模型

Llama3 是 Meta 推出的開源 LLM 大型語言模型，我們準備下載和執行 Llama3.1（8b），其模型尺寸是 4.9GB，請在 Ollama 官網選上方【Models】，然後搜尋找到 llama3.1 模型，請選【8b】，就可以點選模型名稱 llama3.1:8b 後的圖示，複製下載和執行的命令，如下圖所示：

在 Ollama 是使用 run 命令來執行 Llama3.1 模型（run 命令若模型尚未下載就會自動下載後再執行，如果是使用 pull 命令就只會下載模型），如下所示：

```
> ollama run llama3.1:8b Enter
```

12-25

```
C:\Users\User>ollama run llama3.1:8b
pulling manifest
pulling 667b0c1932bc... 100%            4.9 GB
pulling 948af2743fc7... 100%            1.5 KB
pulling 0ba8f0e314b4... 100%             12 KB
pulling 56bb8bd477a5... 100%             96 B
pulling 455f34728c9b... 100%            487 B
verifying sha256 digest
writing manifest
success
>>> Send a message (/? for help)
```

上述命令第 1 次執行就會自動下載模型，當成功下載和執行後，可以看到「＞＞＞」提示文字，現在，你可以輸入訊息與 Llama3.1 模型進行對話，例如：「請使用繁體中文說明什麼是 LLM ？」，如下圖所示：

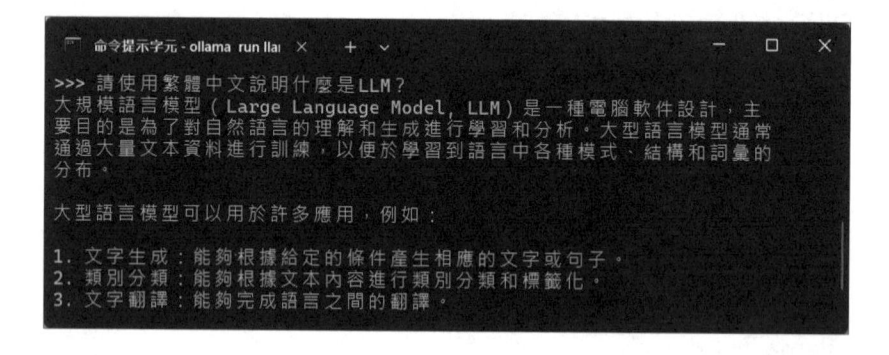

```
>>> 請使用繁體中文說明什麼是LLM？
大規模語言模型（Large Language Model, LLM）是一種電腦軟件設計，主
要目的是為了對自然語言的理解和生成進行學習和分析。大型語言模型通常
通過大量文本資料進行訓練，以便於學習到語言中各種模式、結構和詞彙的
分布。

大型語言模型可以用於許多應用，例如：

1. 文字生成：能夠根據給定的條件產生相應的文字或句子。
2. 類別分類：能夠根據文本內容進行類別分類和標籤化。
3. 文字翻譯：能夠完成語言之間的翻譯。
```

如果輸入的提示詞超過一行，請先輸入 3 個引號「"""」後，就可以使用 Enter 鍵來輸入多行文字，最後，請記得加上 3 個引號「"""」來括起。例如：分析英文句子來回答是「開」或「關」，如下所示：

```
"""請分析句子『Turn on the lights in the room.』的語意含義，是「開」還是「關」。
答案僅用一個字表達。"""
```

```
>>> """請分析句子『Turn on the lights in the room.』的語意含義，是「開
... 」還是「關」。答案僅用一個字表達。"""
開

>>> Send a message (/? for help)
```

在「命令提示字元」視窗執行 ollama list 命令可以顯示目前已經下載的模型清單；使用 ollama rm ＜模型名稱＞命令可以刪除下載的模型。

Chrome 擴充功能：ollama-ui 圖形使用介面

Ollama 並沒有內建圖形使用介面，我們可以在 Chrome 瀏覽器安裝 ollama-ui 擴充功能的 Ollama 圖形使用介面。請進入 Chrome 線上應用程式商店後，搜尋 ollama-ui，在找到後，按【加入 Chrome】鈕安裝擴充功能，如下圖所示：

在安裝後，啟動擴充功能就可以看到與 ChatGPT 類似的圖形介面，請在右上角選擇使用的 LLM 模型後，就可以與 LLM 模型進行對話，如下圖所示：

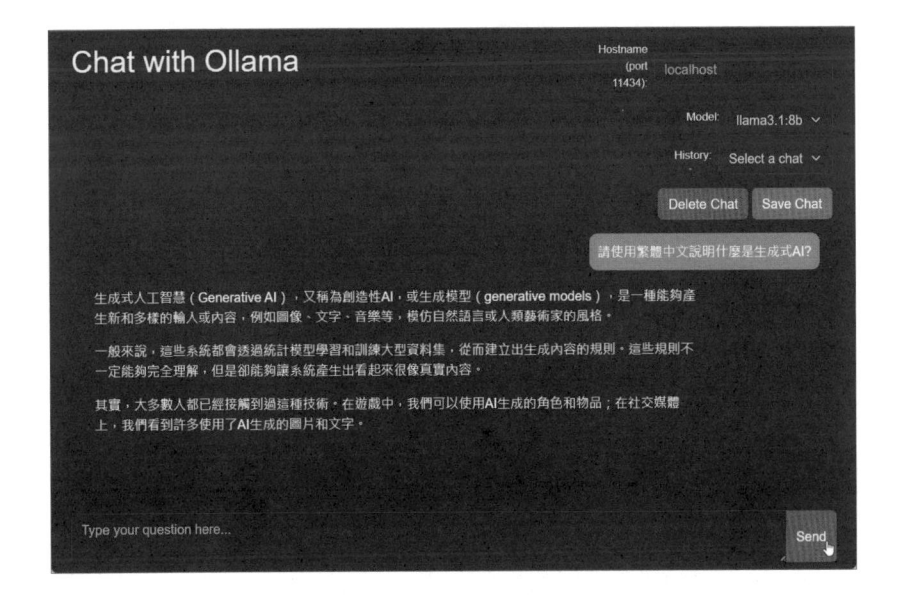

12-4-3 在 Node-RED 流程呼叫 Ollama API

Ollama 支援和 ChatGPT API 類似語法的 Ollama API，可以讓我們使用 Node-RED 流程來與 LLM 大型語言模型進行互動，在本書是在【節點管理】安裝 node-red-contrib-ollama 節點來呼叫 Ollama API。

基本上，node-red-contrib-ollama 節點完整支援第 12-4-1 節說明的命令列命令來管理和使用 Ollama 的 LLM 模型，在這一節的流程我們只會使用「AI」區段的 3 個節點來使用 Ollama API。

Node-RED 流程：ch12-4-3.json 共有 3 個流程來呼叫 Ollama API 與 LLM 進行互動，第 1 個流程是使用 inject 節點來查詢本機安裝的 LLM 模型清單，如下圖所示：

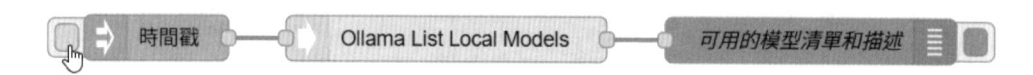

在「除錯窗口」標籤可以看到 msg.payload 可用模型清單的陣列，如下圖所示：

```
2025/4/12 下午2:56:55  node: 可用的模型清單和描述
msg.payload : Object
▼ object
  ▼ models: array[2]
    ▶ 0: object
    ▼ 1: object
        name: "llama3.1:8b"
        model: "llama3.1:8b"
        modified_at: "2025-03-
        26T12:59:42.8101771+08:00"
        size: 4920753328
        digest:
        "46e0c10c039e019119339687c3c1757c
        c81b9da49709a3b3924863ba87ca666e"
      ▶ details: object
```

Node-RED 流程的節點說明，如下所示：

■ inject 節點：預設值。

- ollama-list 節點：顯示本機下載的 LLM 模型清單，第 1 次需點選【+】號新增 ollama-config-server 配置節點，如下圖所示：

請直接使用預設值，不用更改，按上方【添加】鈕新增本機 Ollama 伺服器的配置節點，如下圖所示：

- debug 節點：預設值，只有更改 Name 欄位。

第 2 個流程是使用 ollama-chat 節點呼叫 Ollama API 來進行聊天，這是一個語意分析機器人，可以分析英文句子的語意，流程是在 inject 節點指定提示詞的 JSON 資料，點選 inject 節點就可以呼叫 Ollama API，和在「除錯窗口」標籤看到 LLM 的回應內容，如下圖所示：

在「除錯窗口」標籤可以看到 LLM 的回應內容是「開」，如下圖所示：

Node-RED 流程的節點說明，如下所示：

- inject 節點：送出 msg.payload 的提示詞訊息，使用的模型是 "llama3.1:8b"，如下所示：

```
{
  "model": "llama3.1:8b",
  "messages": [
    {
      "role": "system",
      "content": "你是語意分析機器人"
    },
    {
      "role": "user",
      "content": "請分析句子 'Turn on the lights in the room.' 的語意含義，是「開」還是「關」。答案僅用一個字表達。"
    }
  ]
}
```

- ollama-chat 節點：在【Server】欄選【localhost:11434】,【Model】欄位是使用的 LLM 模型名稱（因為在 inject 節點已經有指定，可以不用重複指定），【Messages】欄位是訊息來源，沒有指定就是 msg.payload，如下圖所示：

Name	Ollama Chat
Server	localhost:11434
Model	llama3.1:8b
Messages	msg.
Format	添加新的 ollama-config-format 節
Stream	☐
Keep Alive	

- debug 節點：顯示 LLM 回應的內容（請注意！Ollama API 回應的 JSON 資料和 ChatGPT API 與 Groq API 的回應有一些不同），如下所示：

```
msg.payload.message.content
```

第 3 個流程是使用 ollama-generate 節點呼叫 Ollama API 來生成內容，同樣的，我們是在 inject 節點指定提示詞的 JSON 資料，點選 inject 節點就可以呼叫 Ollama API，和在「除錯窗口」標籤看到 LLM 回應所生成的內容，如下圖所示：

在「除錯窗口」標籤可以看到 LLM 的回應內容，如下圖所示：

```
2025/4/12 下午4:00:24   node: Response
msg.payload.response : string[434]
▶ "氣候變化是一個全球性的問題，正在嚴重影響我們的環境、健康和經濟。根據聯合國環境規劃署（UNEP）的資料，氣溫已上升了0.8°C，而水準則上升了1-2mm/年。這會導致各種風險，如洪水、乾旱、颶風和地震等。影響範圍很廣：1. 氣候變化會增加自然災害的發生率，如洪水、乾旱和熱浪。2. 對健康的威脅：氣候變化可能導致傳染病和疼痛增多，尤其是在飢餓或水源短缺的情況下。3. 經濟上的影響：氣候變化會導致糧食價格上漲、農業生產力下降、自然資源的耗竭等問題。4. 社會和政治方面：氣候變化可能引發政治不穩定，移民和社會不和等問題。解決方案如下：1. 減少溫室氣體排放：採用可再生能源、減少石油開採和進口，以及改善工業的能源效率。2. 節約能源：盡量節約使用電力和汽油，以減少污染物的產生。3. 導入綠色建築：將能耗較低、污染較少的材料用於建築。4. 確保可持續發展：通過投資清潔能源、綠色技術等項目，來促進經濟增長和減少對環境的壓力。"
```

Node-RED 流程的節點說明，如下所示：

- inject 節點：送出 msg.payload 的提示詞訊息，其格式與對話有些不同，訊息是使用 "model" 指定模型是 "llama3.1:8b"，"prompt" 是提示詞字串，"parameters" 是參數，"top_p" 是用來控制生成式 AI 的輸出品質與多樣性，如下所示：

```
{
    "model": "llama3.1:8b",
    "prompt": "請生成關於氣候變化的文章，涵蓋影響及可能的解決方案。",
    "parameters": {
        "temperature": 0.7,
        "max_tokens": 200,
        "top_p": 0.9
    }
}
```

- ollama-generate 節點：在【Server】欄選【localhost:11434】，【Model】欄位是使用的 LLM 模型名稱，【Messages】欄位是訊息來源 msg.payload，如下圖所示：

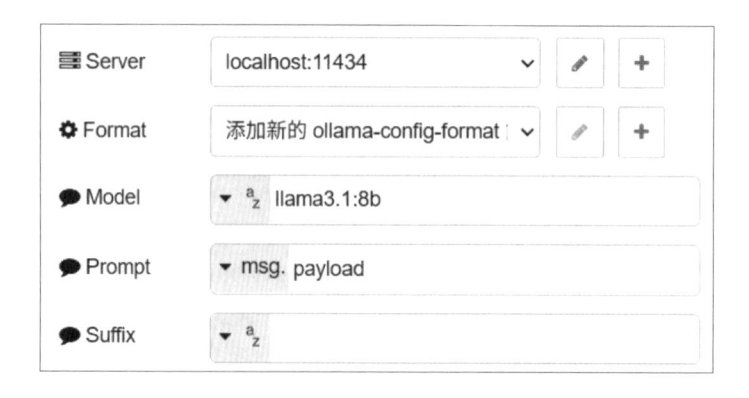

Server	localhost:11434
Format	添加新的 ollama-config-format
Model	llama3.1:8b
Prompt	msg. payload
Suffix	

- debug 節點：顯示 LLM 回應的內容，如下所示：

```
msg.payload.message.content
```

12-5 整合應用：在 Node-RED 儀表板使用 LLM

Node-RED 流程：ch12-5.json（ch12-5ollama.json 是使用 Ollama API）是使用 Dashboard 節點建立的 LLM 互動介面，這是使用 flow 變數來保存輸入的提示詞，function 節點建立送出的請求訊息，和處理 ChatGPT API 的回應，如下圖所示：

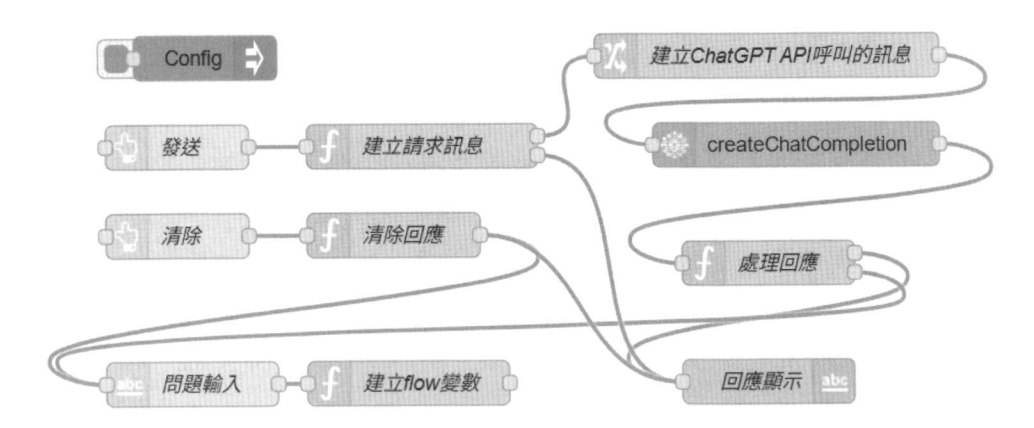

在 Node-RED 儀表板 http://localhost:1880/ui/ 可以看到 LLM 互動介面，如下圖所示：

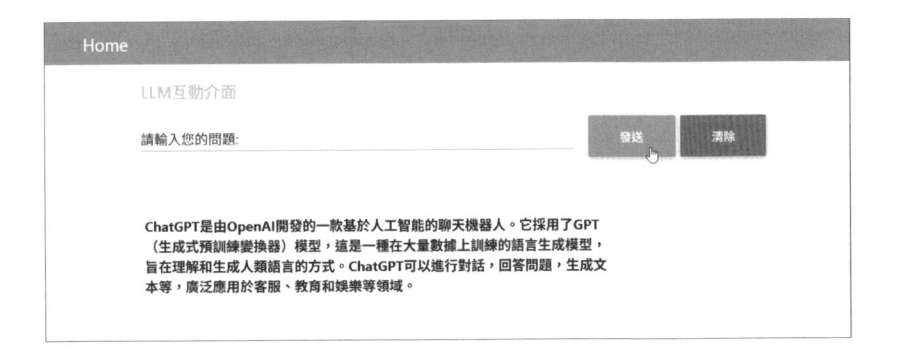

請在上方 text input 節點輸入提示詞後，按【發送】鈕，就可以呼叫 ChatGPT API，在取得回應後，在下方 text 節點顯示回應內容，按【清除】鈕可以清除回應的內容。

學習評量

1. 請簡單說明什麼是生成式 AI 和 LLM？

2. 請問什麼是 OpenAI、Groq API、Ollama 和 Ollama API？

3. 請簡單說明如何取得 OpenAI 和 Groq API 的 API Key？

4. 請參閱第 12-4-1 節的說明下載安裝 Ollama 後,自行搜尋一個 LLM 來下載和測試執行。

5. 請修改 Node-RED 流程 ch12-5.json 的 Node-RED 儀表板,新增下拉式選單來選擇使用的 API 是 ChatGPT API、Groq API 或 Ollama API 來進行聊天對話。

PART

4

AIoT 物聯網與邊緣 AI 專題實戰

CHAPTER 13　AI 之眼：ESP32-CAM 開發板 +MQTT

CHAPTER 14　AIoT 與邊緣 AI 專題：Node-RED+Teachable Machine

CHAPTER 15　AIoT 與邊緣 AI 專題：Node-RED+YOLO

CHAPTER 16　AIoT 與邊緣 AI 專題：Node-RED+LLM

CHAPTER 13

AI 之眼：ESP32-CAM 開發板 +MQTT

▶ 13-1 認識 ESP32-CAM 開發板
▶ 13-2 安裝和設定 Arduino IDE
▶ 13-3 建立 AI 之眼：燒錄 ESP32-CAM 程式
▶ 13-4 在 Node-RED 流程使用 MQTT 操控 AI 之眼
▶ 13-5 整合應用：本機 MQTT 代理人連線 AI 之眼

13-1 認識 ESP32-CAM 開發板

當訓練好 AI 模型後，我們還需要一個相機來取得外部影像，以便讓 AI 模型可以分類影像或物體偵測，在本書是使用 ESP32-CAM 開發板 +MQTT 來建立此機器之眼，稱為「AI 之眼」(Eye of AI)。

13-1-1 認識微控制器和開發板

「微控制器」(Microcontroller) 是將 CPU、記憶體和 I/O 都整合成一顆通用用途 (General-purpose) 的晶片，其尺寸小；執行效能比較不佳，並無法和桌上型電腦、筆電、智慧型手機和平板電腦的運算效能比較，所以，微控制器主要是使用在只需少量運算的硬體控制方面。

事實上，目前市面上的微控制器已經無所不在，無論智慧家電和各種居家防護系統，都內建有微控制器，這些微控制器能夠日復一日，可靠的執行設定的運算和硬體控制工作。微控制器並無法安裝完整的作業系統，其執行的程式稱為「韌體」（Firmware），我們需要先將韌體燒錄至快閃記憶體後，才能在微控制器上執行程式。

因為微控制器只是一顆單晶片，在物聯網或嵌入式系統一般都是使用「開發板」（Development Boards），這是一片印刷電路板（Printed Circuit Board，PCB），在印刷電路板上整合微控制器、快閃記憶體和序列埠介面晶片等，並且將微控制器 I/O 拉出成接腳（引腳）或腳位，方便開發者連接外部電子元件或感測器模組。

13-1-2 ESP 家族的模組與開發板

ESP 晶片是上海樂鑫信息科技（Espressif Systems）的產品，在創客界一戰成名的就是 ESP8266 晶片，ESP32 是 ESP8266 的後繼產品。

ESP8266 模組與開發板

ESP8266 是一款成本極低和支援 WiFi 的微控制器單晶片（System on a chip，SOC），使用 Tensilica Xtensa L106 32-bit 微處理機，時脈 80～160MHz，整合 IEEE 802.11 b/g/n 的 Wi-Fi 晶片，不支援藍牙，提供 16 個 GPIO 腳位，支援數位輸出/輸入、PWM、ADC、UART、I2C、SPI 等介面，類比輸入只支援 1 個 10-bit 腳位。

ESP8266 的應用十分廣泛，舉凡家電控制、遠端遙控、點對點通訊和雲端資料庫等應用都有 ESP8266 的身影。ESP8266 在不同領域提供多種不同封裝的模組，例如：ESP-12 模組，如下圖所示：

上述 ESP-12 模組完整支援 ESP8266 晶片的功能，支援 11 個 GPIO 腳位、ADC、4MB 快閃記憶體，和 1 個 ADC 腳位。

因為 ESP-12 模組本身像一張郵票，並不容易使用 GPIO 連接外部元件，對於 IoT 物聯網應用來說，我們大都是使用板卡廠商開發的 ESP8266 開發板，這是一塊整合 ESP-12 模組和序列埠介面晶片的印刷電路板，並且將微控制器 I/O 拉出成接腳或腳位，方便連接外部電子元件和感測器模組。例如：ESP8266 的 NodeMCU 開發板，如下圖所示：

ESP32 模組與開發板

ESP32 晶片是 ESP8266 的後繼產品，ESP32 微控制器單晶片整合 Wi-Fi 和雙模藍牙，使用的是雙核心 Tensilica Xtensa LX6 微處理器，內建天線、功率放大器、RF 變換器、低雜訊放大器、濾波器和電源管理模組。ESP32 模組如下圖所示：

ESP32 開發板目前已經有多家的板卡廠商推出眾多產品，例如：ESP-WROOM-32、ESP32 DEVKIT V1 DOIT 和 ESP32S-NodeMCU 等，提供 30～36 個 GPIO 腳位，支援 WiFi 和藍牙。例如：NodeMCU ESP32 開發板，如下圖所示：

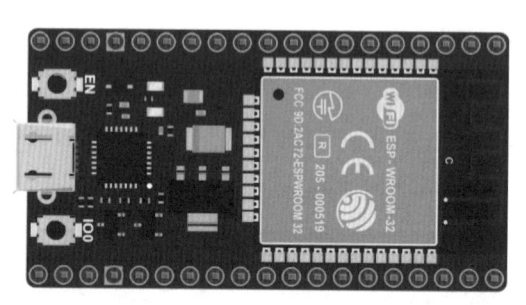

13-1-3 本書使用的 ESP32-CAM 開發板

ESP32-CAM 是基於 ESP32 微控制器的開發板，這是一塊專門針對物聯網（IoT）應用的開發板，內建 200 萬像素的攝影模組（OV2640）和 Micro-SD 卡（TF SD 卡）插槽，支援拍照、串流視訊以及人臉辨識等功能，非常適用在智能居家、監控系統或其他需要影像處理的應用。其特點如下所示：

- Wi-Fi 和藍牙功能：支援 WiFi 無線連接，適合遠端控制和資料傳輸。
- 高性價比：價格實惠，適合 DIY 愛好者與開發者。
- 小巧設計：尺寸小巧，方便嵌入到各種 IoT 物聯網專案。
- 外接天線選項：可以通過 IPEX 連接埠連接到外部天線以增強信號。

請注意！ESP32-CAM 並沒有內建 USB 連接埠，我們需要使用外接 USB 轉 TTL 模組來燒錄程式，如右圖所示：

上述 ESP32-CAM 開發板並沒有 USB 連接埠，除了使用 USB 轉 TTL 模組，更簡單的方式是購買 ESP32-CAM 專用下載板 ESP32-CAM-MB 模組（即位在下方擁有 USB 連接埠的模組），如下圖所示：

在本書的 AI 之眼是使用 TF SD 卡（Micro-SD 卡）儲存連線 WiFi 和 MQTT 代理人的相關設定，除了 ESP32-CAM 開發板 + 專用下載板外，還需要一張 TF SD 卡（最大支援到 4GB，8GB 以上也可用）。

13-1-4 WiFi 無線基地台與無線網路卡

AI 之眼是使用 WiFi 連線 MQTT 代理人，Wi-Fi 是一種無線通訊技術，可以讓筆記型 / 桌上型電腦、行動裝置的智慧型手機、平板和穿戴式裝置，和其他設備（印表機和攝影機），都能夠連線到 Internet 網際網路。

基本上，Internet 網際網路連線是使用 WiFi 無線基地台（或稱為無線路由器）為中心，所有連網裝置都是使用 Wi-Fi 連線至 WiFi 無線基地台，因為 WiFi 無線基地台已經連接 Internet，所以可以讓與 Wi-Fi 相容的裝置都能夠連線 Internet 網際網路，如下圖所示：

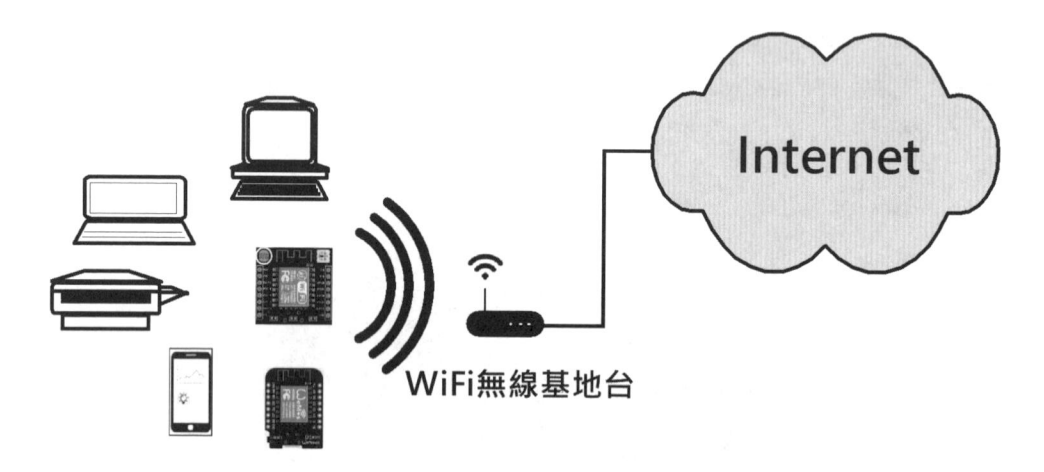

從上述圖例可以看出，所有連網裝置都是連線 WiFi 無線基地台，然後連接 Internet，如果是使用筆記型電腦，因為大多已經內建 WiFi，不過，桌上型電腦大多沒有 WiFi，我們需要額外購買無線網路卡來讓桌上型電腦也可以連線 WiFi。例如：迷你 USB 介面的無線網路卡，如下圖所示：

> **說明**
>
> 如果在家中沒有現成 WiFi 無線基地台，最簡單方式是使用智慧型手機或 Windows 作業系統的熱點分享，也就是開啟個人熱點，將智慧型手機當成無線基地台來使用，一樣可以讓 Wi-Fi 相容的裝置都連線 Internet 網際網路，進一步說明請參閱第 13-5 節。

13-2 安裝和設定 Arduino IDE

ESP32-CAM 開發板可以使用 Arduino C 或 MicroPython 語言來進行開發，經過筆者測試，MicroPython 程式的穩定度較不足，問題比較多，所以本書是使用 Arduino C 來開發 ESP32-CAM 的韌體程式。

13-2-1 下載與安裝 Arduino IDE 開發工具

Arduino C 的開發環境就是開放原始碼的 Arduino IDE，其下載網址如下所示：

```
https://www.arduino.cc/en/software
```

Arduino IDE 2.3.6

The new major release of the Arduino IDE is faster and even more powerful! In addition to a more modern editor and a more responsive interface it features autocompletion, code navigation, and even a live debugger.

For more details, please refer to the **Arduino IDE 2.0 documentation**.

Nightly builds with the latest bugfixes are available through the section below.

DOWNLOAD OPTIONS

Windows Win 10 and newer, 64 bits
Windows MSI installer
Windows ZIP file
Linux AppImage 64 bits (X86-64)
Linux ZIP file 64 bits (X86-64)
macOS Intel, 10.15: "Catalina" or newer, 64 bits
macOS Apple Silicon, 11: "Big Sur" or newer, 64 bits

Release Notes

從上述網頁可以下載 Windows、Mac OS X 和 Linux 作業系統版本的最新版 Arduino IDE。請點選 Windows 後的【ZIP file】超連結，再點選 2 次【JUST DOWNLOAD】超連結下載 Arduino IDE，在本書的下載檔名是：arduino-ide_2.3.6_Windows_64bit。

當成功下載 ZIP 檔案後，請解壓縮 ZIP 檔案至「arduino-ide_2.3.6_Windows_64bit」目錄，就完成 Arduino IDE 的安裝，如下圖所示：

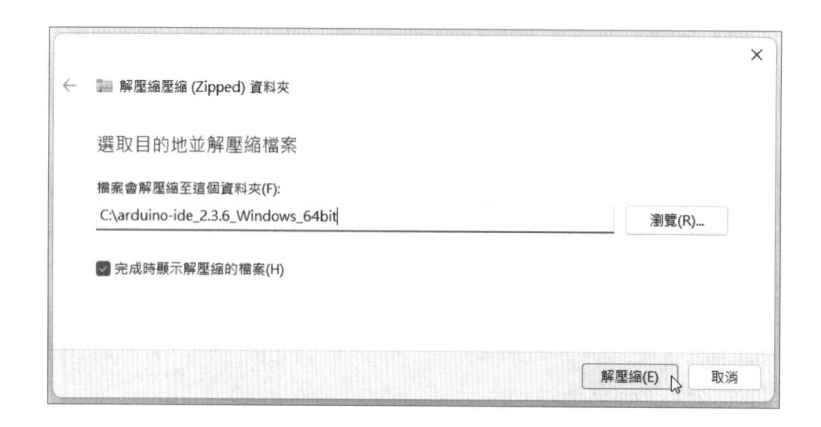

13-2-2 安裝程式庫和 ESP 開發板

當成功安裝 Arduino IDE 後，我們需要設定繁體中文使用介面、安裝所需程式庫和 ESP 開發板，如此才找得到 ESP32-CAM 開發板。

設定繁體中文使用介面

請啟動檔案總管開啟 Arduino IDE 的安裝目錄，雙擊【Arduino IDE.exe】啟動 Arduino IDE 後，執行「File＞Preferences…」命令，請在【Language:】欄選【中文(繁體)】，按【OK】鈕切換成中文使用介面，如右圖所示：

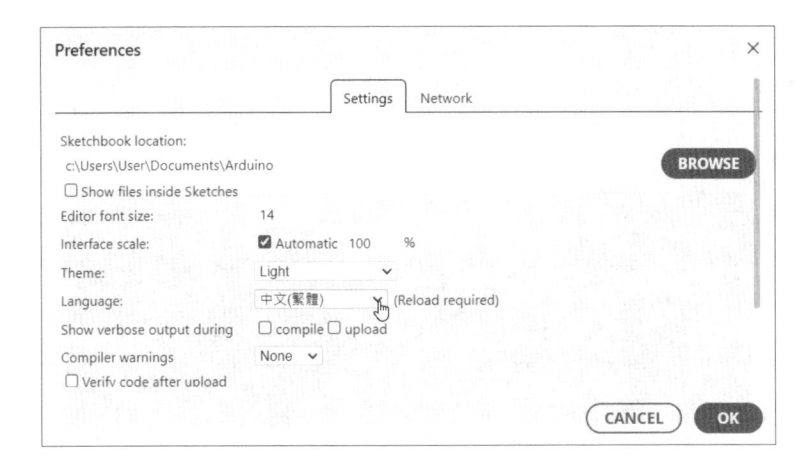

安裝 PubSubClient 函式庫

在 Arduino IDE 需要安裝 PubSubClient 程式庫（函式庫）來建立 MQTT 客戶端的 Arduino C 程式，其安裝步驟如下所示：

Step 1 請執行「工具 > 管理程式庫」命令，在上方欄位輸入【PubSubClient】搜尋程式庫，在找到後，按【安裝】鈕安裝程式庫。

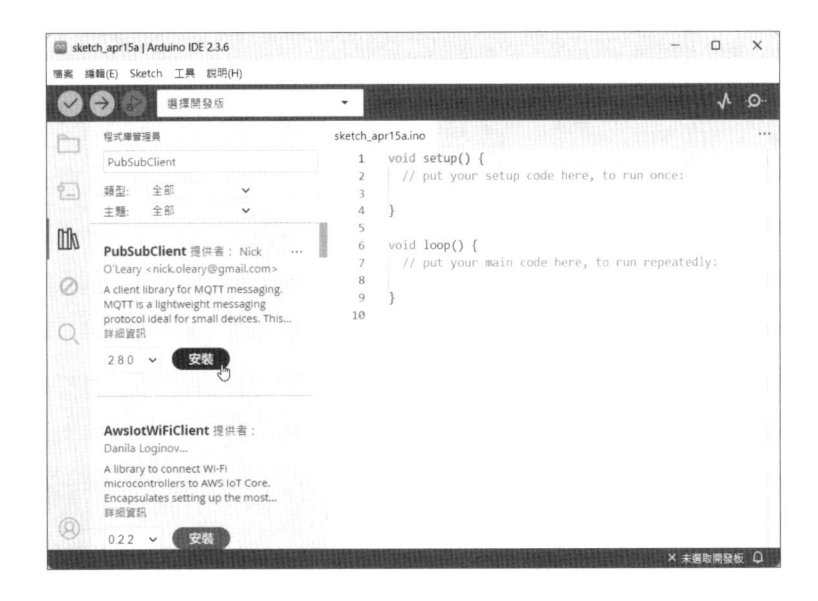

Step 2 可以在下方看到下載和安裝程式庫的過程，等到看到已安裝的訊息文字，就表示已經成功安裝程式庫，如下圖所示：

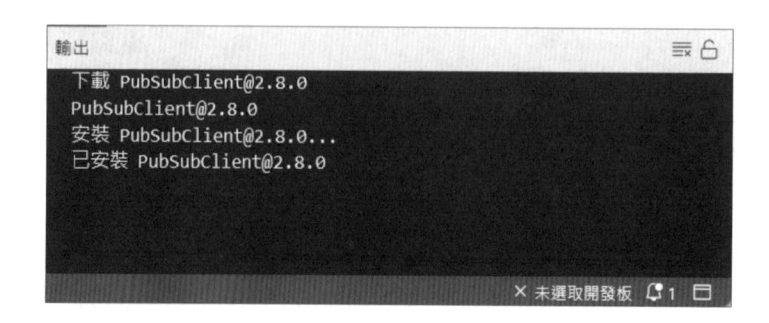

安裝 ESP 開發板

因為 AI 之眼是使用 ESP32 開發板，我們需要在 Arduino IDE 安裝 ESP 家族的開發板，其步驟如下所示：

Step 1 請執行「工具 > 開發板 > 開發板管理員」命令，在上方輸入 ESP32 搜尋開發板，當找到 Espressif Systems 提供的【esp32】後，按【安裝】鈕安裝 ESP32 開發板。

13-10

Step 2 可以在下方看到下載和安裝開發板平台的過程，等到看到已安裝的訊息文字，就表示已經成功安裝 ESP32 開發板，如下圖所示：

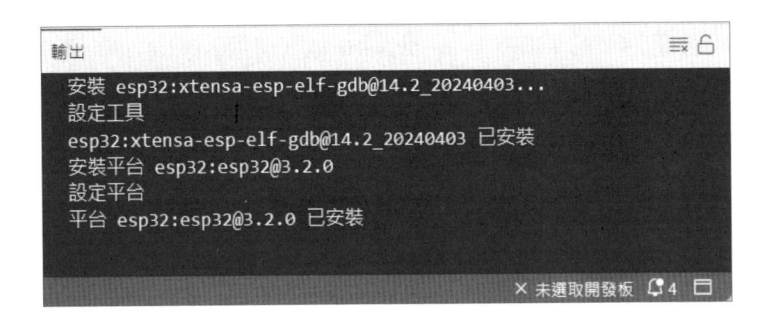

13-3 建立 AI 之眼：燒錄 ESP32-CAM 程式

在本書的 AI 之眼就是 ESP32-CAM 開發板 + 下載板，Windows 11 作業系統並不需要安裝 USB 驅動程式，如果是使用 Windows 10 作業系統，你就有可能需要自行下載安裝 CH340 驅動程式。

請注意！如果是 Windows 11 作業系統的讀者，請直接跳至第 13-3-2 節，Windows 10 的讀者才需確認是否有安裝 USB 驅動程式。

13-3-1 連接 Windows 電腦安裝 USB 驅動程式

在 ESP32-CAM 下載板上有一個 USB 介面晶片，能夠轉換 USB 訊號成為序列埠（TTL）訊號，使用的是 CH340 晶片，所謂的驅動程式，就是指此介面晶片的 Windows 驅動程式。

檢查 Windows 10 電腦是否已經安裝 USB 驅動程式

Windows 作業系統可以使用裝置管理員查詢 USB 埠號，即可確認 Windows 10 電腦是否已經安裝驅動程式。請將 Windows 10 電腦使用 Micro-USB 傳輸線（不是充電線）連接 ESP32-CAM 開發板下方的下載板後，就可以使用下列步驟檢查是否有對應的 USB 埠號，如下所示：

Step 1 請在 Windows 10 作業系統的【開始】圖示上，執行【右】鍵快顯功能表的【裝置管理員】命令。

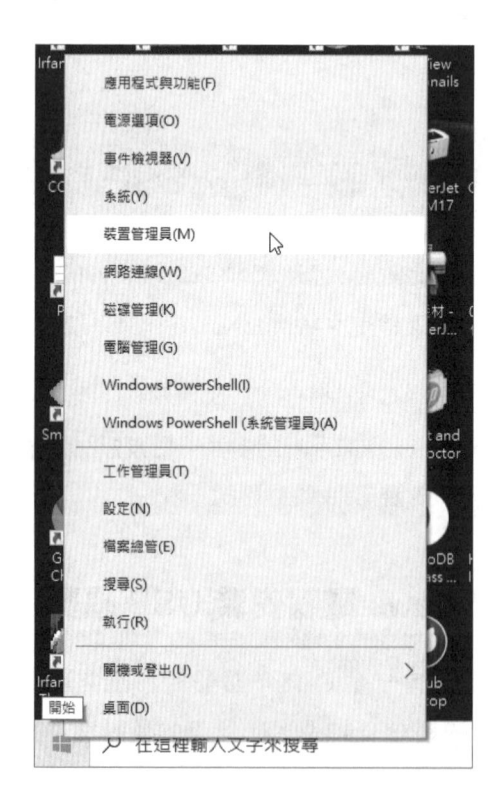

Step 2 展開【連接埠 (COM 和 LPT)】項目，可以看到【USB-SERIAL CH340 (COM?)】項目（「?」是數字編號），就表示已經安裝 CH340 驅動程式；如果沒有看到，就需要安裝驅動程式。

請記下 COM? 的埠號，筆者 Windows 10 電腦是 COM5，我們就是使用此埠號來連線 ESP32-CAM 開發板。

下載 CH340 驅動程式

CH340 晶片是沁恆微電子公司生產的晶片，其驅動程式的下載網址，如下所示：

http://www.wch.cn/download/ch341ser_exe.html

請按【下載】鈕下載驅動程式，檔案名稱是【CH341SER.EXE】。

安裝 CH340 驅動程式

在成功下載 CH341SER.EXE 驅動程式檔案後，就可以在 Windows 電腦安裝驅動程式，其步驟如下所示：

Step 1 請連接 ESP32-CAM 開發板後，雙擊執行【CH341SER.EXE】下載檔案，如果有看到「使用者帳戶控制」視窗，請按【是】鈕，然後按【INSTALL】鈕安裝驅動程式。

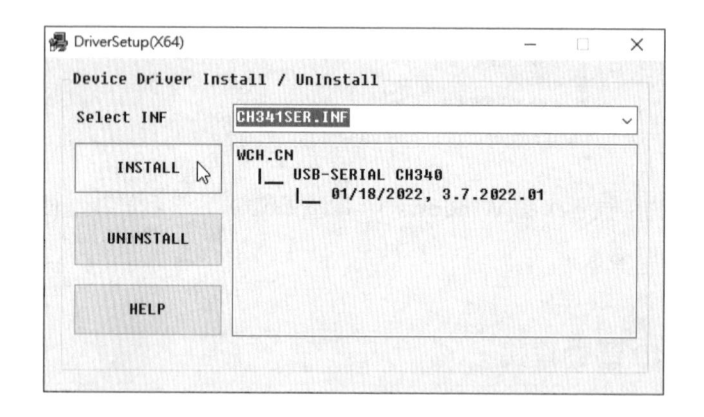

Step 2 如果沒有問題，可以看到成功安裝的訊息視窗，請按【確定】鈕繼續。

現在，在「裝置管理員」視窗展開【連接埠 (COM 和 LPT)】項目，應該就可以看到【USB-SERIAL CH340 (COM?)】項目。

13-3-2 燒錄 ESP32-CAM 的 Arduino C 程式

AI 之眼的 Arduino C 程式需要上傳至 ESP32-CAM 開發板才能啟動與執行，因為本書並非 Arduino C 程式開發的教學書，所以，筆者已經建立好使用 MQTT 操控 ESP32-CAM 開發板的 Arduino C 程式，可以讓讀者直接上傳燒錄至 ESP32-CAM 開發板。

現在，我們就可以使用第 13-2 節建立好的 Arduino IDE，上傳燒錄 Arduino C 程式至 ESP32-CAM 開發板，其燒錄步驟如下所示：

Step 1 請使用 Micro-USB 傳輸線連接 Windows 電腦和 ESP32-CAM 開發板後，在 Arduino IDE 點選上方欄位，執行【選擇其他開發板及連接埠】命令來選擇開發板。

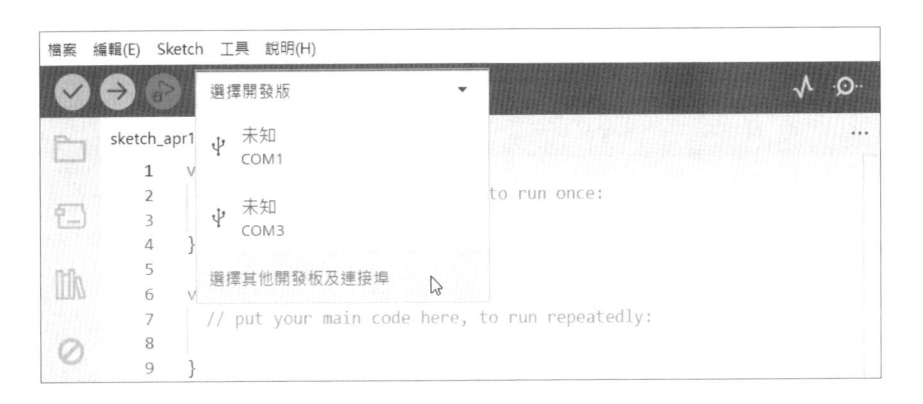

Step 2 在左邊搜尋 esp32 後，選【AI Thinker ESP32-CAM】，右邊選【COM3 Serial Port (USB)】（COM3 是筆者 Windows 11 作業系統的連接埠），按【確定】鈕選擇開發板和連接埠。

Step 3 執行「檔案 > 開啟…」命令，開啟「ch13\esp32cam_mqtt」目錄下的 Arduino C 程式 esp32cam_mqtt.ino。

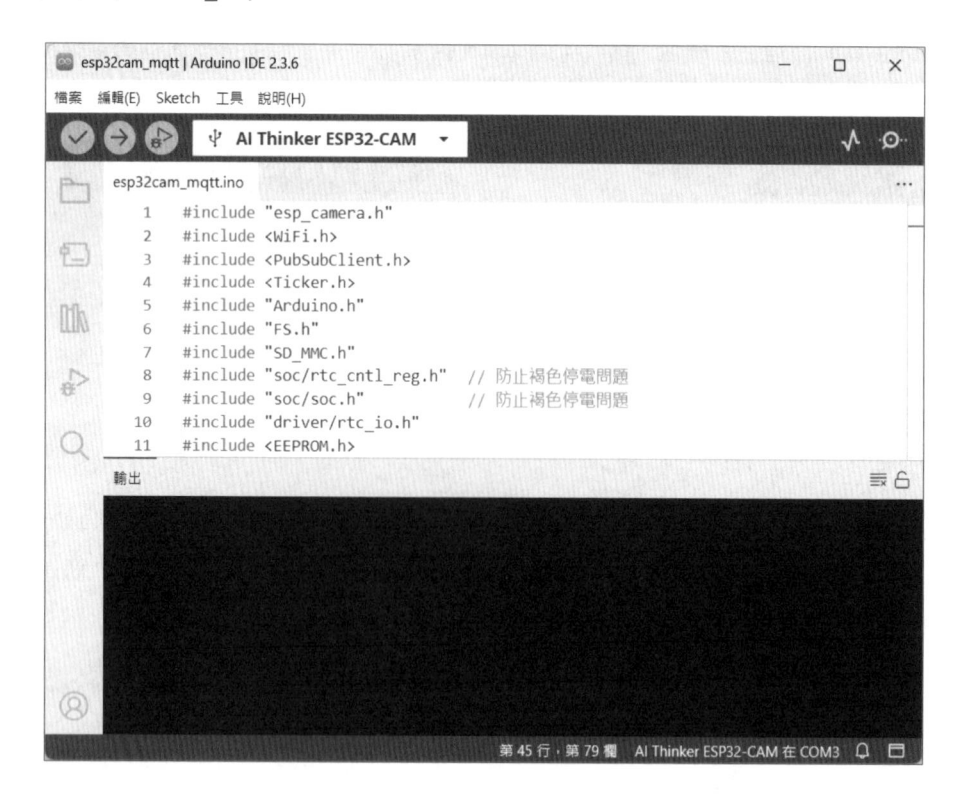

AI 之眼：ESP32-CAM 開發板 +MQTT　**13**

Step 4　請執行「Sketch > 驗證 / 編譯」命令，或按游標所在第 1 個勾號的【驗證】鈕，就可以編譯驗證程式碼是否有錯誤，如果沒有錯誤，就會在下方顯示編譯完畢的訊息文字；有錯誤，就會顯示紅色的錯誤訊息。

Step 5　當編譯驗證沒有錯誤，就可以上傳程式，請執行「Sketch > 上傳」命令，或按游標所在第 2 個箭頭符號的【上傳】鈕，就可以編譯 / 上傳 Arduino C 程式至 ESP32-CAM 開發板。

```
esp32cam_mqtt | Arduino IDE 2.3.6
```

Step 6 等到上傳程式完畢且沒有錯誤後，我們就可以重設開發板來啟動執行我們上傳的 Arduino C 程式。

因為 AI 之眼還需要編輯 esp32cam_config.txt 設定檔的參數來連線 WiFi 和 MQTT 代理人，請先移除 USB 傳輸線，即可停止 ESP32-CAM 開發板執行 Arduino C 程式。

13-4 在 Node-RED 流程使用 MQTT 操控 AI 之眼

在完成上傳 ESP32-CAM 開發板的 Arduino C 程式後，我們還需要在 Micro-SD（TF SD）卡新增 esp32cam_config.txt 設定檔來完成 AI 之眼的建立，然後，就可以建立 Node-RED 流程使用 MQTT 來操控 AI 之眼。

請注意!因為 MQTT 通訊協定並非為了傳送影像等大量資料所設計,所以,在第 13-5 節筆者是在本機 Node-RED 架設 MQTT 代理人,直接使用本機 MQTT 代理人來操控 AI 之眼,可以避免大量資料傳輸的網路延遲問題。

設定檔:esp32cam_config.txt

在 esp32cam_config.txt 設定檔提供 ESP32-CAM 開發板的 WiFi 連線和 MQTT 的相關設定,換句話說,Arduino C 程式只需上傳燒錄一次後,我們只需修改 esp32cam_config.txt 設定檔,就可以使用在不同的 WiFi 連線環境和 MQTT 代理人。

請使用記事本或 Thonny 開啟「ch13\esp32cam_config.txt」,就可以看到設定檔的內容,如下圖所示:

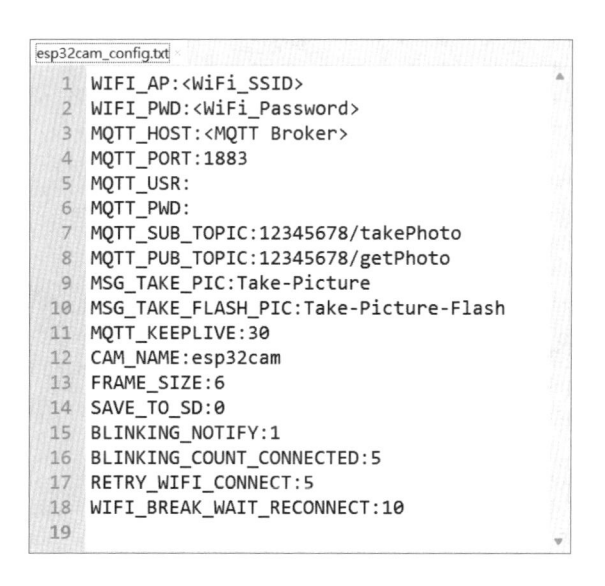

```
esp32cam_config.txt
1  WIFI_AP:<WiFi_SSID>
2  WIFI_PWD:<WiFi_Password>
3  MQTT_HOST:<MQTT Broker>
4  MQTT_PORT:1883
5  MQTT_USR:
6  MQTT_PWD:
7  MQTT_SUB_TOPIC:12345678/takePhoto
8  MQTT_PUB_TOPIC:12345678/getPhoto
9  MSG_TAKE_PIC:Take-Picture
10 MSG_TAKE_FLASH_PIC:Take-Picture-Flash
11 MQTT_KEEPLIVE:30
12 CAM_NAME:esp32cam
13 FRAME_SIZE:6
14 SAVE_TO_SD:0
15 BLINKING_NOTIFY:1
16 BLINKING_COUNT_CONNECTED:5
17 RETRY_WIFI_CONNECT:5
18 WIFI_BREAK_WAIT_RECONNECT:10
19
```

在上述設定檔的每一行是一項設定,位在「:」符號前是參數名稱;之後是不可有空白字元的參數值,其說明如下所示:

- WIFI_AP 和 WIFI_PWD:連線 WiFi 的帳號(SSID)與密碼。
- MQTT_HOST 和 MQTT_PORT:設定 MQTT 代理人的網址與連接埠號。

- MQTT_USR 和 MQTT_PWD：MQTT 連線的登入憑證，沒有認證，就不用填寫，維持空白即可。
- MQTT_SUB_TOPIC：ESP32-CAM 訂閱的主題，此主題是用來接收拍照命令。
- MQTT_PUB_TOPIC：ESP32-CAM 出版的主題，當拍照後，就是透過此主題來傳送照片的影像。
- MSG_TAKE_PIC 和 MSG_TAKE_FLASH_PIC：MQTT 拍照的命令訊息，分別是拍照，和帶閃光燈拍照。
- MQTT_KEEPLIVE：保持 MQTT 連線存活的時間，預設值 30 就是每 30 秒檢查一次。
- CAM_NAME：ESP32-CAM 相機名稱，此名稱也會用來建立 MQTT 客戶端的名稱。
- FRAME_SIZE：設定影格的解析度，值 6 是 FRAMESIZE_QVGA 常數，常用的常數值如下所示：

```
FRAMESIZE_96X96 = 0
FRAMESIZE_QQVGA = 1
FRAMESIZE_128X128 = 2
FRAMESIZE_QCIF = 3
FRAMESIZE_HQVGA = 4
FRAMESIZE_240X240 = 5
FRAMESIZE_QVGA = 6
FRAMESIZE_320X320 = 7
FRAMESIZE_CIF = 8
FRAMESIZE_HVGA = 9
FRAMESIZE_VGA = 10
FRAMESIZE_SVGA = 11
```

- SAVE_TO_SD：是否儲存到 Micro-SD（TF SD）卡，值 0 是不儲存（值 1 是儲存）。
- BLINKING_NOTIFY：是否啟用閃爍內建 LED 來通知 WiFi 連線成功，值 1 是啟用（值 0 是不啟用）。

- BLINKING_COUNT_CONNECTED：成功連接 WiFi 後閃爍內建 LED 的次數，值 5 是閃爍 5 次。
- RETRY_WIFI_CONNECT：WiFi 連接失敗時，重試的次數，值 5 是重試 5 次。
- WIFI_BREAK_WAIT_RECONNECT：WiFi 中斷後等待重新連接的時間，值 10 是 10 秒。

在編輯新增的 esp32cam_config.txt 設定檔後，就可以將檔案使用讀卡機複製至 Micro-SD（TF SD）卡（需格式化成 FAT32）的根目錄，如下圖所示：

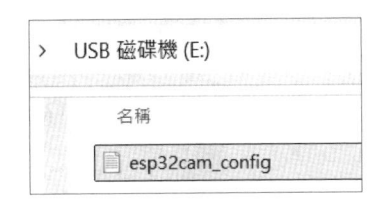

使用 MQTT 操控 AI 之眼　　　　　　　　　　　| ch13-4.json

請在 Arduino IDE 的上方工具列點選最後 1 個圖示開啟「序列埠監控窗」，然後將 Micro-SD（TF SD）卡插入 ESP32-CAM 的插槽後，使用 USB 傳輸線連接 Windows 電腦，就可以在【序列埠監控窗】標籤看到 ESP32-CAM 的連線資訊（鮑率：115200），如下圖所示：

當成功啟動 ESP32-CAM 開發板的 AI 之眼後，就可以部署和執行 Node-RED 流程：ch13-4.json，請點選 inject 節點，就可以透過 MQTT 送出拍照命令，然後從 MQTT 接收到拍照的影像，如下圖所示：

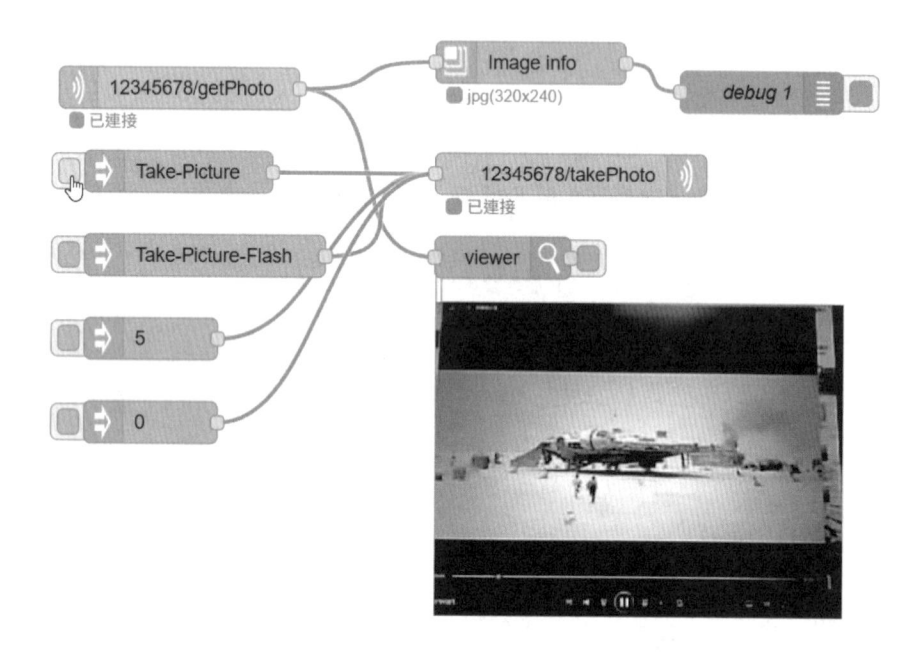

上述拍照命令如果是大於 0 的數字，就是啟動間隔此數字秒數的定時週期拍照，數字 0 的命令是停止週期拍照。在「除錯窗口」標籤可以顯示回傳影像的類型（type）、寬（width）和高（height），如下圖所示：

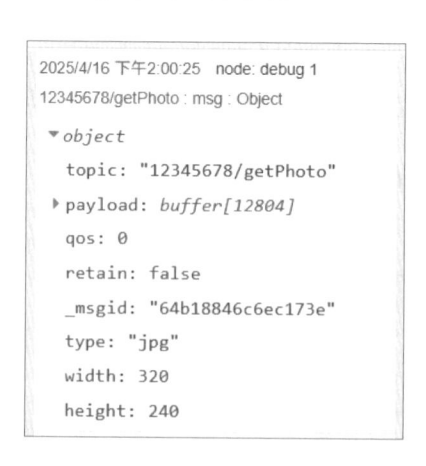

Node-RED 流程的節點說明，如下所示：

- mqtt in 節點：在【服務端】欄是選 MQTT 代理人 mqtt.eclipseprojects.io，【主題】欄輸入 12345678/getPhoto 訂閱主題，服務品質 QoS 是 0，在【輸出】欄預設自動檢測收到的訊息，如下圖所示：

服務端	mqtt.eclipseprojects.io:1883
Action	Subscribe to single topic
主題	12345678/getPhoto
QoS	0
輸出	自動檢測 (已解析的JSON對象、字符串或buffe

- image-info 節點：取得回傳影像的類型與尺寸。
- debug 節點：顯示完整 msg 物件的影像資訊。
- viewer 節點：預覽影像內容，在【Width】欄是 300。
- 4 個 inject 節點：分別送出 Take-Picture 和 Take-Picture-Flash 字串的拍照命令，數字命令是啟動和停止週期拍照，例如：送出數字 5，就是間隔 5 秒鐘進行拍照，數字 0 是停止週期拍照。
- mqtt out 節點：在【服務端】欄是選 MQTT 代理人 mqtt.eclipseprojects.io，【主題】欄輸入【12345678/takePhoto】，服務品質 QoS 是 1，保留是否，如下圖所示：

服務端	mqtt.eclipseprojects.io:1883
主題	12345678/takePhoto
QoS	1	保留	否

13-23

13-5 整合應用：本機 MQTT 代理人連線 AI 之眼

當 AI 之眼是使用免費的 MQTT 代理人時，若影像尺寸較大或太頻繁，不可避免的有明顯的延遲情況。因為 Node-RED 支援 MQTT 代理人節點，換句話說，我們可以建立本機 MQTT 代理人來連線 AI 之眼。

▌使用 node-red-contrib-aedes 節點建立本機 MQTT 代理人

Node-RED 的 MQTT 代理人節點是基於 aedes.js 的 MQTT 代理人。請從「網路」區段拖拉新增 aedes broker 節點至流程標籤頁（請注意！所有流程標籤頁只能有 1 個 aedes broker 節點），就可以開啟編輯節點的對話方塊來設定 MQTT 代理人，如下圖所示：

在【Connection】標籤是連線設定，【MQTT port】欄是使用 TCP 通訊協定的埠號 1883（預設值），如果需要使用 Websocket 通訊協定，請在【WS bind】選 port 後，在下方【WS port】欄輸入綁定的埠號，如下圖所示：

在【Security】標籤是設定 MQTT 代理人的認證資料，即使用者名稱和密碼登入代理人，不需認證資料，欄位請保留空白，如下圖所示：

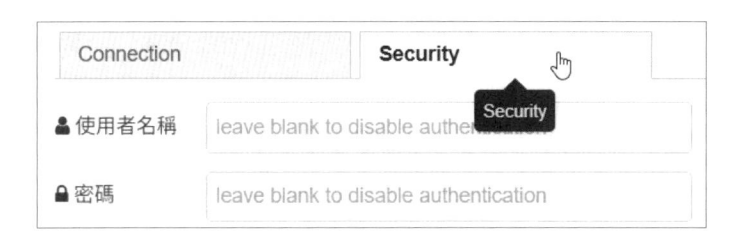

按【部署】鈕，就可以看到成功連接 Aedes MQTT 代理人（在下方狀態顯示已連接），如下圖所示：

因為 ESP32-CAM 開發板的 AI 之眼是連線本機 MQTT 代理人，此時需要使用本機 MQTT 代理人的 IP 位址來連線。請在 Windows 作業系統下方工作列的搜尋欄輸入 cmd，搜尋和啟動【命令提示字元】後，輸入下列命令來查詢本機 IP 位址，以此例是 192.168.1.101，如下所示：

> ipconfig Enter

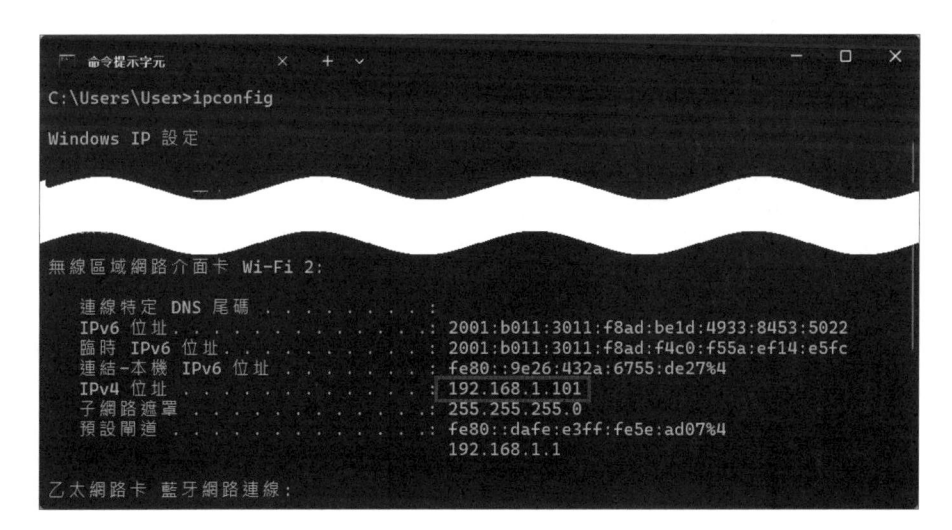

在 Windows 作業系統啟用 WiFi 分享

除了使用手機 WiFi 分享，如果有支援 WiFi 的 Windows 電腦或 USB 無線網路卡連線 WiFi，就可以在 Windows 10/11 作業系統啟用 WiFi 分享的行動熱點。請啟動 Windows 的【設定】程式，在左邊選【網路和網際網路】選項，就可以在右邊開啟【行動熱點】，如下圖所示：

然後，點選【行動熱點】項目進入編輯畫面，按右上角的【編輯】鈕來修改 WiFi 網路名稱和密碼，以此例是 iot 和 Aa123456，如下圖所示：

在上述圖例的下方顯示的是目前已連線的裝置清單，以此例就是 ESP32-CAM 開發板。

連線本機 MQTT 代理人來操控 AI 之眼　　　　　| ch13-5.json

當成功建立本機 MQTT 代理人和開啟 Windows 行動熱點後，就可以編輯 esp32cam_config.txt 設定檔來修改 WiFi 和 MQTT 設定。請修改第 1～2 行，改為行動熱點的名稱和密碼，第 3 行是本機 MQTT 代理人的 IP 位址，如下圖所示：

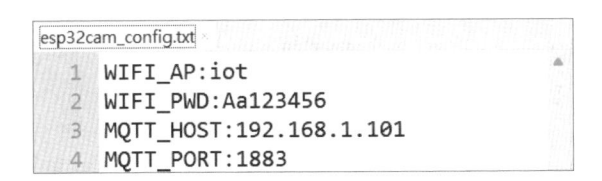

```
esp32cam_config.txt
1  WIFI_AP:iot
2  WIFI_PWD:Aa123456
3  MQTT_HOST:192.168.1.101
4  MQTT_PORT:1883
```

在完成編輯且儲存後，就可以重新啟動 AI 之眼的 ESP32-CAM 開發板。Node-RED 流程：ch13-5.json 是修改自第 13-4 節的 ch13-4.json，除了新增 aedes broker 節點外，還新增本機 MQTT 代理人的 mqtt-broker 配置節點，其執行結果與第 13-4 節完全相同，如下圖所示：

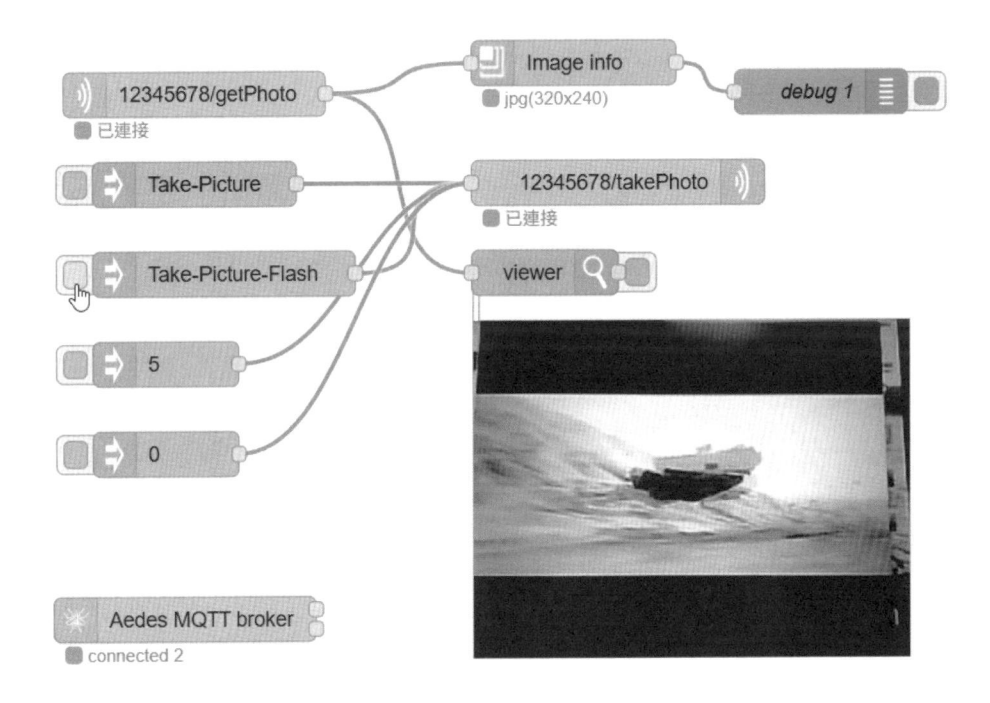

學習評量

1. 請簡單說明微控制器和開發板？什麼是 ESP8266 和 ESP32 開發板？

2. 請問為什麼物聯網應用需要使用 WiFi 無線基地台？

3. 請下載安裝 Arduino IDE 後，參考第 13-2-2 節安裝相關程式庫和 ESP 開發板來建立本章所需的 Arduino IDE 開發環境。

4. 請參考第 13-3 節的說明和步驟，燒錄建立 ESP32-CAM 開發板的 Arduino C 程式。

5. 請說明如何建立本機 MQTT 代理人來連線 AI 之眼的 ESP32-CAM 開發板。

CHAPTER 14

AIoT 與邊緣 AI 專題：Node-RED+Teachable Machine

▶ 14-1 在 Node-RED 儀表板顯示影像與上傳圖檔節點
▶ 14-2 在 Node-RED 儀表板即時分類 Webcam 影像
▶ 14-3 AIoT 與邊緣 AI 專題：上傳圖檔建立 AI 猜拳遊戲
▶ 14-4 AIoT 與邊緣 AI 專題：AI 之眼 +MQTT 的猜拳遊戲

14-1 在 Node-RED 儀表板顯示影像與上傳圖檔節點

在 Node-RED 儀表板可以使用 template 節點來顯示圖檔的影像，和使用 node-red-contrib-ui-upload 節點在儀表板建立介面來上傳圖檔。

14-1-1 在 Node-RED 儀表板顯示圖檔影像

在 Node-RED 的「dashboard」區段提供有【template】節點（並不是「功能」區段的【template】節點），可以使用 HTML 標籤 <img> 來顯示圖檔的影像，如下所示：

```
<img src="data:image/png;base64,{{msg.payload}}"
     width="{{msg.width}}" height="{{msg.height}}">
```

上述 <img> 標籤的 src 屬性值是使用 "data:image/png;base64," 開頭的 Base64 編碼字串的影像資料，在 width 和 height 參數是使用 msg.width 和 msg.height 屬性值來指定影像的尺寸。

Node-RED 流程：ch14-1-1.json 是使用 file inject 節點開啟圖檔後，使用「解析」區段的 base64 節點轉換成 Base64 編碼字串後，使用 change 節點來更改影像尺寸，即可在 template 節點顯示影像，如下圖所示：

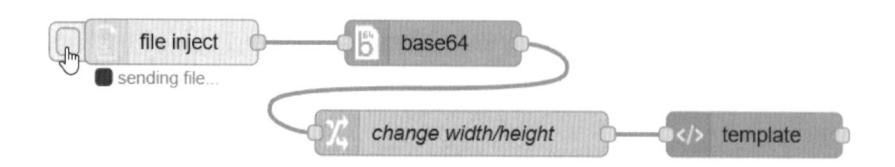

請點選【file inject】節點選取圖檔後，在 Node-RED 儀表板的 URL 網址是 http://localhost:1880/ui/，可以看到顯示的圖檔影像，如下圖所示：

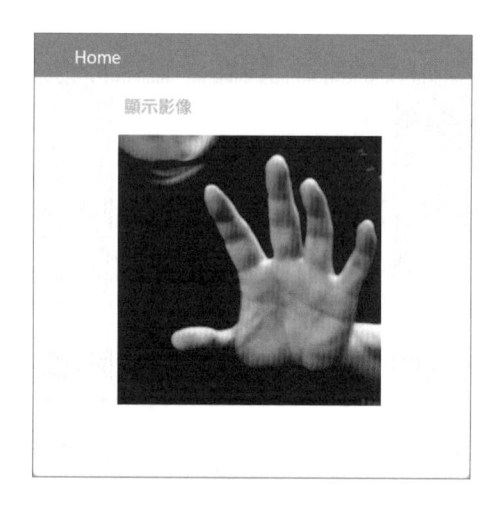

Node-RED 流程的節點說明，如下所示：

- file inject 節點：預設值。
- base64 節點：在【Action】欄位選擇將影像 Buffer 資料和 Base64 編碼字串進行互換（預設值），如右圖所示：

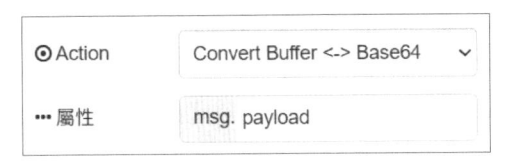

- change 節點：設定 msg.width 和 msg.height 屬性值，我們可以在此節點調整影像的尺寸，如下圖所示：

- template 節點：在【Group】欄選【[Home] 顯示影像】,【Size】欄是 6×7,【Template】欄位是本節前的 <img> 標籤，只有在之外加上 <div> 標籤，如下圖所示：

14-3

14-1-2 使用 Node-RED 儀表板的上傳檔案節點

Node-RED 的 node-red-contrib-ui-upload 節點可以在儀表板建立上傳檔案的使用介面。Node-RED 流程：ch14-1-2.json 是修改第 14-1-1 節的流程，改用 node-red-contrib-ui-upload 節點取代 file inject 節點來上傳圖檔，如下圖所示：

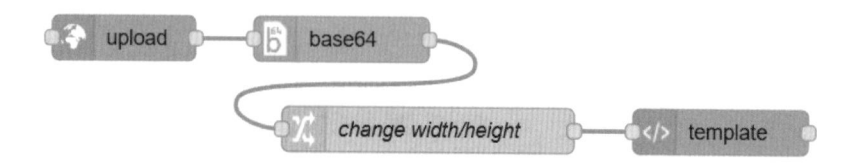

在 Node-RED 儀表板的 URL 網址是 http://localhost:1880/ui/，可以看到上傳圖檔的介面，請點選【選擇檔案】鈕選取圖檔後，按下方藍色三角箭頭上傳影像後，可以在下方顯示上傳圖檔的影像，如下圖所示：

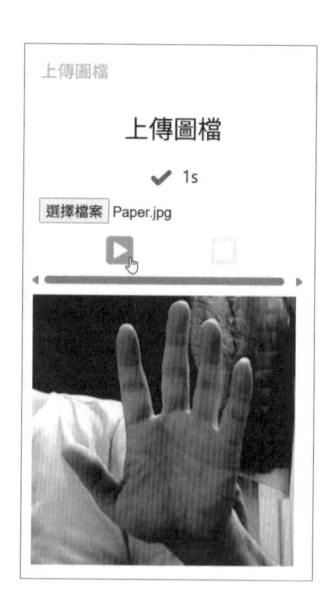

Node-RED 流程的節點說明，如下所示：

- upload 節點：在【Group】欄選【[Home] 上傳圖檔】，【Size】欄是 6×4，【Title】欄位輸入標題文字，【Transfer type】欄位是【Binary】的二進位圖檔，如右圖所示：

Group	[Home] 上傳圖檔
Size	6 x 4
Title	上傳圖檔
Name	
Accept file types	text/*,.csv,.txt
Chunk size (kB)	256
Transfer type	Binary

14-2 在 Node-RED 儀表板即時分類 Webcam 影像

當第 9 章訓練好 Teachable Machine 模型、匯出模型和複製 JavaScript 程式碼後，在這一節我們準備修改 Node-RED 流程 ch9-4-1.json 成為 ch14-2.json，可以在 Node-RED 儀表板來即時分類 Webcam 影像，和將分類結果顯示在 text 節點，如下圖所示：

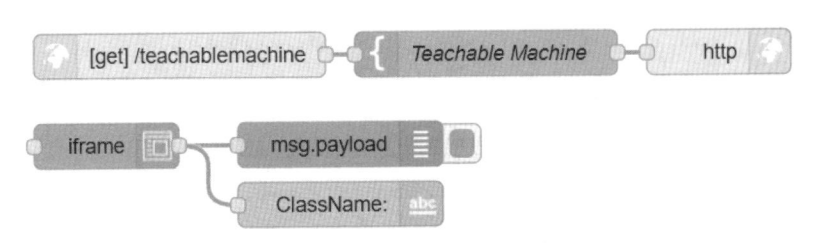

在 Node-RED 儀表板 http://localhost:1880/ui/ 可以看到 iframe 節點顯示的 Web 網站（即第 1 個流程），請按【Start】鈕啟動 Webcam 後，可以在上方 text 節點看到影像的分類結果，以此例是剪刀，如下圖所示：

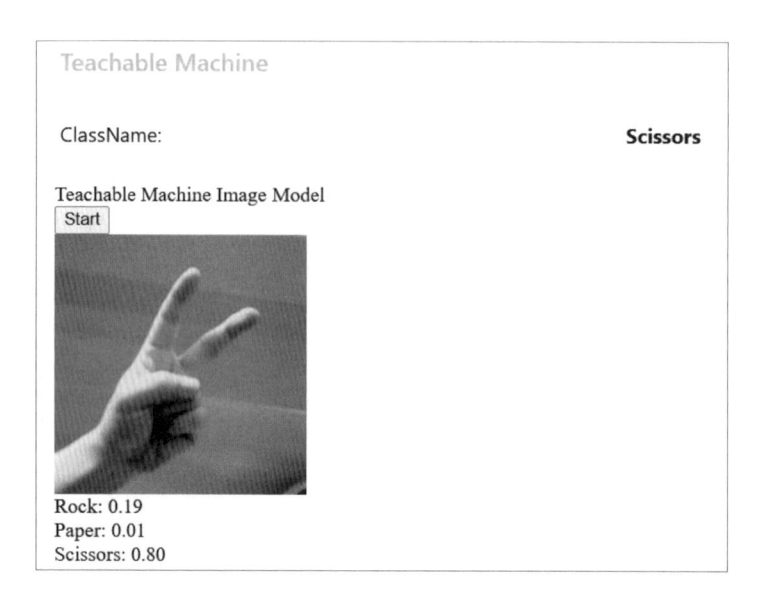

```
Teachable Machine

ClassName:                                    Scissors

Teachable Machine Image Model
[Start]

Rock: 0.19
Paper: 0.01
Scissors: 0.80
```

Node-RED 流程的節點說明，如下所示：

- http in 節點：使用 GET 方法，路由是「/teachablemachine」。
- template 節點：請將第 9-3 節複製的 JavaScript 程式碼貼入此節點，如下圖所示：

```
 7      <script type="text/javascript">
49          // run the webcam image through the image model
50          async function predict() {
51              var pre_className = "";
52              // predict can take in an image, video or canvas html element
53              const prediction = await model.predict(webcam.canvas);
54              for (let i = 0; i < maxPredictions; i++) {
55                  const classPrediction =
56                      prediction[i].className + ": " + prediction[i].probability.toFixed(2);
57                  labelContainer.childNodes[i].innerHTML = classPrediction;
58                  if (prediction[i].probability.toFixed(2) >= 0.8) {
59                      var className = prediction[i].className;
60                      if (className != pre_className) {
61                          window.postMessage(className, "http://localhost:1880/");
62                          pre_className = className;
63                      }
64                  }
```

```
65        }
66      }
67    </script>
```

上述程式碼首先在第 51 行插入下列程式碼,變數 pre_className 是用來記住前一個辨識出的分類,如下所示:

```
var pre_className = "";
```

然後在第 58~64 行新增 if 條件敘述判斷預測的可能性是否超過 0.8(即 80%),如果是,就取得分類名稱 className,內層 if 條件判斷和之前的分類名稱是否相同,如果不同,就使用 Web Messaging API 的 postMessage() 方法將第 1 個參數的分類字串發送訊息至第 2 個參數的 URL 網址,因為 Node-RED 儀表板和 iframe 節點是同一個網域,所以並不需要使用 window.parent 來呼叫 postMessage() 方法,如下所示:

```
if (prediction[i].probability.toFixed(2) >= 0.8) {
    var className = prediction[i].className;
    if (className != pre_className) {
        window.postMessage(className,"http://localhost:1880/");
        pre_className = className;
    }
}
```

在 iframe 節點後的 Node-RED 流程,可以使用 msg.payload 屬性值取得傳遞的分類名稱字串。

- http response 和 debug 節點:預設值。
- iframe 節點:在【Group】欄新增或選【[Home] Teachable Machine】,【Size】欄選 10x10,在【URL】欄輸入【http://localhost:1880/teachablemachine】(即第 1 個流程的 Web 網站),如下圖所示:

[欄位設定圖示]

- text 節點：在【Group】欄選【[Home] Teachable Machine】,【Label】欄輸入【ClassName:】,如下圖所示：

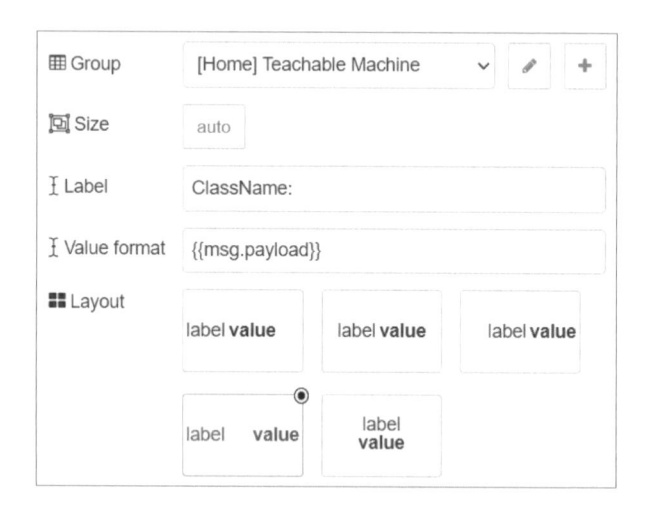

[欄位設定圖示]

14-3 AIoT 與邊緣 AI 專題：上傳圖檔建立 AI 猜拳遊戲

現在,我們準備建立 AI 猜拳遊戲,請使用選取或上傳圖檔來進行影像分類,當你出了剪刀、石頭或布後,就使用 random 節點產生 0～2 之間的亂數來模擬電腦出拳,即可判斷是你贏；還是電腦贏。

建立 AI 猜拳遊戲　　　　　　　　　　　　| ch14-3.json

Node-RED 流程是使用 file inject 節點來選取剪刀、石頭或布的圖檔，在使用 Teachable Machine 模型進行分類後，使用 function 節點將出拳結果轉換成 0～2 的數值，再使用 random 節點產生 0～2 的值，即可使用 function 節點來判斷勝負，如下圖所示：

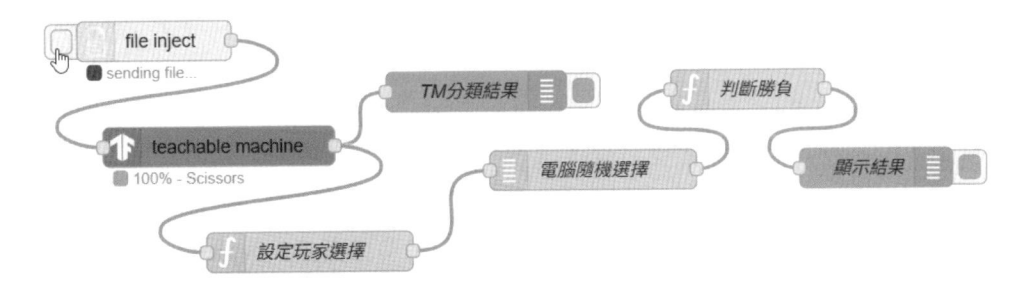

請點選 file inject 選取剪刀、石頭和布的圖檔後，就可以在「除錯窗口」標籤顯示分類結果是 "Scissors" 和猜拳結果是 "您贏了！"，如下圖所示：

```
2025/4/19 下午4:27:36   node: TM分類結果
msg.payload : array[1]
▼ array[1]
  ▼ 0: object
      class: "Scissors"
      score: 0.9993826746940613
2025/4/19 下午4:27:36   node: 顯示結果
msg.payload : Object
▼ object
    playerChoice: "剪刀"
    computerChoice: "布"
    result: "您贏了！"
```

Node-RED 流程的節點說明，如下所示：

- file inject 節點：預設值。

- teachable machine 節點：在【Mode】欄選 Online（只支援 Online），【Url】欄就是 Teachable Machine 模型的 URL 網址，【Output】欄是【Best prediction】最佳預測，如下圖所示：

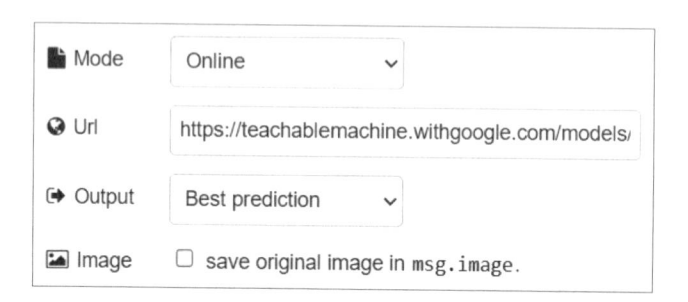

```
Mode    Online
Url     https://teachablemachine.withgoogle.com/models/
Output  Best prediction
Image   ☐ save original image in msg.image.
```

- debug 節點：名為【TM 分類結果】的節點可以顯示 msg.payload 屬性值。
- function 節點：名為【設定玩家選擇】的節點是將分類結果改為 0～2 的數字，這是使用 JavaScript 程式碼的 switch 多選一條件敘述，判斷 msg.playerChoice 屬性值的使用者出拳，如下圖所示：

```
1   // 將Teachable Machine的結果轉換為數字
2   let playerChoice;
3   switch (msg.payload[0].class) {
4       case "Scissors":
5           playerChoice = 0;
6           break;
7       case "Rock":
8           playerChoice = 1;
9           break;
10      case "Paper":
11          playerChoice = 2;
12          break;
13      default:
14          playerChoice = -1; // 無效的選擇
15  }
16
17  msg.playerChoice = playerChoice;
18
19  return msg;
```

- random 節點：可以產生 0～2 之間的整數亂數字，指定給 msg.computerChoice 屬性值，這是電腦出拳，如右圖所示：

⋯ 屬性	msg. computerChoice
⤫ Generate	a whole number - integer
⬇ From	0
⬆ To	2

- function 節點：名為【判斷勝負】的節點是判斷 msg.playerChoice 和 msg.computerChoice 的結果，這是使用第 16～26 行的 if/else if 多選一條件敘述，判斷猜拳結果是平手或哪一位贏了，如下圖所示：

```
1   // 取得玩家和電腦的選擇
2   const playerChoice = msg.playerChoice;
3   const computerChoice = msg.computerChoice;
4   // 建立選擇的名稱對照表
5   const choices = ["剪刀", "石頭", "布"];
6   // 判斷是否有效的玩家選擇
7   if (playerChoice === -1) {
8       msg.payload = "無法辨識您的手勢，請再試一次。";
9       return msg;
10  }
11  // 建立結果訊息
12  msg.playerChoiceName = choices[playerChoice];
13  msg.computerChoiceName = choices[computerChoice];
14  // 判斷勝負
15  let result;
16  if (playerChoice === computerChoice) {
17      result = "平手";
18  } else if (
19      (playerChoice === 0 && computerChoice === 2) || // 剪刀勝布
20      (playerChoice === 1 && computerChoice === 0) || // 石頭勝剪刀
21      (playerChoice === 2 && computerChoice === 1)    // 布勝石頭
22  ) {
23      result = "您贏了！";
24  } else {
25      result = "電腦贏了！";
26  }
27  // 設定最終結果
28  msg.payload = {
29      playerChoice: msg.playerChoiceName,
30      computerChoice: msg.computerChoiceName,
31      result: result
32  };
33  return msg;
```

- debug 節點：名為【顯示結果】的節點可以顯示 msg.payload 屬性值。

上傳圖檔建立 AI 猜拳遊戲　　　　　　　　| ch14-3a.json

Node-RED 流程是修改 ch14-3.json，將 file inject 節點改為 upload 上傳檔案節點，如下圖所示：

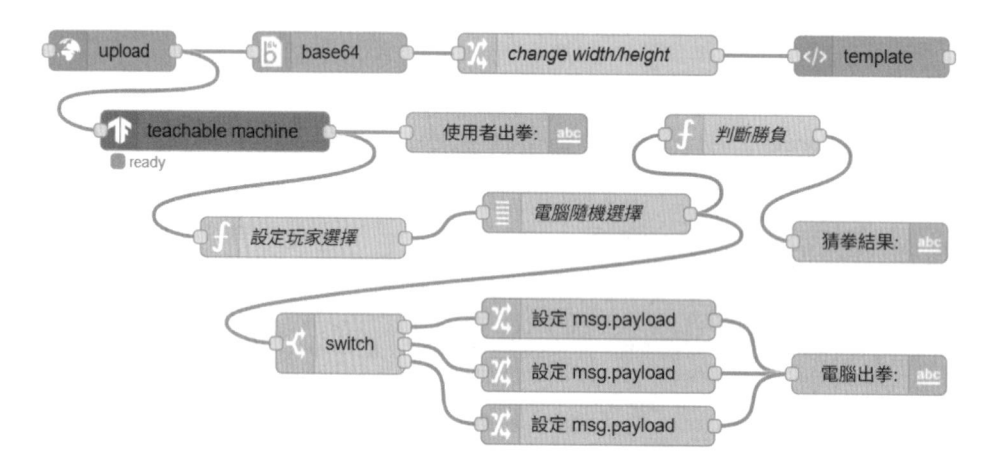

在 Node-RED 儀表板的 URL 網址是 http://localhost:1880/ui/，可以看到上傳圖檔的介面，請點選【選擇檔案】鈕選取圖檔後，按下方藍色三角箭頭上傳影像後，可以在右方顯示猜拳結果，如下圖所示：

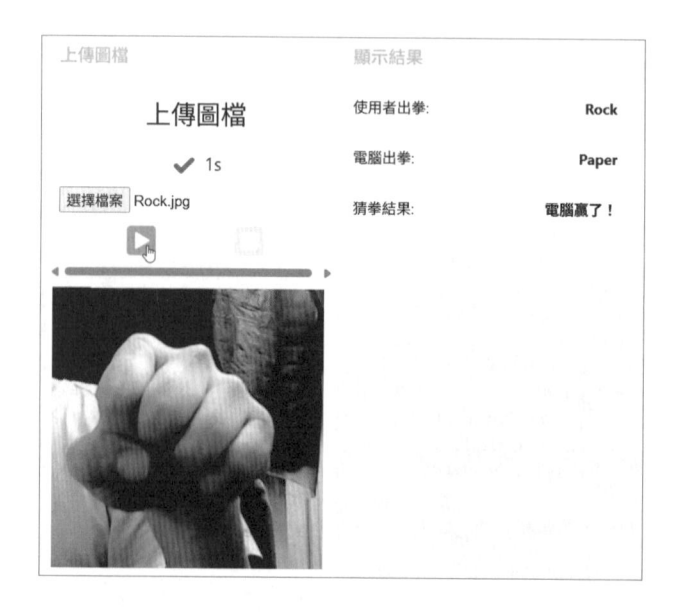

Node-RED 流程的節點說明，如下所示：

- upload 節點：在【Group】欄選【[Home] 上傳圖檔】，【Size】欄是 6×4，【Title】欄位輸入標題文字，【Transfer type】欄位是【Binary】的二進位圖檔，如下圖所示：

- base64 節點：在【Action】欄位選擇將影像 Buffer 資料和 Base64 編碼字串進行互換（預設值），如下圖所示：

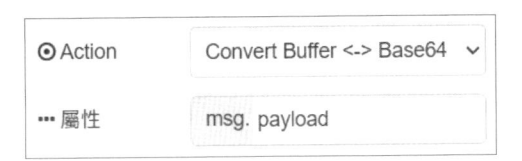

- change 節點：設定 msg.width 和 msg.height 屬性值，我們可以在此節點調整影像的尺寸，如下圖所示：

14-13

- template 節點：在【Group】欄選【[Home] 上傳圖檔】,【Size】欄是 6×6,【Template】欄位是本節前的 <img> 標籤，只有在之外加上 <div> 標籤，如下圖所示：

- 第 1 個 text 節點：在【Group】欄選【[Home] 顯示結果】,【Label】欄輸入【使用者出拳:】，在【Value format】欄改成【{{msg.payload[0].class}}】，取出分類結果的名稱，如下圖所示：

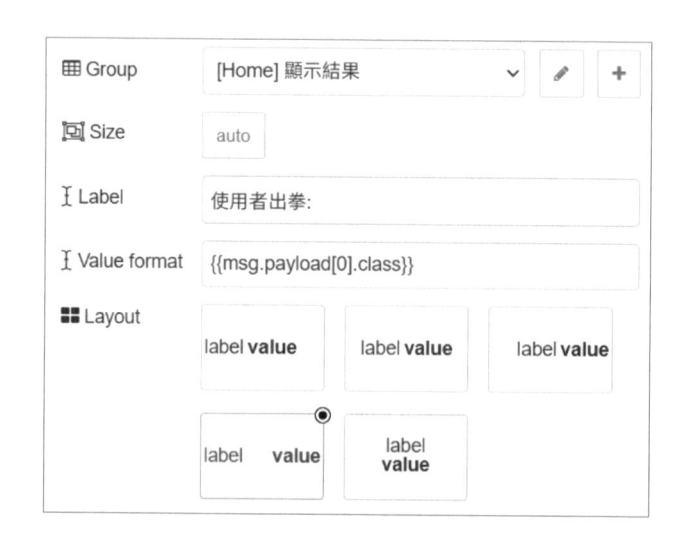

- switch 節點：建立判斷條件，可以將 random 節點的 0～2 值轉換成之後 change 節點的字串名稱，如下圖所示：

- 3 個 change 節點：分別指定電腦出拳是 Scissors、Rock 或 Paper，以第 1 個節點為例，如下圖所示：

- 第 2 個 text 節點：在【Group】欄選【[Home] 顯示結果】，【Label】欄輸入【電腦出拳:】，可以顯示電腦出拳的分類名稱，如下圖所示：

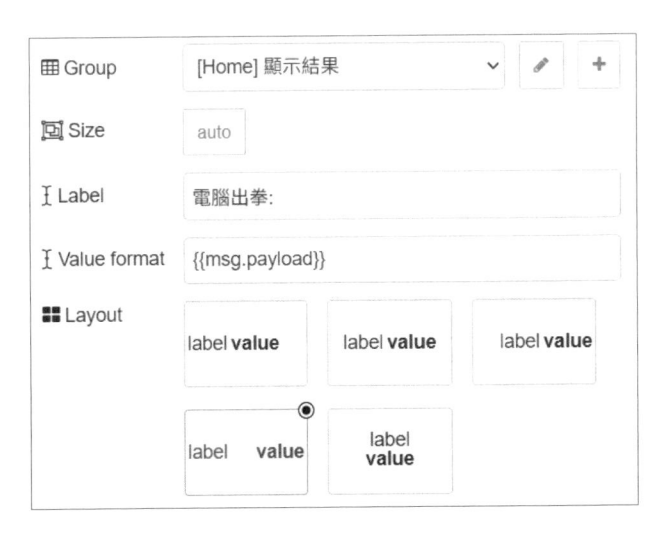

14-15

- 第 3 個 text 節點：在【Group】欄選【[Home] 顯示結果】,【Label】欄輸入【猜拳結果:】,在【Value format】欄改成【{{msg.payload.result}}】,可以顯示猜拳結果,如下圖所示：

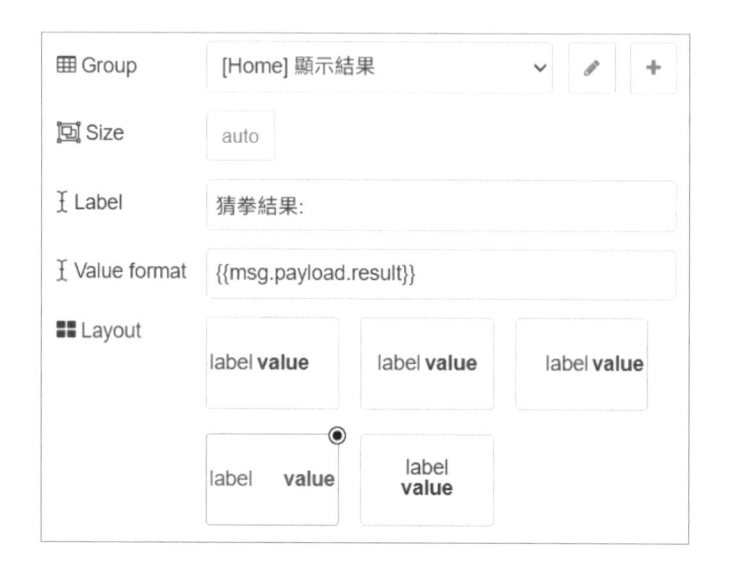

14-4 AIoT 與邊緣 AI 專題：建立 AI 之眼＋MQTT 的猜拳遊戲

我們準備整合第 13-4 節 ESP32-CAM 的拍照流程和第 14-3 節的 AI 猜拳遊戲,可以即時拍照來玩 AI 猜拳遊戲。當成功啟動 ESP32-CAM 的 AI 之眼後,就可以部署和執行 Node-RED 流程：ch14-4.json,在第 1 個流程的 upload 節點已經替換成 mqtt in 節點,改成透過 MQTT 來取得手勢的影像,如右圖所示：

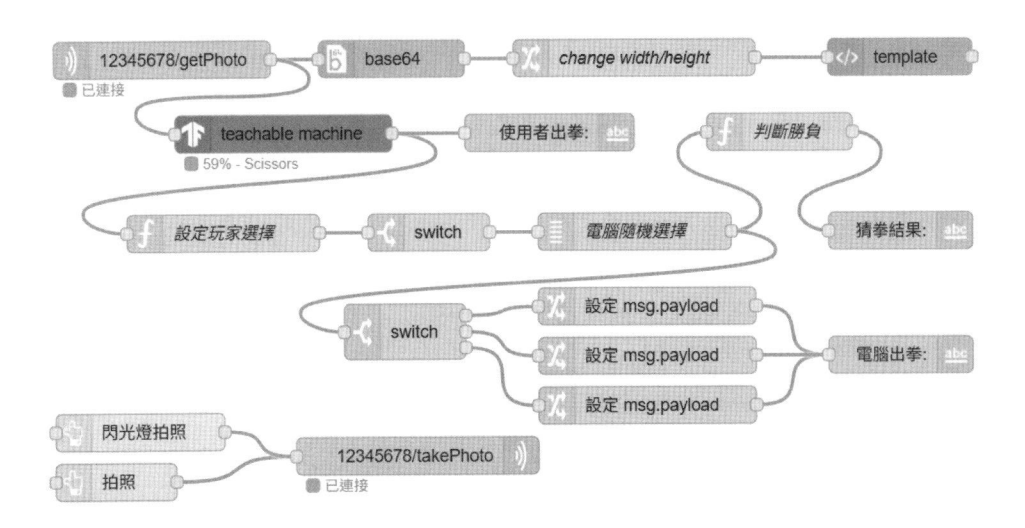

上述第 2 個流程是使用 MQTT 訊息來進行拍照。在 Node-RED 儀表板的 URL 網址是 http://localhost:1880/ui/，可以看到二個拍照按鈕，請點選任何一個拍照鈕，都可以在下方顯示從 MQTT 取得的影像，和在右方顯示 AI 猜拳遊戲的結果，如下圖所示：

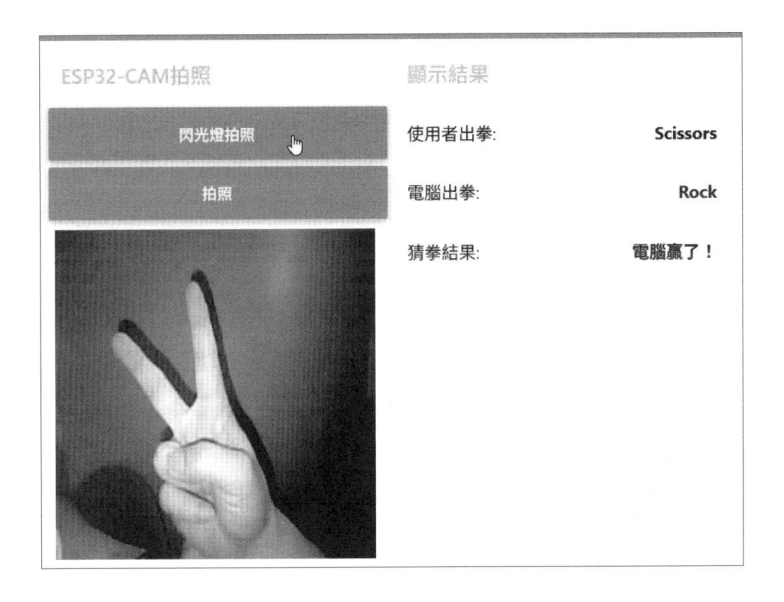

Node-RED 流程的主要節點說明，如下所示：

- mqtt in 節點：在【服務端】欄是選 MQTT 代理人 mqtt.eclipseprojects.io，【主題】欄輸入 12345678/getPhoto 訂閱主題，服務品質 QoS 是 0，在【輸出】欄預設自動檢測收到的訊息，如下圖所示：

- 第 1 個 button 節點：在【Group】欄選【[Home] ESP32-CAM 拍照】，【Label】欄是按鈕的標題文字，【Payload】欄位是 MQTT 訊息 Take-Picture-Flash 命令，如下圖所示：

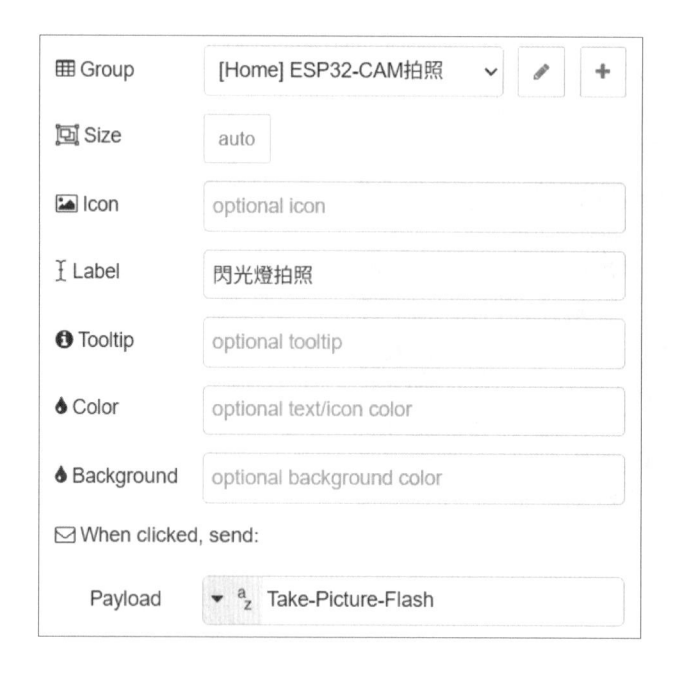

- 第 2 個 button 節點：在【Group】欄選【[Home] ESP32-CAM 拍照】,【Label】欄是按鈕的標題文字,【Payload】欄位是 MQTT 訊息 Take-Picture 命令, 如下圖所示：

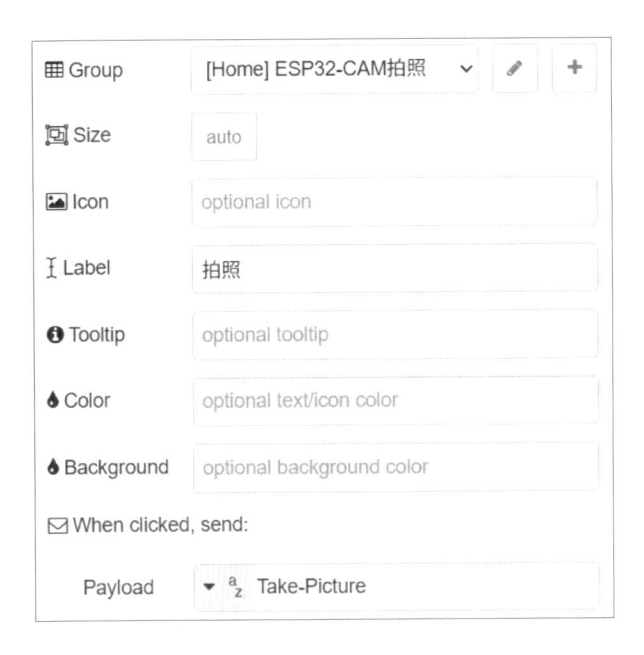

- mqtt out 節點：在【服務端】欄是選 MQTT 代理人 mqtt.eclipseprojects.io,【主題】欄輸入【12345678/takePhoto】, 服務品質 QoS 是 1, 保留是否, 如下圖所示：

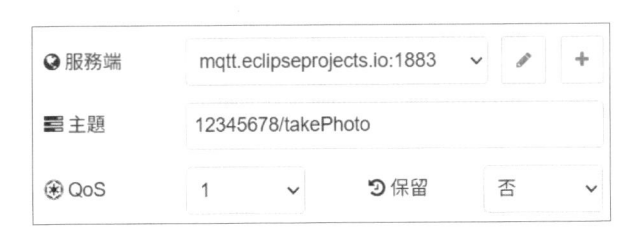

CHAPTER 15

AIoT 與邊緣 AI 專題：Node-RED+YOLO

- ▶ 15-1 Node-RED 影像工具箱與條碼生成節點
- ▶ 15-2 使用 Tesseract-OCR 文字識別
- ▶ 15-3 訓練 YOLO 車牌偵測模型
- ▶ 15-4 AIoT 與邊緣 AI 專題：YOLO＋Tesseract-OCR 車牌辨識
- ▶ 15-5 AIoT 與邊緣 AI 專題：上傳圖檔的 YOLO 蘋果物體偵測
- ▶ 15-6 AIoT 與邊緣 AI 專題：YOLO＋Streamlit 即時串流偵測

15-1 Node-RED 影像工具箱與條碼生成節點

Node-RED 的 node-red-contrib-image-tools 節點是使用 Node.js 的 Jimp 影像處理函式庫的一個影像工具箱，在第 9-2-2 節已經說明過 viewer 顯示影像節點，這一節將說明影像處理功能和條碼生成與識別。

15-1-1 Node-RED 影像工具箱節點

影像節點 (Image Node) 可以從檔案、HTTP、Base64 字串或緩衝區來讀取影像資料後，支援 Jimp 函式庫超過 40 種的影像處理功能。

影像的剪裁、旋轉和縮放處理　　　　　　　| ch15-1-1.json

在 Node-RED 的「image tools」區段的 image 節點可以執行影像處理，例如：剪裁、旋轉和縮放處理。在 Node-RED 流程點選 file inject 節點，選擇位在「ch15\images」目錄的 car1.jpg 圖檔，即可看到剪裁出的車牌、放大和轉換的影像處理結果，如下圖所示：

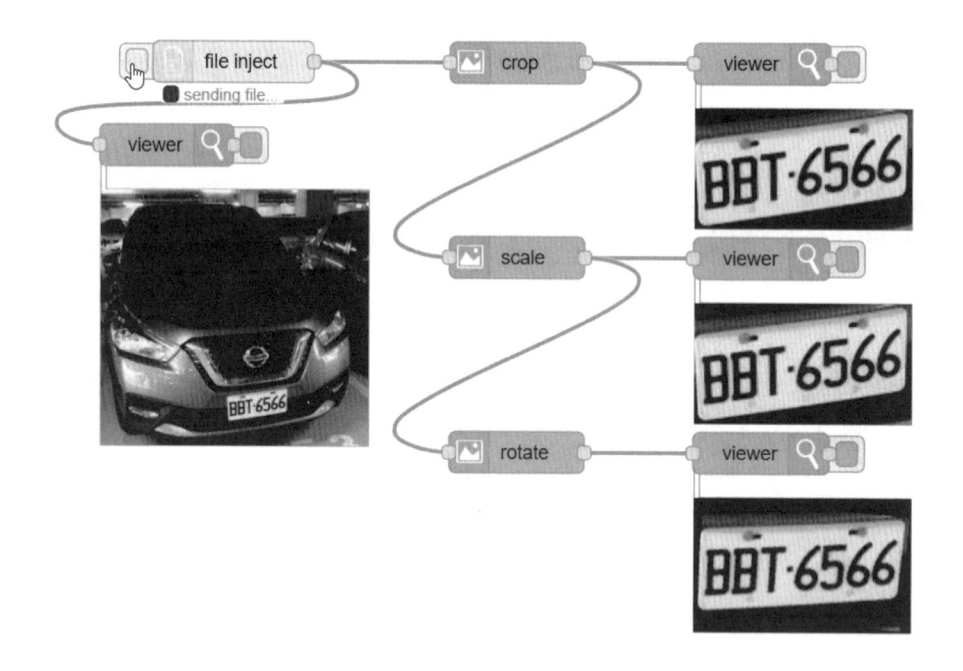

Node-RED 流程的節點說明，如下所示：

- file inject 節點：預設值。
- 4 個 viewer 節點：只有在 file inject 節點下方的【Width】欄是 200，其他都是預設值 160。
- 第 1 個 image 節點：【image】欄是影像來源，在【Function】欄選擇使用的影像處理，以此例是選【crop】剪裁，在【Output】欄選輸出是 buffer（也可以是 image 和 base64），【Output Property】欄是輸出影像的屬性值，如右圖所示：

15-2

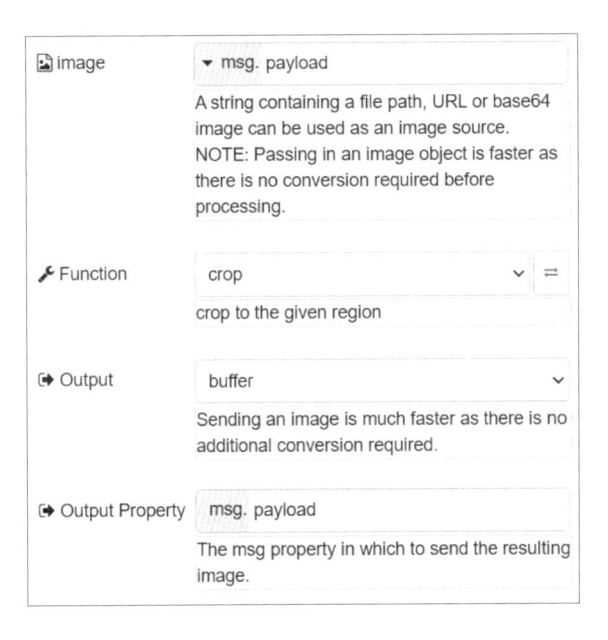

image	msg. payload
	A string containing a file path, URL or base64 image can be used as an image source. NOTE: Passing in an image object is faster as there is no conversion required before processing.
Function	crop
	crop to the given region
Output	buffer
	Sending an image is much faster as there is no additional conversion required.
Output Property	msg. payload
	The msg property in which to send the resulting image.

因為是 crop 剪裁，所以需要指定剪裁區域的左上角 (x, y) 座標，w 寬和 h 高，值可以是屬性值或數值，如下圖所示：

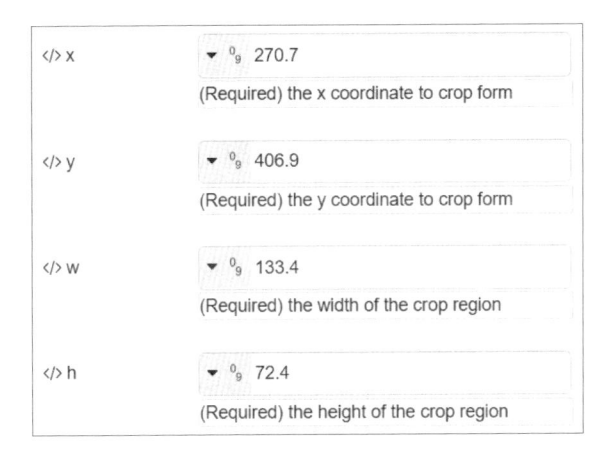

x	270.7
	(Required) the x coordinate to crop form
y	406.9
	(Required) the y coordinate to crop form
w	133.4
	(Required) the width of the crop region
h	72.4
	(Required) the height of the crop region

- 第 2 個 image 節點：在【Function】欄選【scale】縮放，【f】欄是縮放比例，3 是放大三倍（0.5 是縮小一半），在【mode】欄選擇縮放方法，如下圖所示：

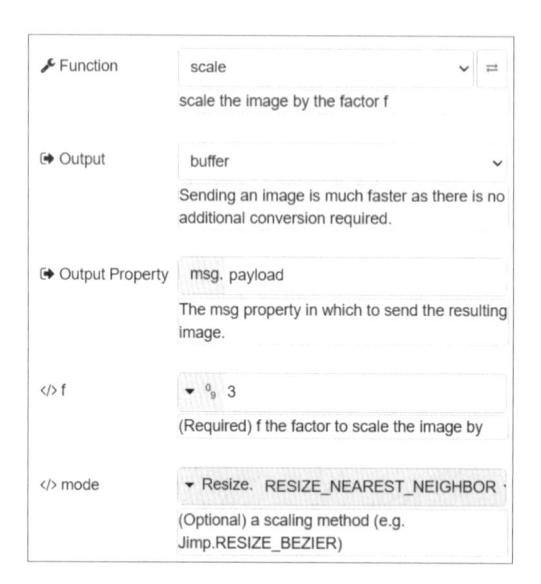

Function	scale
	scale the image by the factor f
Output	buffer
	Sending an image is much faster as there is no additional conversion required.
Output Property	msg. payload
	The msg property in which to send the resulting image.
</> f	3
	(Required) f the factor to scale the image by
</> mode	Resize. RESIZE_NEAREST_NEIGHBOR
	(Optional) a scaling method (e.g. Jimp.RESIZE_BEZIER)

- 第 3 個 image 節點：在【Function】欄選【rotate】旋轉，【deg】欄是旋轉角度，正值是順時針轉；負值是逆時針轉，在【mode】欄選擇縮放方法，如果是布林值，false 是不更改影像的寬和高，如下圖所示：

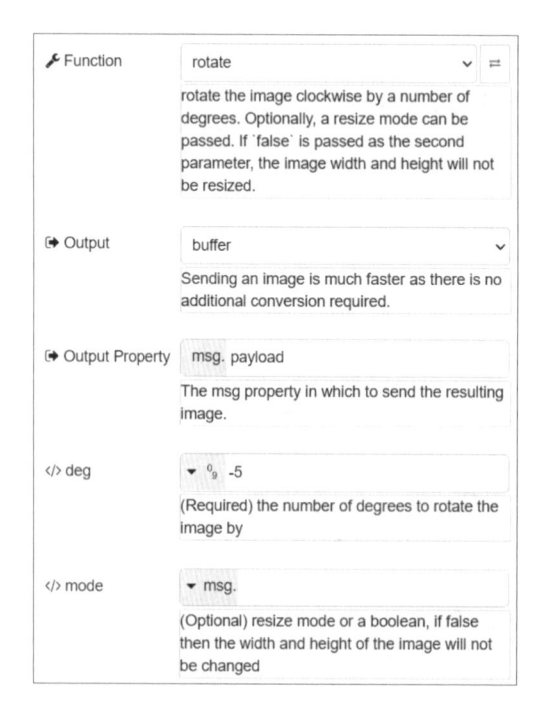

Function	rotate
	rotate the image clockwise by a number of degrees. Optionally, a resize mode can be passed. If `false` is passed as the second parameter, the image width and height will not be resized.
Output	buffer
	Sending an image is much faster as there is no additional conversion required.
Output Property	msg. payload
	The msg property in which to send the resulting image.
</> deg	-5
	(Required) the number of degrees to rotate the image by
</> mode	msg.
	(Optional) resize mode or a boolean, if false then the width and height of the image will not be changed

高斯模糊與二值化處理　　| ch15-1-1a.json

高斯模糊（Gaussian Blur）是使用高斯函數執行加權平均的影像模糊化的方法，可以產生更自然且更平滑的模糊，其目的是減少雜訊，這是很多電腦視覺演算法的預處理步驟。

二值化（Thresholding）是一種將影像轉換為黑白（或二值）影像的技術，其核心概念是設定一個「閾值」（Threshold），根據這個閾值來將影像中的像素分為兩類，如下所示：

- 高於閾值的像素：通常設為白色（255）。
- 低於閾值的像素：通常設為黑色（0）。

在 Node-RED 流程點選 file inject 節點，選擇位在「ch15\images」目錄的 images.jpg 圖檔，即可看到模糊化影像，和二值化的黑白影像，如下圖所示：

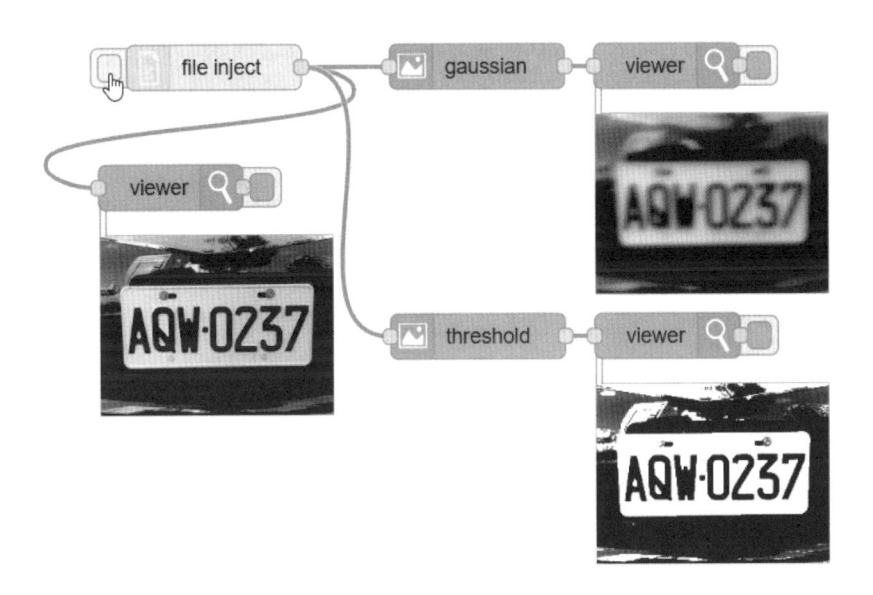

Node-RED 流程的節點說明，如下所示：

- file inject 節點：預設值。

15-5

- 3 個 viewer 節點：預設值。
- 第 1 個 image 節點：【image】欄是影像來源，在【Function】欄選【gaussian】高斯模糊，在【Output】欄選輸出是 buffer（也可以是 image 和 base64），【Output Property】欄是輸出影像的屬性值，在【r】欄是模糊半徑，這就是高斯核的有效範圍，可以影響模糊的強度，當半徑愈大，模糊效果就愈明顯，如下圖所示：

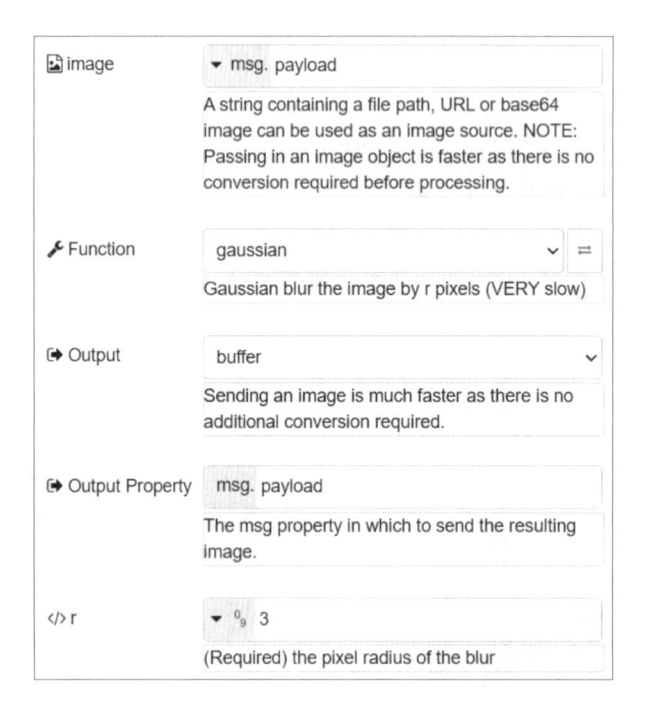

- 第 2 個 image 節點：在【Function】欄選【threshold】二值化，【max】欄是像素值超過（或低於）的閾值，在【replace】欄是取代值，預設是 255，【autoGreyscale】欄指定是否自動將影像轉換成灰階影像，預設值是 true，如右圖所示：

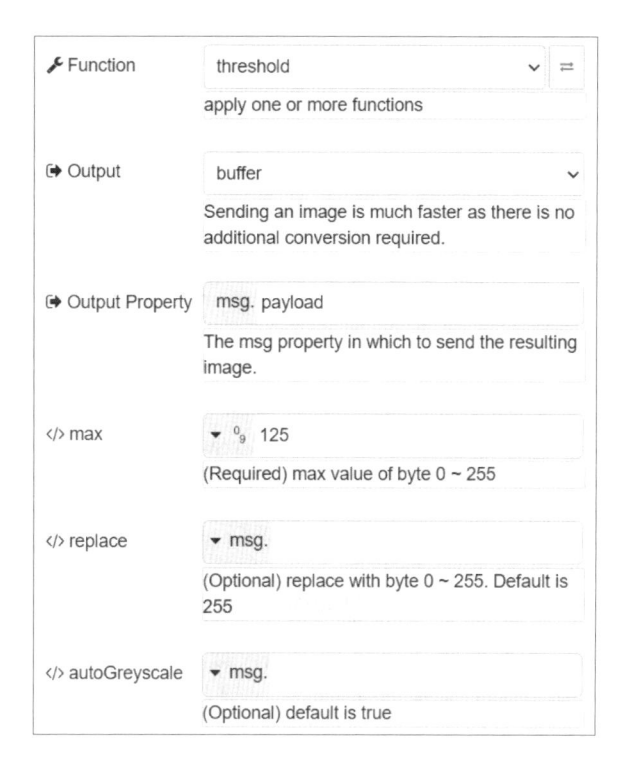

15-1-2 Node-RED 條碼生成節點

Node-RED 的 node-red-contrib-image-tools 節點支援條碼生成與識別，可以生成超過 100 種類型的條碼，在解碼部分能夠解碼一維條碼、QR 碼和 Data Matrix 條碼等。

將字串生成二維條碼　　　　　　　　　　　　　　| ch15-1-2.json

Node-RED 流程可以將 inject 節點送出的字串，使用「image tools」區段的 Barcode Generator 節點生成二維條碼影像，如下圖所示：

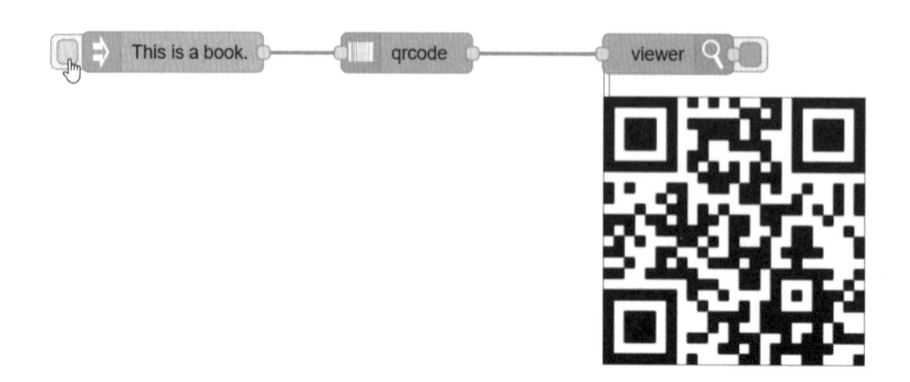

Node-RED 流程的節點說明，如下所示：

- inject 節點：送出字串 This is a book.。
- viewer 節點：Width 欄位值是 200。
- Barcode Generator 節點：【Text】欄是輸入的文字，以此例是 msg.payload 屬性值，在【Type】欄選擇產生的條碼種類，以此例是二維條碼【QR Code】，【Output Property】欄是輸出影像的屬性值，如下圖所示：

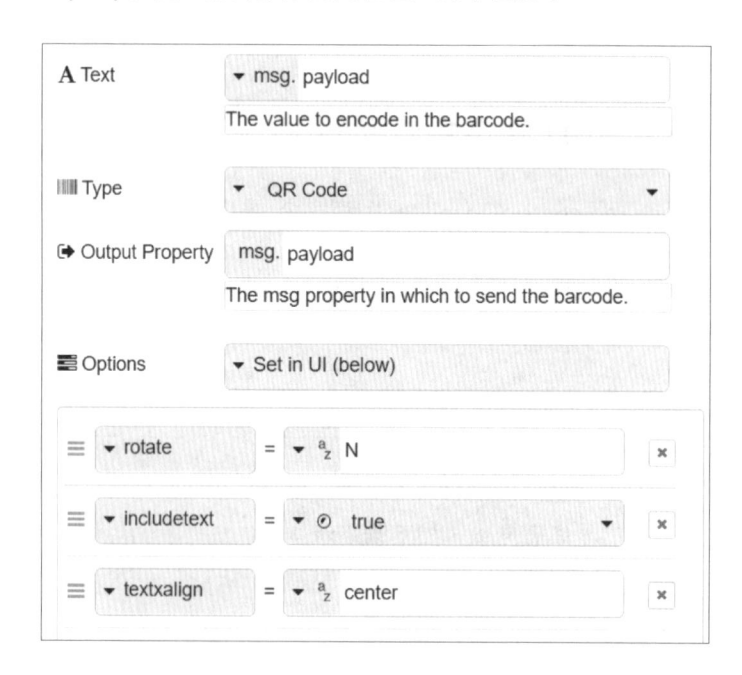

將二維條碼圖檔解碼成字串　　　　　　　| ch15-1-2a.json

Node-RED 流程是解碼 ch15-1-2.json 生成的二維條碼圖檔 barcode.jpg，這是使用「image tools」區段的 Barcode Decoder 節點來解碼二維條碼影像。

請點選 file inject 節點，選擇位在「ch15\images」目錄的 barcode.jpg 圖檔，即可在節點下方看到解碼出的字串，如下圖所示：

在「除錯窗口」標籤就可以看到二維條碼影像的解碼結果，如下圖所示：

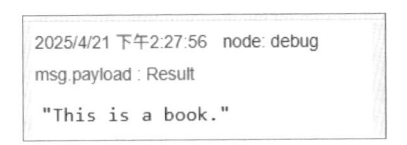

```
2025/4/21 下午2:27:56  node: debug
msg.payload : Result
"This is a book."
```

Node-RED 流程的節點說明，如下所示：

- file inject 節點和 debug 節點：預設值。
- Barcode Decoder 節點：【image】欄影像資料來源，以此例是 msg.payload 屬性值，在【format】欄勾選解碼的條碼種類，如下圖所示：

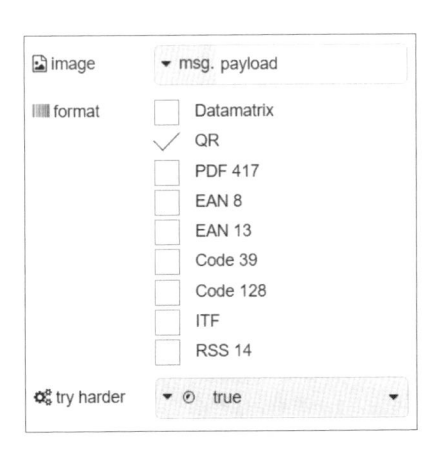

15-2 使用 Tesseract-OCR 文字識別

OCR 是 Optical Character Recognition 光學字元識別的縮寫，可以自動識別出影像中的文字將它轉換成字串。Tesseract-OCR 引擎最早是 HP 實驗室在 1985 年開發，目前 Tesseract 已經是 Google 開源項目，提供一個命令列工具來執行 OCR 操作，讓我們從影像識別出之中的文字。

15-2-1 使用 Node-RED 的 tesseract 節點

Node-RED 的 node-red-contrib-tesseract 節點是 JavaScript 版的 Tesseract-OCR，此節點目前只支援英文的 OCR 文字辨識。

Node-RED 流程：ch15-2-1.json 可以使用「分析」區段的 tesseract 節點將影像轉文字，請點選 file inject 節點，選擇位在「ch15\images」目錄的 sample.jpg 圖檔，就可以使用 tesseract 節點將影像中的文字轉換成字串，如下圖所示：

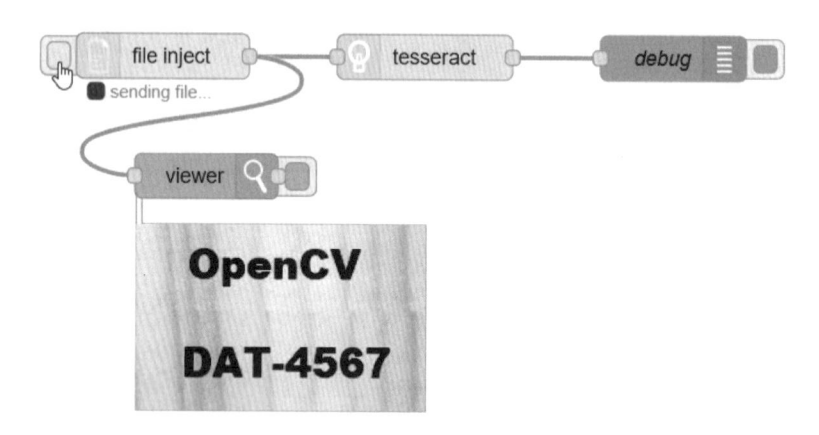

在「除錯窗口」標籤就可以看到辨識出的字串內容，如下圖所示：

Node-RED 流程的節點說明，如下所示：

- file inject 節點和 debug 節點：預設值。
- viewer 節點：Width 欄位值是 200。
- tesseract 節點：【Language】欄是文字識別的語言，目前此節點只支援 eng 英文，如下圖所示：

Name	Name
Language	eng

15-2-2 使用 Windows 版的 Tesseract-OCR

因為 JavaScript 版 Tesseract-OCR 的 OCR 文字辨識只支援英文，我們除了使用 Node-RED 節點外，也可以使用 Windows 版的 Tesseract-OCR，此版本支援多種語言包的 OCR 文字辨識。

下載安裝 Tesseract-OCR 與語言包

Windows 版 Tesseract-OCR 安裝程式的下載網址：https://github.com/UB-Mannheim/tesseract/wiki，如下圖所示：

Tesseract installer for Windows

Normally we run Tesseract on Debian GNU Linux, but there was also the need for a Windows version. That's why we have built a Tesseract installer for Windows.

WARNING: Tesseract should be either installed in the directory which is suggested during the installation or in a new directory. The uninstaller removes the whole installation directory. If you installed Tesseract in an existing directory, that directory will be removed with all its subdirectories and files.

The latest installers can be downloaded here:

- tesseract-ocr-w64-setup-5.5.0.20241111.exe (64 bit)

There are also older versions for 32 and 64 bit Windows available.

請點選上述超連結下載安裝程式檔案，在本書是下載 64 位元版本的【tesseract-ocr-w64-setup-5.5.0.20241111.exe】，當成功下載後請執行安裝程式來安裝 Tesseract，其安裝過程首先請選【English】語言，然後按【Next】鈕後，再按【I Agree】鈕同意授權後，按 3 次【Next】鈕，再按【Install】鈕開始安裝，最後按【Next】和【Finish】鈕完成安裝。

Tesseract-OCR 預設只提供英文語言包，請在語言包網址：https://github.com/tesseract-ocr/tessdata_best 下載繁體和簡體中文語言包後，直接將下載檔案複製至 Tesseract-OCR 安裝的「C:\Program Files\Tesseract-OCR\tessdata」目錄，就完成 Tesseract 語言包的安裝。

▌使用 exec 節點執行 Tesseract-OCR　　　　　| ch15-2-2.json

Windows 版的 Tesseract-OCR 支援命令列命令來使用 OCR 文字識別，其執行檔的路徑如下所示：

```
"C:\\Program Files\\Tesseract-OCR\\tesseract.exe"
```

上述執行檔只能接收檔案的命令列參數，所以 Node-RED 流程準備使用 image 節點將影像儲存成 image.jpg 圖檔後，使用「功能」區段的 exec 節點來執行外部程式。

請點選 file inject 節點，選擇位在「ch15\images」目錄的 sample2.jpg 圖檔，就可以使用 exec 節點執行 Windows 版 Tesseract-OCR，將影像中的文字轉換成字串，如下圖所示：

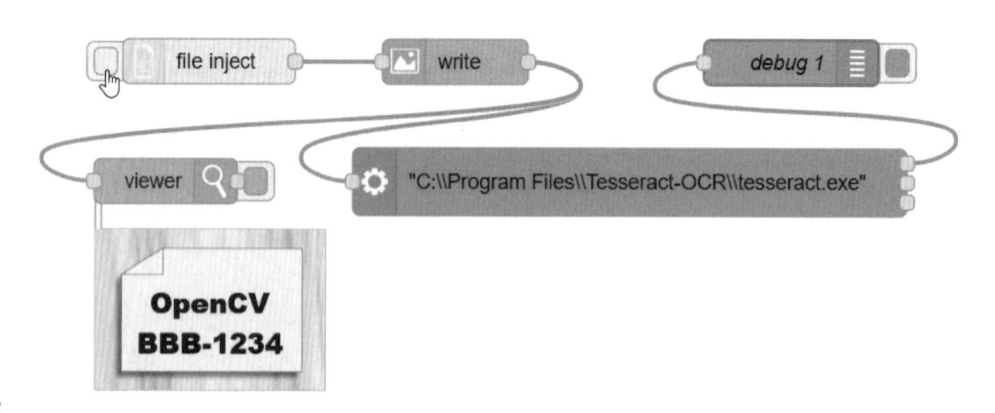

在「除錯窗口」標籤就可以看到辨識出的字串內容，如下圖所示：

```
2025/4/22 上午9:56:04  node: debug 1
msg.payload : string[22]
▶ "OpenCV↵↵BBB-1234↵↵"
```

Node-RED 流程的節點說明，如下所示：

- file inject 節點和 debug 節點：預設值。
- viewer 節點：Width 欄位值是 200。
- image 節點：在【Function】欄選【write】輸出成圖檔，【filename】欄是圖檔路徑，以此例是儲存成 image.jpg，如下圖所示：

- exec 節點：在 exec 節點的輸出有 3 個端點，第 1 個是成功執行的輸出，第 2 個是執行錯誤，第 3 個是回傳值，在【命令】欄是執行檔的路徑，如果路徑中擁有空白字元，請使用「"」括起，在【追加】欄是參數，可以使用 msg.payload 屬性值，或是在下方填入參數值，以此例是【image.jpg stdout -l eng】，image.jpg 是

圖檔路徑，stdout 是標準輸出，最後的 eng 是英文，在【輸出】欄選【當命令完成時 – exec 模式】，如下圖所示：

```
命令      "C:\\Program Files\\Tesseract-OCR\\tesseract.exe"
追加      ☐ msg. payload
          image.jpg stdout -l eng
輸出      當命令完成時 - exec模式
超時      可選填  秒
Hide console ☐
```

15-3 訓練 YOLO 車牌偵測模型

我們準備從 Roboflow Universal 搜尋和下載車牌偵測資料集，然後訓練一個 YOLO 物體偵測模型來執行 YOLO 車牌偵測，在此的車牌偵測只是偵測出車牌的物體，並不能識別出車牌中的文字內容。

15-3-1 使用 Roboflow Universal 資料集訓練 YOLO 模型

在本節使用的 Roboflow Universal 資料集是 license plate Computer Vision Project，其 URL 網址如下所示：

```
https://universe.roboflow.com/test-9mnwj/license-plate-ywcbx
```

AIoT 與邊緣 AI 專題：Node-RED+YOLO | 15

步驟一：下載 Roboflow Universal 資料集

請參閱第 10-3-2 節的步驟，登入 Roboflow Universal 後下載 YOLOv8 版的上述資料集，其下載檔名：license plate.v2i.yolov8.zip。在解壓縮後，複製至「ch15\ch15-3-1\data」目錄，可以看到資料集的目錄結構，如下圖所示：

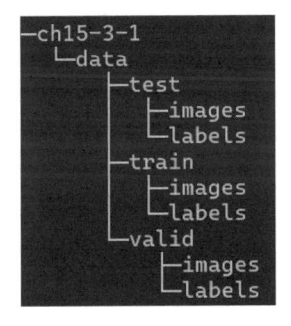

```
─ch15-3-1
  └─data
     ├─test
     │   ├─images
     │   └─labels
     ├─train
     │   ├─images
     │   └─labels
     └─valid
         ├─images
         └─labels
```

步驟二：建立 data.yaml 檔案

我們準備直接修改 Roboflow Universal 資料集的 data.yaml 檔案，首先請將此檔案複製至「ch15\ch15-3-1」目錄，然後啟動 Thonny 開啟檔案修改訓練、驗證和測試資料集的路徑都改為「./data」開頭，如下所示：

```
train: ./data/train/images
val: ./data/valid/images
test: ./data/test/images
```

```yaml
data.yaml
1  train: ./data/train/images
2  val: ./data/valid/images
3  test: ./data/test/images
4
5  nc: 3
6  names: ['0', '1', '2']
7
8  roboflow:
9    workspace: test-9mnwj
10   project: license-plate-ywcbx
11   version: 2
12   license: CC BY 4.0
13   url: https://universe.roboflow.com/test-9mnwj/license-plate-ywcbx/
```

上述 3 個分類因為資料集的作者並沒有進一步說明，從標註的圖檔看來分類 '0' 和 '2' 是車牌；分類 '1' 並不是車牌。

步驟三：訓練 YOLO 車牌偵測模型

Python 程式：ch15-3-1\Step3_YOLO_model_trainer.py 是用來訓練 YOLO 車牌偵測模型，首先請修改程式開頭的訓練參數，如下圖所示：

```python
Step3_YOLO_model_trainer.py
1  from multiprocessing import freeze_support
2  from ultralytics import YOLO
3  import os
4  import torch
5
6  # 定義模型訓練的參數
7  model_size = "s"    # YOLO 模型尺寸是"n", "s", "m", "l", "x"
8  version = "v8"      # YOLO 版本是"12", "11", "v8"
9  epochs = 50         # 訓練周期
10 batch = 16          # 批次大小，每次迭代中使用的數據樣本數
11 imgsz = 640         # 圖片尺寸，指圖像在訓練時會被調整到的尺寸
12 plots = True        # 是否在訓練過程中繪製圖表，用於可視化訓練過程
13 # ----------------------------------------
```

上述模型尺寸是 "s"，版本是 YOLOv8，訓練週期是 50 次，請執行此程式，可以看到訓練過程（顯示的是 GPU 訓練的最後 3 次），如下所示：

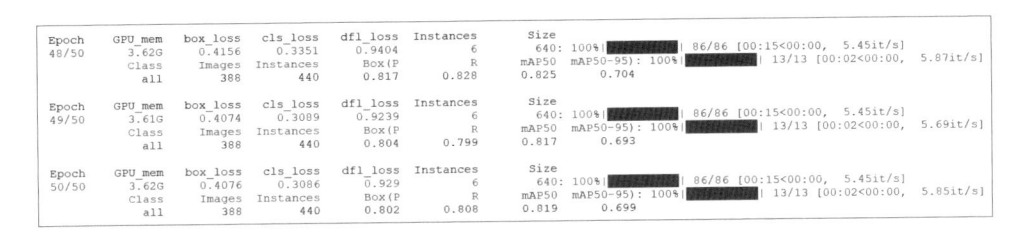

```
Epoch    GPU_mem   box_loss   cls_loss   dfl_loss   Instances    Size
48/50     3.62G     0.4156     0.3351     0.9404       6         640: 100%|██████████| 86/86 [00:15<00:00,  5.45it/s]
          Class     Images   Instances    Box(P                  R           mAP50   mAP50-95): 100%|██████████| 13/13 [00:02<00:00,  5.87it/s]
          all        388        440      0.817                 0.828         0.825    0.704
Epoch    GPU_mem   box_loss   cls_loss   dfl_loss   Instances    Size
49/50     3.61G     0.4074     0.3089     0.9239       6         640: 100%|██████████| 86/86 [00:15<00:00,  5.45it/s]
          Class     Images   Instances    Box(P                  R           mAP50   mAP50-95): 100%|██████████| 13/13 [00:02<00:00,  5.69it/s]
          all        388        440      0.804                 0.799         0.817    0.693
Epoch    GPU_mem   box_loss   cls_loss   dfl_loss   Instances    Size
50/50     3.62G     0.4076     0.3086     0.929        6         640: 100%|██████████| 86/86 [00:15<00:00,  5.45it/s]
          Class     Images   Instances    Box(P                  R           mAP50   mAP50-95): 100%|██████████| 13/13 [00:02<00:00,  5.85it/s]
          all        388        440      0.802                 0.808         0.819    0.699
```

在模型訓練完成後，首先顯示訓練結果的模型性能指標和儲存的路徑「runs\detect\train」，如下所示：

```
Results saved to runs\detect\train
模型訓練結果============
map50-95: 0.7031591112835476
map50: 0.8250538089768344
map75: 0.7812875328968207
每一分類的map50-95: [     0.56348      0.70316      0.84284]
```

然後，在驗證完成後，顯示驗證結果的模型性能指標和儲存的路徑「runs\detect\train2」，如下所示：

```
Results saved to runs\detect\train2
模型驗證結果============
map50-95: 0.7054315236731445
map50: 0.8243854263843884
map75: 0.7806466354614097
每一分類的map50-95: [     0.56651      0.70543      0.84436]
```

YOLO 訓練結果的權重檔是在「ch15\ch15-3-1\runs\detect\train」目錄下的「weights」子目錄，可以看到 best.pt 權重檔，請將此檔案複製至「ch15-3-1」目錄。此 best.pt 權重檔也可以從 GitHub 下載，其下載的 URL 網址如下所示：

https://github.com/fchart/test/raw/refs/heads/master/tools/best.pt

步驟四：將 YOLO 模型轉換成 ONNX 格式

Python 程式：ch15-3-1\Step4_convert2onnx.py 是用來將 YOLO 車牌偵測模型轉換成 Node-RED 可以使用的 ONNX 格式，我們只需修改第 7 行 YOLO 模型檔的路徑，就可以將此路徑的 YOLO 模型轉換成 ONNX 格式，如下圖所示：

```
Step4_convert2onnx.py
1  from ultralytics import YOLO
2  import torch
3  import numpy as np
4  import random
5  import os
6
7  modelPath = "best.pt"    # YOLOv8客製化模型檔的路徑
8  # ----------------------------------------
```

Python 程式的執行結果顯示成功匯出名為 best.onnx 的模型檔，和 classes.txt 的分類檔，如下所示：

```
Export complete (1.7s)
Results saved to C:\AIoT\ch15\ch15-3-1
Predict:         yolo predict task=detect model=best.onnx imgsz=640
Validate:        yolo val task=detect model=best.onnx imgsz=640 data
=C:\AIoT\ch15\ch15-3-1\data.yaml
Visualize:       https://netron.app
{0: '0', 1: '1', 2: '2'}
成功匯出 best.pt 成 best.onnx ，並且建立 classes.txt...
```

步驟五：建立客製化 YOLO 模型的目錄

最後，請將轉換成 ONNX 格式的 best.onnx 模型檔和 classes.txt 分類檔案都複製至「ch15\LicensePlateModel」目錄，就完成客製化 YOLO 模型的目錄建立，如下圖所示：

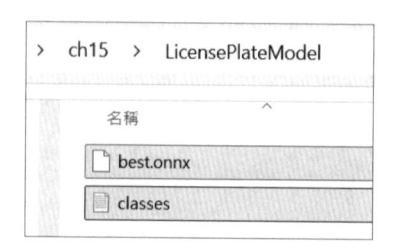

15-3-2 在 Node-RED 使用 YOLO 車牌偵測模型

我們只需將第 11-3-1 節的 Node-RED 流程改成 ch15-3-2.json 後，修改【obj detection】節點的屬性，指定【Model Path】欄位的模型目錄是「C:\AIoT\ch15\LicensePlateModel」，即使用此目錄的客製化模型，如下圖所示：

Model Path	C:\AIoT\ch15\LicensePlateModel
Top-K	3
IoU Threshold	0.45
Confidence Threshold	0.25

在部署流程後，請點選 file inject 節點，選擇「ch15\images」目錄的 car1.jpg 圖檔，即可看到預覽影像，和 YOLO 偵測結果所註記的影像，如下圖所示：

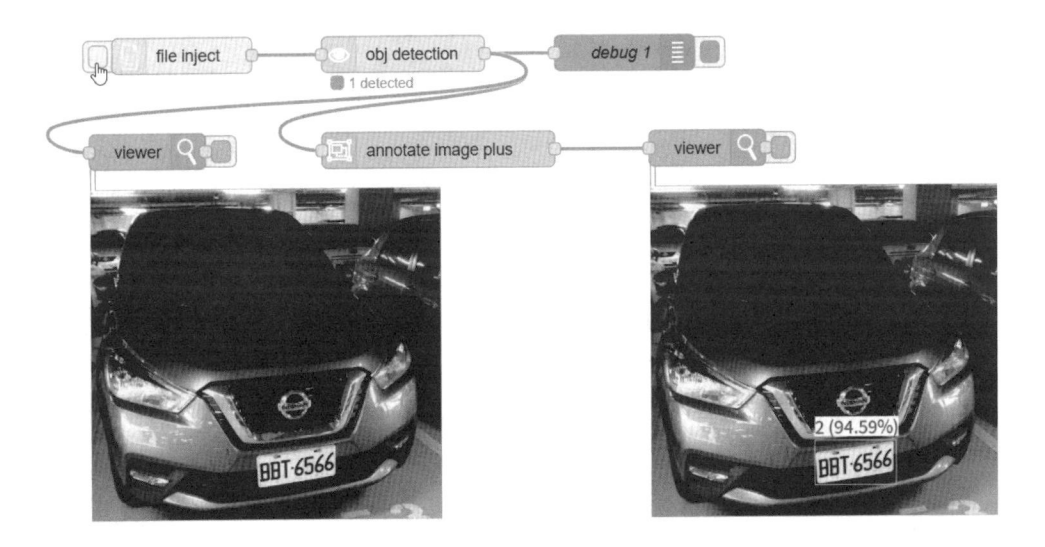

15-4 AIoT 與邊緣 AI 專題：YOLO + Tesseract -OCR 車牌辨識

基本上，車牌辨識前的影像處理流程，其標準順序如下所示：

- 轉換成灰階影像：將彩色影像轉為灰度影像，來減少資料處理量。
- 高斯模糊：使用高斯模糊來降低雜訊，同時保留重要的邊緣資訊。
- 二值化和其他影像處理：除了二值化，也可以再加上自適應閾值和邊緣偵測等影像處理。

Node-RED 流程：ch15-4.json 是整合第 15-1-1 節 image 節點的影像處理、第 15-3 節的 YOLO 車牌偵測，和第 15-2 節的 Tesseract-OCR 建立的車牌辨識。

請點選 file inject 節點，選擇位在「ch15\images」目錄的 car2.jpg 圖檔，就可以使用 YOLO 偵測出車牌邊界框，在轉換成灰階、剪裁、放大、高斯模糊和二值化處理後，使用 tesseract 節點將影像中的車牌文字轉換成字串，如下圖所示：

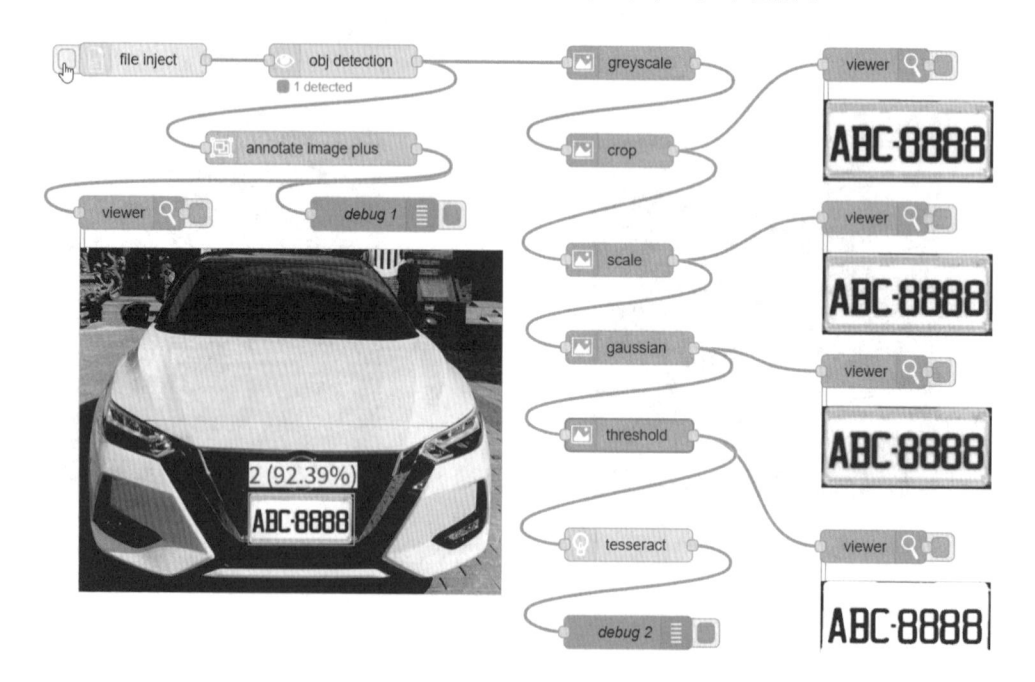

在「除錯窗口」標籤就可以看到偵測出的邊界框座標，和辨識出車牌的字串內容，如下圖所示：

```
2025/4/22 上午10:58:11   node: debug 1
msg.annotations[0].bbox : array[4]

▶ [ 222.3358789920807,
  308.844805765152,
  139.95997610092164,
  65.31598691940307 ]

2025/4/22 上午10:58:12   node: debug 2
msg.payload : string[12]

▶ "[ABC-8888]↵↵"
```

Node-RED 流程的節點說明，如下所示：

- file inject 和 2 個 debug 節點：file inject 和 debug 2 是預設值，debug1 是顯示 msg.annotations[0].bbox 的方框座標值。
- 5 個 viewer 節點：除了左邊的 Width 欄位值是 400，其他 viewer 節點都是預設值。
- 5 個 image 節點：依序執行 greyscale 灰階、crop 剪裁、scale 放大、gaussian 高斯模糊和 threshold 二值化處理。
- tesseract 節點：預設值，可以辨識英文文字。

Node-RED 流程：ch15-4a.json 改用 Windows 版的 Tesseract-OCR，請點選 file inject 節點，選擇位在「ch15\images」目錄的 car3.jpg 圖檔，就可以使用 YOLO 偵測出車牌邊界框，在轉換成灰階、剪裁、放大、高斯模糊和二值化處理後，使用 exec 節點執行 Windows 版的 Tesseract-OCR 將影像中的車牌文字轉換成字串，如下圖所示：

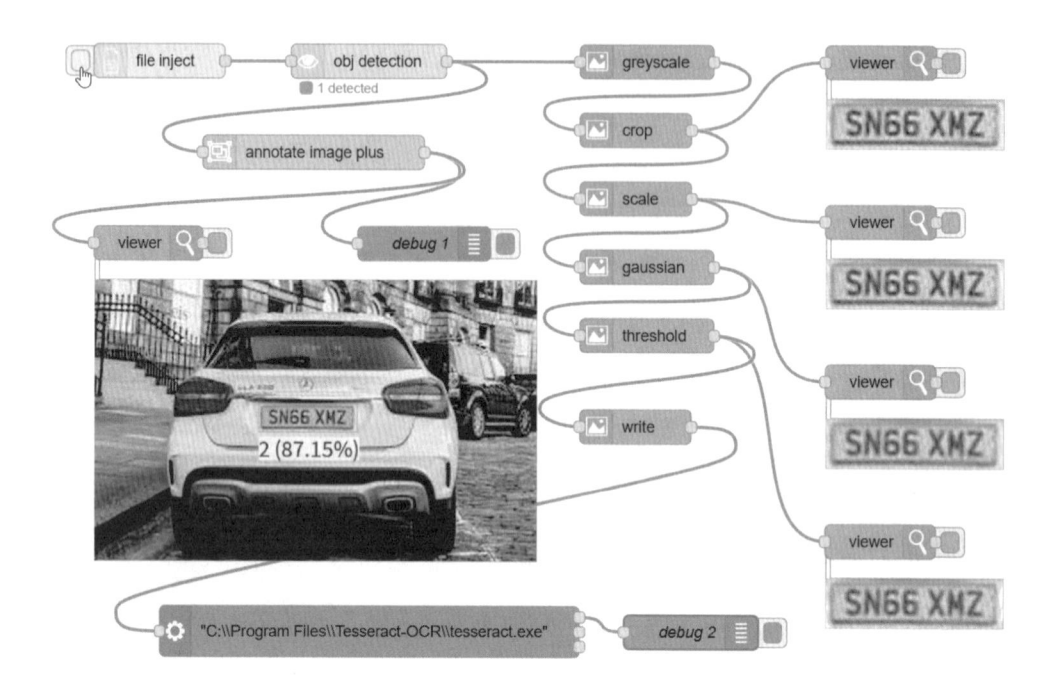

在「除錯窗口」標籤就可以看到偵測出的邊界框座標，和辨識出車牌的字串內容（因為車牌是黃底，二值化處理的 max 值是 230），如下圖所示：

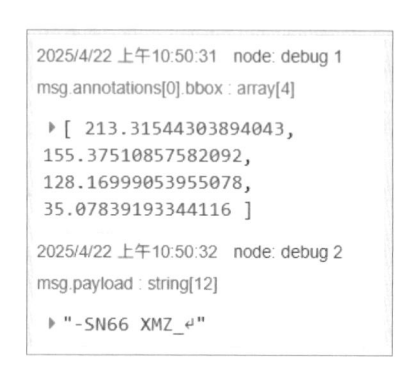

因為車輛圖檔 car1.jpg 是傾斜的車牌，Node-RED 流程：ch15-4b.json 先用 rotate 節點旋轉車牌後，再進行 Tesseract-OCR（因為只有旋轉車牌，車牌文字本身仍然有些傾斜），如右圖所示：

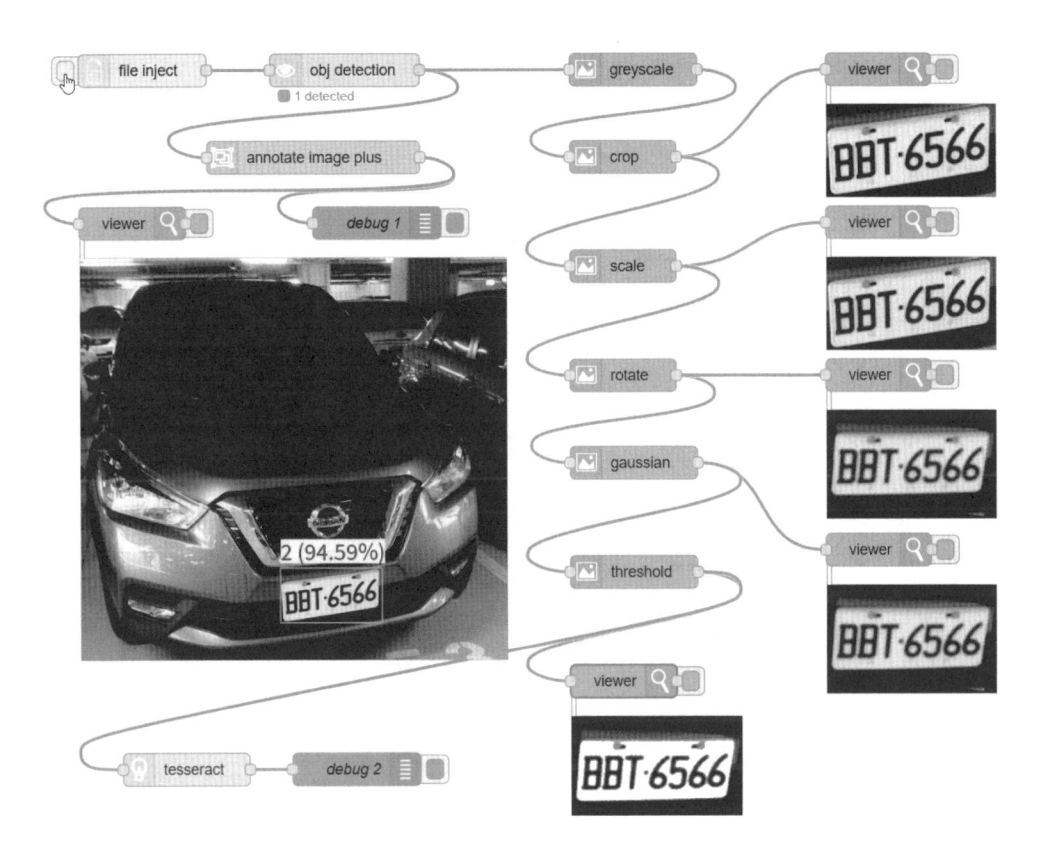

在「除錯窗口」標籤就可以看到偵測出的邊界框座標，和辨識出車牌的字串內容（請注意！當 Tesseract-OCR 辨識影像中有傾斜的文字時，其辨識效果就會比較差），如下圖所示：

Node-RED 流程：ch15-4c.json 再加上邊緣偵測和改用 Windows 版的 Tesseract-OCR 來識別傾斜的車牌文字。

15-5 AIoT 與邊緣 AI 專題：上傳圖檔的 YOLO 蘋果物體偵測

如同第 14-3 節使用上傳圖檔節點來建立 Node-RED 儀表板，我們同樣可以替 YOLO 建立上傳圖檔執行物體偵測的 Node-RED 儀表板。

Node-RED 流程：ch15-5.json 的執行結果可以在 Node-RED 儀表板 http://localhost:1880/ui/ 看到上傳圖檔識別蘋果好壞的物體偵測儀表板，如下圖所示：

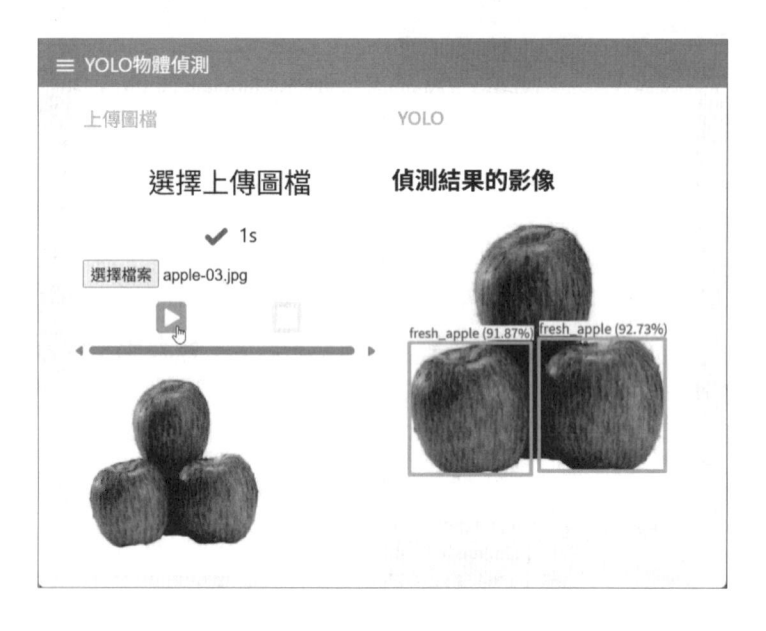

請按【選擇圖檔】鈕上傳 apple-03.jpg 圖檔後，可以看到 2 個偵測結果，因為【Top-K】欄位是 2，所有只會回傳前 2 個最高的偵測結果。同時在 Node-RED 流程可以看到 viewer 節點顯示的原始影像和註記的影像，如右圖所示：

15-24

AIoT 與邊緣 AI 專題：Node-RED+YOLO

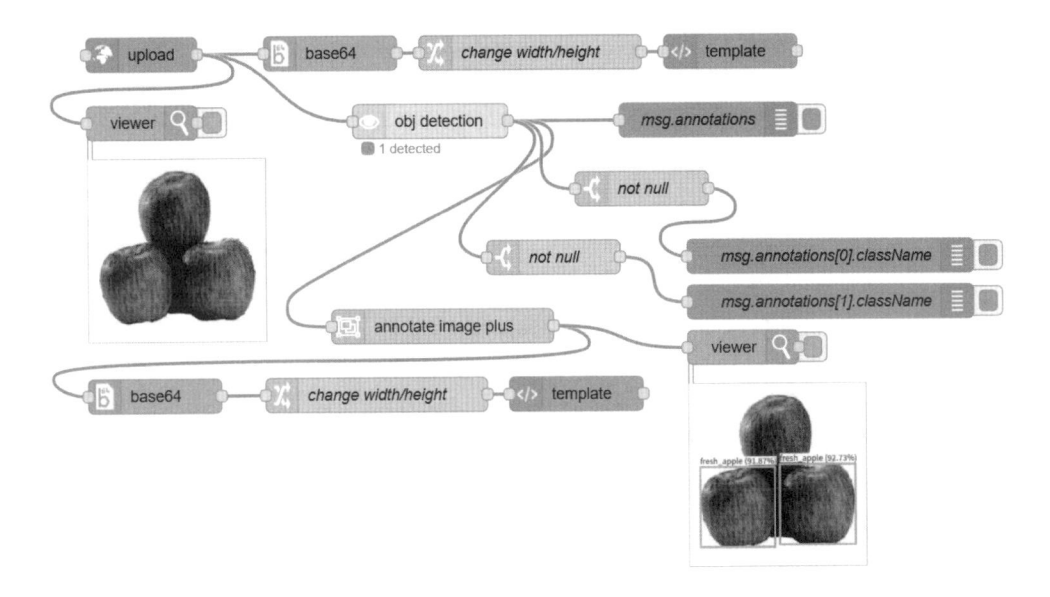

在「除錯窗口」標籤就可以看到這 2 個偵測結果，如下圖所示：

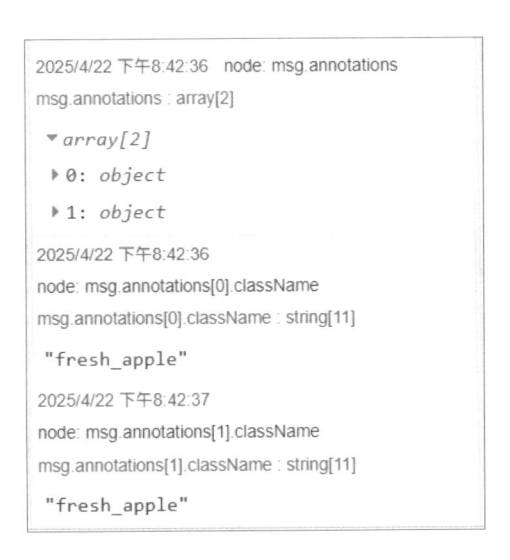

上述第 1 個偵測結果的 debug 節點是顯示 msg.annotations 屬性值，即偵測結果的註記資料。事實上，YOLO 偵測結果因為 Top-K 是 2，所有最多只會偵測到 2 個，也可能一個都沒有，所以在使用 debug 節點顯示偵測結果的分類名稱前，使用 switch 節點判斷是否有偵測到物體。

15-25

在第 1 個 switch 節點是判斷 msg.annotations[0] 屬性值是否是空值，索引值 0 是第 1 個，其條件的規則是非空，當條件成立，就表示偵測到物體，可以在 debug 節點顯示 msg.annotations[0].className 屬性值的分類名稱，如下圖所示：

在第 2 個 switch 節點是判斷 msg.annotations[1] 屬性值是否是空值，索引值 1 是第 2 個，其條件的規則是非空，當條件成立，就表示偵測到物體，可以在 debug 節點顯示 msg.annotations[1].className 屬性值的分類名稱，如下圖所示：

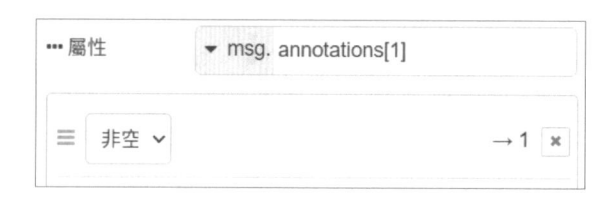

15-6 AIoT 與邊緣 AI 專題：YOLO+Streamlit 即時串流偵測

目前 Node-RED 並沒有支援即時 YOLO 串流偵測的節點，不過，我們可以使用 Python 的 Streamlit 套件（https://streamlit.io/）建立 YOLO 物體偵測的 Web 應用程式，然後在 Node-RED 儀表板使用 iframe 節點來建立即時串流的 YOLO 物體偵測。

Streamlit 是一個開放原始碼的 Python 框架，你完全不需要任何前端 HTML＋CSS＋JavaScript 的技能，就可以全部採用 Python 語法來建構 Web 應用程式，輕鬆整合 AI 應用的互動介面。Streamlit 教學的 URL 網址，如下所示：

https://blog.jiatool.com/posts/streamlit_2023/

▎啟動執行 YOLO+Streamlit 應用程式　　　　　　| ch15-6\app.py

請注意！第 1 次啟動 Streamlit 應用程式需要使用命令列來啟動執行，因為我們需要輸入或跳過電子郵件地址，才能成功啟動執行 Streamlit 應用程式，其步驟如下所示：

Step 1 請在 fChart 主功能表執行【Python 命令提示字元 (CLI)】命令，然後在「命令提示字元」視窗使用 cd 命令切換到「C:\」槽 app.py 檔案所在的目錄「C:\AIoT\ch15\ch15-6」後，使用 streamlit run 命令來執行 Python 程式 app.py，其命令如下所示：

```
cd C:\AIoT\ch15\ch15-6 Enter
streamlit run app.py Enter
```

Step 2 當第 1 次執行 Streamlit 應用程式會看到一段歡迎訊息，和詢問你的電子郵件地址，你可以輸入或不用理會，請直接按 Enter 鍵繼續。

```
Welcome to Streamlit!

If you'd like to receive helpful onboarding emails, news, offers, promotions,
and the occasional swag, please enter your email address below. Otherwise,
leave this field blank.

Email:
```

Step 3 然後顯示 Streamlit 應用程式的本機和網路的 2 個 URL 網址，請記下或複製第 1 個 URL 網址 http://localhost:8501，在之後的 Node-RED 流程會使用（關閉 Web 應用程式請按 Ctrl + C 鍵），如下圖所示：

```
You can now view your Streamlit app in your browser.

Local URL: http://localhost:8501
Network URL: http://192.168.1.101:8501
```

> **Step 4** 接著自動啟動瀏覽器，顯示 Streamlit 應用程式的互動網頁，看到設定串流來源和 YOLO 偵測設定的介面，如下圖所示：

YOLO 串流影像的物體偵測

選擇影像串流的輸入來源

○ IP Camera　○ Webcam　○ 上傳影片檔

YOLO 偵測設定

信心指數的閾值

0.25

0.00　　　　　　　　　　　　　　　1.00

跳過影格數

2

0　　　　　　　　　　　　　　　　10

為了簡化啟動執行 Streamlit 應用程式的操作步驟，筆者已經建立名為 ch15-6\run_Streamlit_app.py 的 Python 程式，除了第 1 次需要自行使用 streamlit run 命令啟動外，第 2 次之後，只需在 Thonny 執行此 Python 程式，就可以啟動執行 Streamlit 應用程式。

請注意！因為無法直接刪除 Python 程式啟動的 Streamlit 應用程式行程，所以提供 ch15-6\kill_Streamlit_app.py 的 Python 程式，此程式可以刪除所有啟動的 Streamlit 應用程式。

▌Node-RED 即時串流偵測流程　　　　| ch15-6\ch15-6.json

整個 Node-RED 流程共有 2 條流程，第 1 個流程是在 template 節點使用 ＜iframe＞ 標籤顯示 Streamlit 應用程式，然後在第 2 個流程的 iframe 節點內嵌顯示第 1 個流程的 Streamlit 應用程式（如此作法是為了解決跨網域通訊問題，讓 iframe 節點可以收到 Web Messaging API 訊息），然後使用 switch 節點篩選出 "class_counts" 鍵的 YOLO 偵測結果訊息，如右圖所示：

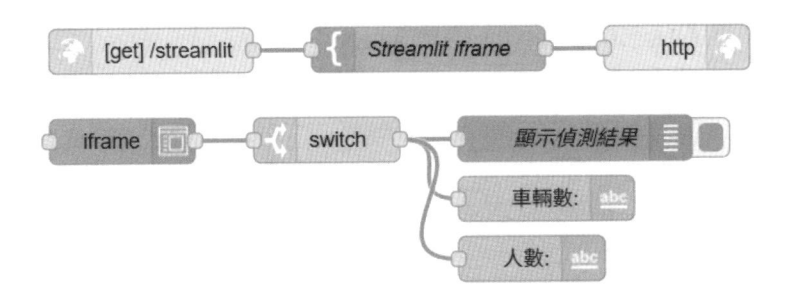

請修改上述名為 Streamlit iframe 的 template 節點，將 <iframe> 標籤的 src 屬性值改成之前啟動執行 Streamlit 應用程式取得的 URL 網址 http://localhost:8501，如下圖所示：

在 Node-RED 儀表板 http://localhost:1880/ui/ 可以看到 Streamlit 應用程式，請選擇 IP Camera 串流來源後，按下方【開始偵測】鈕，就可以捲動看到 YOLO 即時物體偵測結果，和在右上方顯示偵測到 2 種分類的計數，如下圖所示：

在 Streamlit 應用程式的 app.py 是呼叫 send_via_post_message() 函數，使用 JavaScript 程式碼呼叫 Web Messaging API 的 postMessage() 方法，可以將偵測結果 data 的 JSON 資料發送至 Node-RED 儀表板（因為是不同網域，而且 Streamlit 架構本身就有 iframe，加上我們的 iframe，所以第 17 行需要使用 2 個 parent 來呼叫 postMessage() 方法），如下圖所示：

```
app.py    run_Streamlit_app.py
10    # 使用 Web Messaging API 傳送偵測結果
11    def send_via_post_message(data):
12        js_code = f"""
13        <script>
14        try {{
15            const data = {json.dumps(data)};
16            // 在Streamlit需用window.parent.parent
17            window.parent.parent.postMessage(data, "*");
18            console.log("發送成功!");
19        }} catch(e) {{
20            console.log("發送失敗: " + e.message);
21        }}
22        </script>
23        """
24        return components.html(js_code, height=30)
```

Web Messaging API 送出的訊息是 JSON 格式的資料，在 "class_counts" 鍵就是此影格 YOLO 偵測結果的分類計數，如下所示：

```
{
    "type":"detection_result",
    "frame":156,
    "timestamp":1746281058.1941268,
    "class_counts":{
        "car":5,
        "bus":1,
        "person":3
    }
}
```

CHAPTER

16

AIoT 與邊緣 AI 專題：Node-RED+LLM

▶ 16-1　Node-RED 的螢幕擷圖節點
▶ 16-2　使用 Llama Vision 多模態模型
▶ 16-3　AIoT 與邊緣 AI 專題：Llama Vision 的車牌辨識
▶ 16-4　AIoT 與邊緣 AI 專題：Llama Vision 的路況分析
▶ 16-5　AIoT 與邊緣 AI 專題：IP Camera+MQTT 的 AI 之眼

16-1　Node-RED 的螢幕擷圖節點

Node-RED 的 node-red-contrib-hera-screenshot 節點可以執行螢幕擷圖，抓取目前 Windows 作業系統的桌面影像，或瀏覽器的網頁影像。我們只需整合「image tools」區段的 image 節點（crop 功能），就可以剪裁螢幕擷圖來取出桌面或網頁指定區域的影像。

Node-RED 流程：ch16-1.json 是使用「功能」區段的 hera-screenshot 節點來擷取 Windows 螢幕，請點選 inject 節點，就可以在 viewer 節點顯示目前桌面的全螢幕擷圖，如下圖所示：

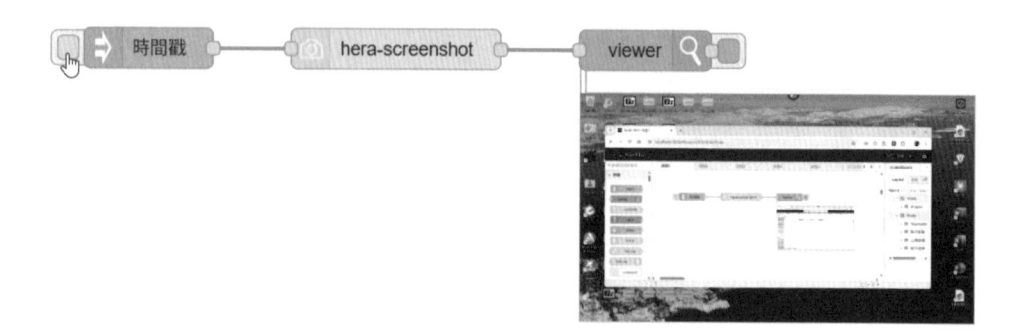

Node-RED 流程的節點說明，如下所示：

- inject 節點：預設值。
- viewer 節點：【Width】欄是 300。
- hera-screenshot 節點：節點只有【Name】屬性。

16-2 使用 Llama Vision 多模態模型

Llama Vision 多模態 LLM 大型語言模型是基於 Llama 架構所開發，結合文字和影像等處理能力，能夠執行多種 AI Vision 電腦視覺的相關任務，例如：影像推理、OCR、圖表解讀和影像問答等，簡單的說，就是在「看圖說故事」。

16-2-1 在 Node-RED 使用 Groq API 的 Llama Vision 模型

Llama 4 Scout 是 Llama 系列最新一代的多模態模型，繼承並進一步改進 Llama 3.2-Vision 模型（Groq Cloud 已經下架）的多模態處理功能，能夠處理文字、影像和影音等多種形式的輸入與輸出。

在 Groq Cloud 的 Playground 提供【Llama 4 Scout 17B 16E】多模態模型，當移動游標至此模型的選項上，就可以在浮動視窗看到模型名稱、model id、限制說明、價格和釋出日期，請點選游標所在的複製圖示，即可複製 model id，如右圖所示：

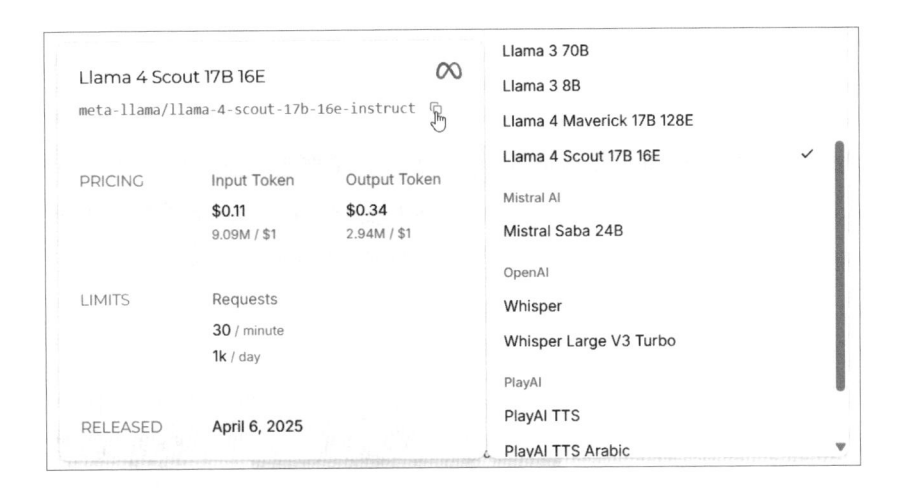

現在，我們可以取得此模型的 model id，如下所示：

```
meta-llama/llama-4-scout-17b-16e-instruct
```

當 Node-RED 流程使用 Groq API 的 Llama 4 Scout 17B 16E 多模態模型時，因為是看圖說故事的 AI Vision 電腦視覺，在提示詞除了文字內容外，還需要加上影像資料，即 "image_url" 類型的提示詞，其內容可以是 URL 網址或 Base64 編碼字串。在 JavaScript 程式碼建立提示詞的 JSON 資料，如下所示：

```
msg.payload = [
    {
        "type": "text",
        "text": msg.text || ""
    },
    {
        "type": "image_url",
        "image_url": {
            "url": "data:image/jpeg;base64," + (msg.image || "")
        }
    }
];
```

上述 msg.payload 屬性值就是提示詞，在 "text" 文字內容類型的提示詞是 msg.text 屬性值，這是文字部分的提示詞，"image_url" 類型的 "url" 鍵是影像部分的 Base64

16-3

編碼字串，在 "url" 鍵的值就是 "data:image/jpeg;base64," 開頭加上 msg.image 屬性值的編碼字串。

在 Node-RED 流程：ch16-2-1.json 點選 file inject 節點，選擇位在「ch16\images」目錄的 taipei.jpg 圖檔，在轉換成 Base64 編碼後，使用 change 節點指定 msg.text 提示詞字串，和 msg.image 影像資料後，使用 function 和 prompt 節點建立 JSON 物件的訊息，就可以呼叫 Groq API 來取得 LLM 的回應，如下圖所示：

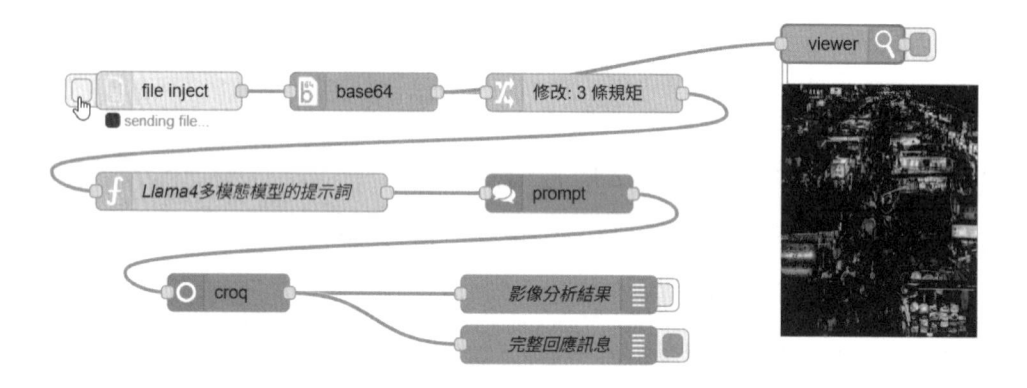

在「除錯窗口」標籤可以看到 LLM 影像分析結果的回應內容，在下方的 msg 物件是完整的 LLM 回應訊息，如下圖所示：

16-4

Node-RED 流程的節點說明，如下所示：

- file inject、base64 和 viewer 節點：預設值。
- change 節點：指定 msg.text 屬性值的提示詞文字，msg.image 屬性值是影像資料，最後刪除 msg.payload 屬性值。msg.text 的提示詞如下所示：

> 請針對此圖片，說明你看到了什麼？如果你是一位觀光客，請說明你看到的特點。

設定　msg.text
to the value　請針對此圖片，說明你看到了什麼？如果

設定　msg.image
to the value　msg.payload
☐ Deep copy value

刪除　msg.payload

- function 節點：在第 1～12 行使用 msg.text 和 msg.image 屬性值來建立 User 角色提示詞的 JSON 物件，如下圖所示：

```
 1  msg.payload = [
 2      {
 3          "type": "text",
 4          "text": msg.text || ""
 5      },
 6      {
 7          "type": "image_url",
 8          "image_url": {
 9              "url": "data:image/jpeg;base64," + (msg.image || "")
10          }
11      }
12  ];
13  
14  return msg;
```

- prompt 節點：建立 User 角色的 Groq API 訊息，即 msg.payload 屬性值，如下圖所示：

| ≡ | User | ▼ msg. payload | × |

- croq 節點：在【API Key】欄位填入第 12-3-2 節取得的 API KEY，【Model】欄位是之前取得的 model id，如下圖所示：

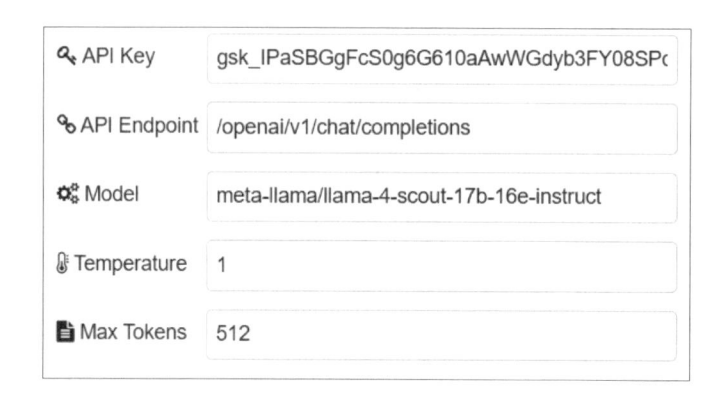

🔑 API Key	gsk_IPaSBGgFcS0g6G610aAwWGdyb3FY08SP...
🔗 API Endpoint	/openai/v1/chat/completions
⚙ Model	meta-llama/llama-4-scout-17b-16e-instruct
🌡 Temperature	1
📄 Max Tokens	512

- 上方的 debug 節點：顯示 LLM 回應的內容，如下所示：

```
msg.payload.choices[0].message.content
```

- 下方的 debug 節點：輸出完整的 msg 物件。

16-2-2 在 Ollama 下載執行 Llama Vision 多模態模型

請在 Ollama 官網選上方【Models】後，搜尋找到 Llama3.2-Vision 多模態模型，選【11b】，就可以取得下載和執行命令，如右圖所示：

llama3.2-vision:11b

`ollama run llama3.2-vision:11b`

⬇ 2.1M Downloads   🕐 Updated 6 months ago

Llama 3.2 Vision is a collection of instruction-tuned image reasoning generative models in 11B and 90B sizes.

vision 11b 90b

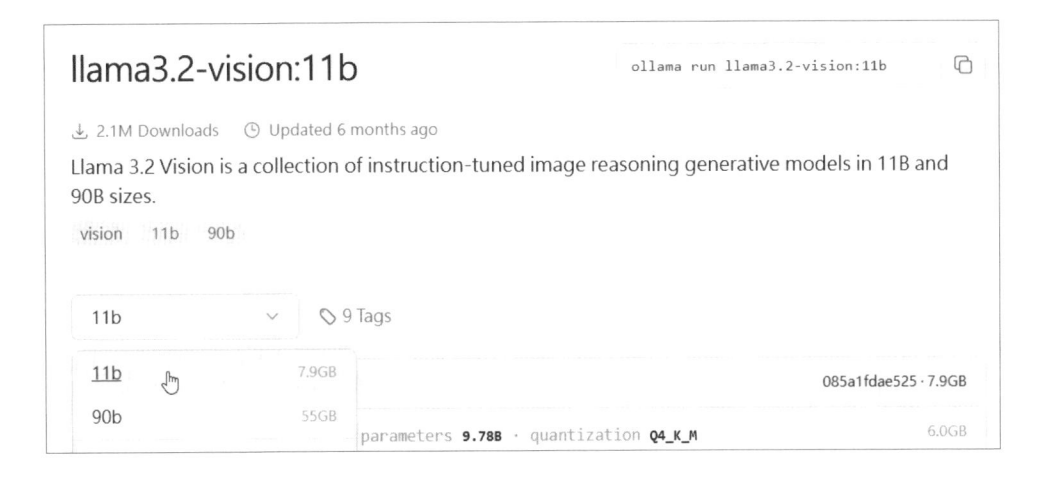

11b	
11b	7.9GB
90b	55GB

◇ 9 Tags

085a1fdae525 · 7.9GB

parameters **9.78B** · quantization **Q4_K_M**   6.0GB

在 Ollama 是使用 run 命令來執行 Llama3.2-vision 模型（模型尺寸是 7.9GB），如下所示：

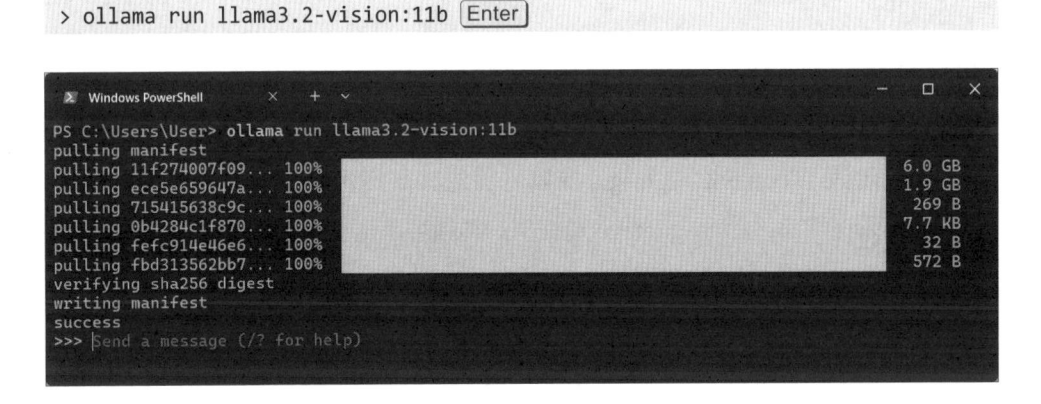

```
> ollama run llama3.2-vision:11b Enter
```

```
PS C:\Users\User> ollama run llama3.2-vision:11b
pulling manifest
pulling 11f274007f09... 100%                              6.0 GB
pulling ece5e659647a... 100%                              1.9 GB
pulling 715415638c9c... 100%                              269 B
pulling 0b4284c1f870... 100%                              7.7 KB
pulling fefc914e46e6... 100%                              32 B
pulling fbd313562bb7... 100%                              572 B
verifying sha256 digest
writing manifest
success
>>> Send a message (/? for help)
```

上述命令第 1 次執行就會自動下載模型，然後，你就可以馬上與 Llama3.2-vision 模型進行對話。

16-2-3 在 Node-RED 使用 Ollama API 的 Llama3.2-vision 模型

當 Node-RED 流程呼叫 Ollama API 使用【Llama3.2-vision】多模態模型時，因為是使用看圖說故事的 AI Vision 電腦視覺，提示詞除了文字內容外，還需要影像資料，其內容是 Base64 編碼字串的影像。在 JavaScript 程式碼建立提示詞的 JSON 資料，如下所示：

```
msg.payload = {
    "model": "llama3.2-vision:11b",
    "messages": [{
        "role": "user",
        "content": msg.text,
        "images": [msg.image]
    }]
};
```

上述 msg.payload 屬性值的 "model" 是模型名稱 llama3.2-vision:11b，"messages" 是 User 提示詞，"content" 是 msg.text 屬性值的文字提示詞，"image" 是影像內容的 Base64 編碼字串，即 msg.image 屬性值的編碼字串。

Node-RED 流程：ch16-2-3.json 是呼叫 Ollama API，請點選 file inject 節點，選擇位在「ch16\images」目錄的 taipei.jpg 圖檔，在轉換成 Base64 編碼後，使用 change 節點指定 msg.text 提示詞字串，msg.image 影像資料後，使用 function 節點來建立訊息的 JSON 物件，就可以呼叫 Ollama API 來取得 LLM 的回應內容（本機 LLM 執行時間需視你的電腦效能而定，可能需等一段時間才會有結果），如右圖所示：

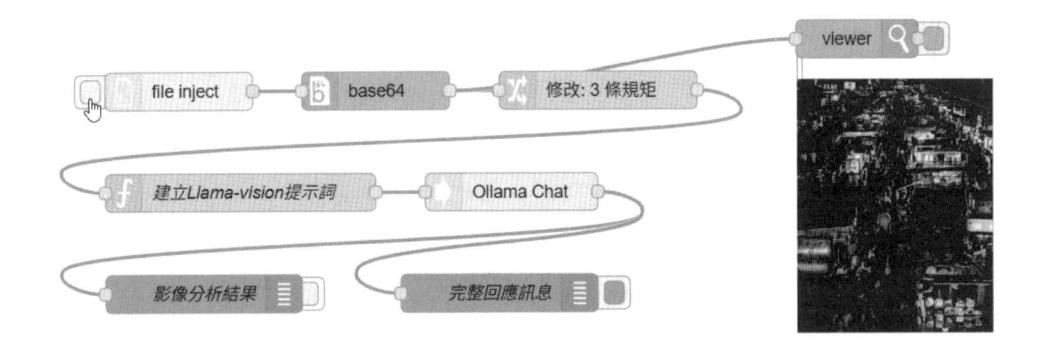

在「除錯窗口」標籤可以看到 LLM 影像分析結果的回應內容，如下圖所示：

```
2025/4/23 下午4:04:31   node: 影像分析結果
msg.payload.message.content : string[564]
▶ "這張照片顯示了一個繁華的夜市或街頭市場
景象，且拍攝於晚上。在這裡，我們可以看到
一條狹窄的人行道，兩旁是許多攤位和商店，
在黑暗中閃爍著各種顏色的燈光。人行道上走
著大量的消費者，它們穿著各種服裝，似乎來
自不同的文化背景。↵↵在這裡，我們可以看到
一堆幾乎全是中國文字的招牌和標誌，這些標
誌顯示了市場或攤位出售什麼樣的產品。一些
店鋪出售各種不同類型的商品，如食品、飲
料、衣服、鞋子等。在某些地方，還可以看到
一些藝術品，如畫作和雕塑。↵↵市場上充滿著
活躍的氣氛，充滿了許多人們在購物、聊天或
只是欣賞夜市景色的情況。這張照片提供了一
個對晚上的街頭市場的獨特視角，使我們可以
感受到該地區獨特的文化和商業環境。↵↵如果
我是一位觀光客，我會看到一幅充滿活力和色
彩的畫面，展示了夜市在世界各地的多樣性。
夜市不僅提供了購物和體驗當地美食的機會，
也是了解當地文化和社會風俗的一個重要窗
口。這張照片也讓我聯想到夜市可能存在著許
多傳統藝術形式，如音樂、舞蹈等，還有許多
小吃攤位提供著各種特色菜式。↵↵此外，這張
照片還表現了市場的多樣性和活力，它不僅是
一個購物場所，也是一個社交場所。夜市上的
商店在黑暗中閃爍著各種顏色的燈光，讓人們
能夠欣賞到美麗的景色。此外，我還注意到了
市場上的人群的多樣性，這些人來自不同的地
方，穿著不同的服裝，並且享受購物和消費的
樂趣。"
```

16-9

然後在下方是完整 msg 物件的回應訊息，如下圖所示：

```
2025/4/23 下午4:04:31   node: 完整回應訊息
msg : Object
▶ { filename: "taipei.jpg", mimetype:
"image/jpeg", _msgid:
"781f539fe1979346", text: "請針對此圖
片，說明你看到了什麼？如果你是一位觀光
客，請說明你...", image:
"/9j/4AAQSkZJRgABAQEASABIAAD/2w..." ... }
```

Node-RED 流程的節點說明，如下所示：

- file inject、base64 和 viewer 節點：預設值。
- change 節點：指定 msg.text 屬性值的提示詞文字，msg.image 屬性值是影像資料，最後刪除 msg.payload 屬性值。msg.text 的提示詞如下所示：

請針對此圖片，說明你看到了什麼？如果你是一位觀光客，請說明你看到的特點。

- function 節點：在第 1～8 行使用 msg.text 和 msg.image 屬性值來建立模型名稱 "llama3.2-vision:11b" 和 User 角色提示詞的 JSON 物件，如下圖所示：

```
1   msg.payload = {
2       "model": "llama3.2-vision:11b",
3       "messages": [{
4           "role": "user",
5           "content": msg.text,
6           "images": [msg.image]
7       }]
8   };
9
10  return msg;
```

- ollama-chat 節點：在【Server】欄選【localhost:11434】，【Model】欄位是使用的 LLM 模型名稱（因為 msg.payload 屬性值已經指定模型名稱，所以此欄位不用指定），【Messages】欄位是訊息來源，沒有指定就是 msg.payload，如下圖所示：

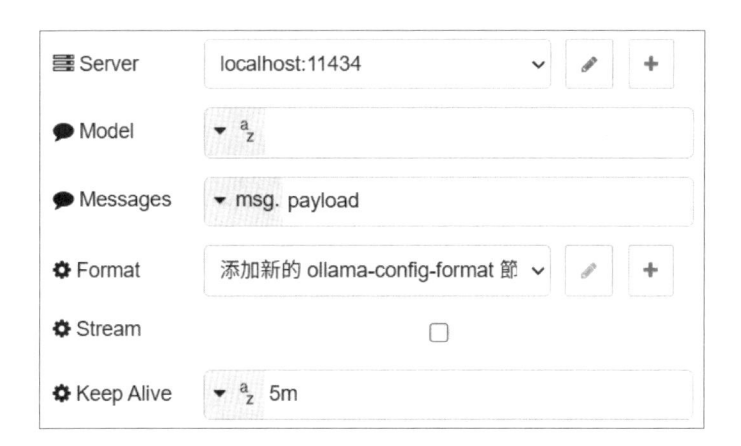

- 左邊的 debug 節點：顯示 LLM 回應的內容，如下所示：

`msg.payload.message.content`

- 右邊的 debug 節點：輸出完整的 msg 物件。

16-3 AIoT 與邊緣 AI 專題：Llama Vision 模型的車牌辨識

我們準備使用 Groq API 和 Ollama API 來建立 Llama Vision 模型的車牌辨識，可以使用正規表達式（Regular Expression），從 LLM 的回應文字取出車牌資料。

16-3-1 Node-RED+Llama Vision 的車牌辨識

在 Node-RED 流程：ch16-3-1.json 共有 2 個流程，第 1 個流程是在 Node-RED 儀表板上傳和顯示車輛的圖檔，在第 2 個流程才是使用 Groq API 執行車牌辨識，如下圖所示：

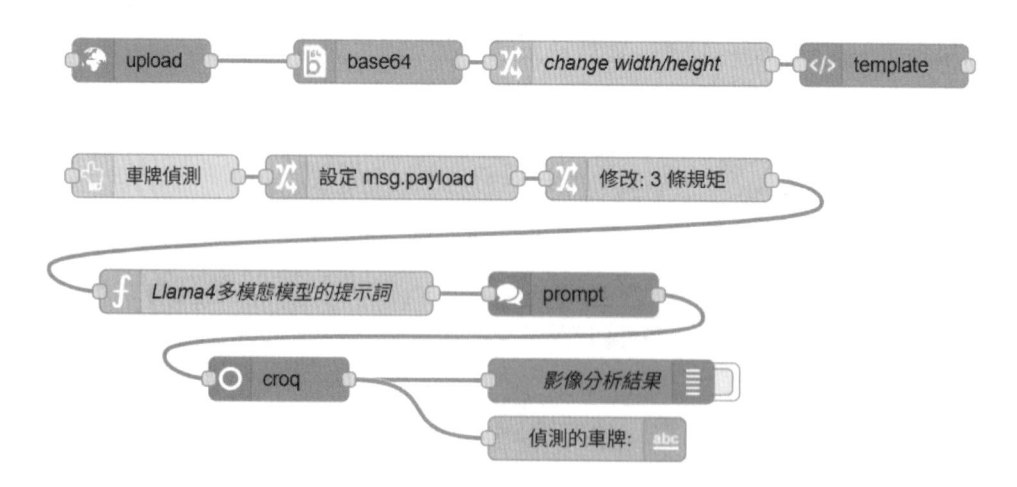

在 Node-RED 儀表板的 URL 網址是 http://localhost:1880/ui/，可以在右邊看到上傳圖檔介面，請點選【選擇檔案】鈕選取 car1.jpg 圖檔後，按下方藍色三角箭頭上傳影像後，就可以在下方顯示上傳圖檔的影像，如右圖所示：

AIoT 與邊緣 AI 專題：Node-RED+LLM

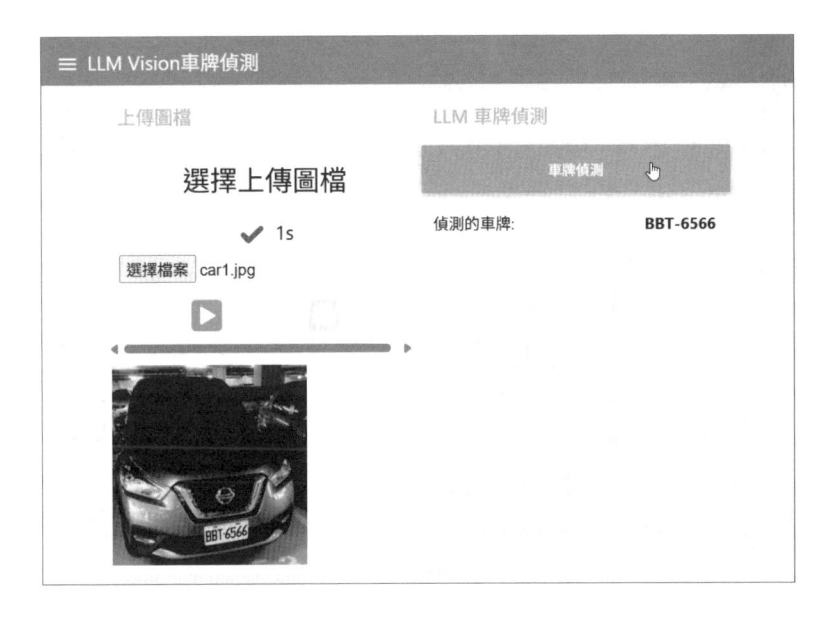

請在右邊按【車牌偵測】鈕，就可以在下方看到 Groq API 的車牌偵測結果。第 1 個 Node-RED 流程的節點說明，如下所示：

- upload 節點：在【Group】欄選【[LLM Vision 車牌偵測] 上傳圖檔】，【Size】欄是 6×4，【Title】欄位輸入標題文字，【Transfer type】欄位是【Binary】的二進位圖檔，如下圖所示：

16-13

- base64 節點：在【Action】欄位選擇將影像 Buffer 資料和 Base64 編碼字串進行互換（預設值）。
- change 節點：指定 msg.width 和 msg.height 屬性值的影像尺寸後，將影像資料儲存至 flow.image，如下圖所示：

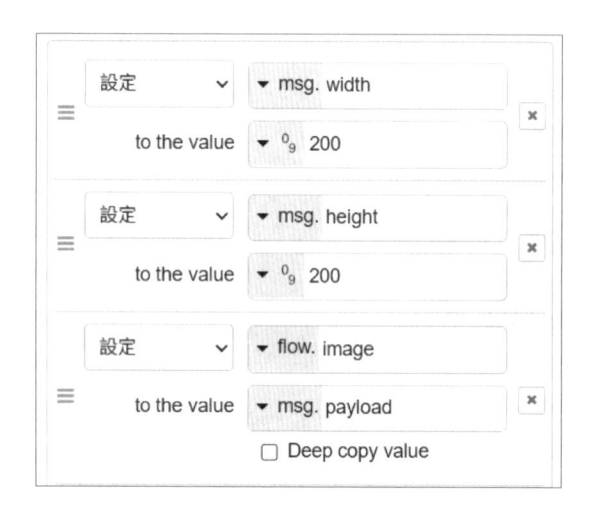

- template 節點：在【Group】欄選【[LLM Vision 車牌偵測] 上傳圖檔】,【Size】欄是 6×4,【Template】欄位是 <div> 和 <img> 標籤，如下圖所示：

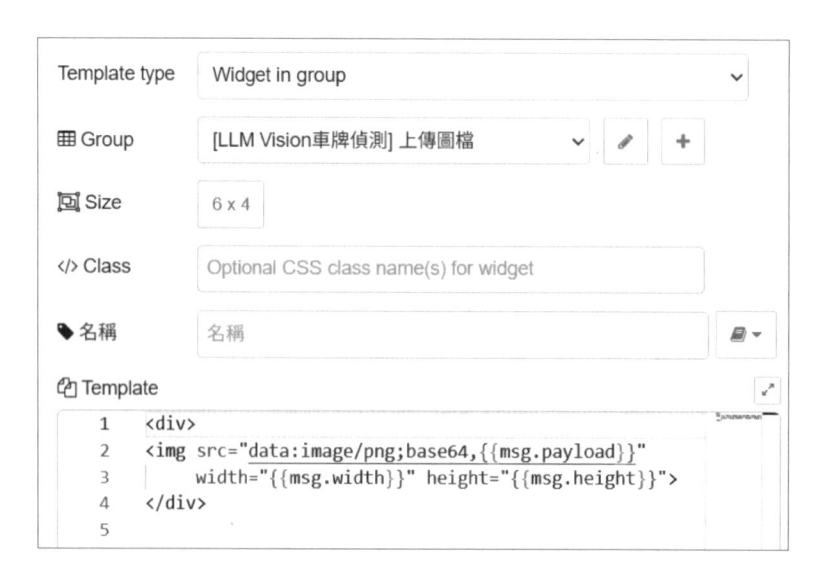

16-14

第 2 個 Node-RED 流程的節點說明，如下所示：

- button 節點：在【Group】欄選【[LLM Vision 車牌偵測] LLM 車牌偵測】，【Label】欄是按鈕的標題文字，如下圖所示：

- 第 1 個 change 節點：指定 msg.payload 是上傳圖檔影像的 flow.image 屬性值，如下圖所示：

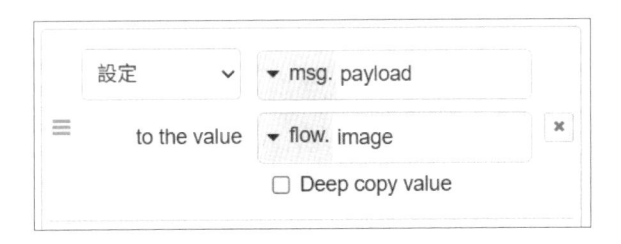

- 第 2 個 change 節點：指定 msg.text 屬性值的提示詞文字，msg.image 屬性值是影像資料，最後刪除 msg.payload 屬性值。msg.text 的提示詞如下所示：

請針對此車輛圖片，說明你看到的車牌文字是什麼？回答內容只需車牌文字，並不需要其他描述文字。

≡	設定 ▽	▽ msg. text	✕
	to the value	a_z 請針對此車輛圖片，說明你看到的車牌文	

≡	設定 ▽	▽ msg. image	
	to the value	▽ msg. payload	✕
		☐ Deep copy value	

≡	刪除 ▽	▽ msg. payload	✕

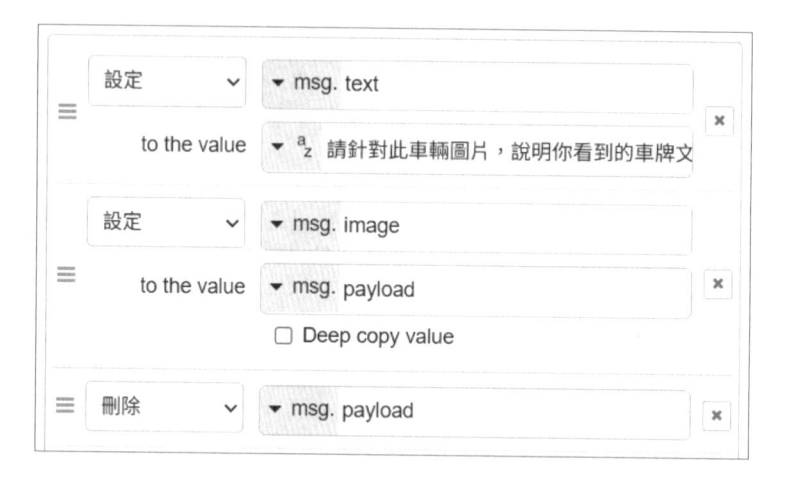

- function 節點：在第 1～12 行使用 msg.text 和 msg.image 屬性值來建立 User 角色提示詞的 JSON 物件，如下圖所示：

```
1   msg.payload = [
2     {
3       "type": "text",
4       "text": msg.text || ""
5     },
6     {
7       "type": "image_url",
8       "image_url": {
9         "url": "data:image/jpeg;base64," + (msg.image || "")
10      }
11    }
12  ];
13
14  return msg;
```

- prompt 節點：建立 User 角色的 Groq API 訊息，即 msg.payload 屬性值，如下圖所示：

≡	User ▽	▽ msg. payload	✕

- croq 節點：在【API Key】欄位填入第 12-3-2 節取得的 API KEY，【Model】欄位是第 16-2-1 節取得的 model id，如下圖所示：

API Key	gsk_IPaSBGgFcS0g6G610aAwWGdyb3FY08SP(
API Endpoint	/openai/v1/chat/completions
Model	meta-llama/llama-4-scout-17b-16e-instruct
Temperature	1
Max Tokens	512

- debug 節點：顯示 LLM 回應的內容，如下所示：

`msg.payload.choices[0].message.content`

- text 節點：在【Group】欄選【[LLM Vision 車牌偵測] LLM 車牌偵測】，【Label】欄輸入【偵測的車牌:】，在【Value format】欄改成【{{msg.payload.choices[0].message.content}}】，可以取出 LLM 回應的車牌文字，如下圖所示：

Group	[LLM Vision車牌偵測] LLM 車牌偵測
Size	auto
Label	偵測的車牌:
Value format	{{msg.payload.choices[0].message.content}}
Layout	label **value**　label **value**　label **value**　label **value**　label **value**

16-17

16-3-2 Node-RED+YOLO+Llama Vision 的車牌辨識

我們準備修改第 15-4 節 YOLO+Tesseract-OCR 車牌辨識的 Node-RED 流程 ch15-4.json 成為 ch16-3-2.json，將 Tesseract-OCR 改成第 16-2-1 節 Groq API 來進行車牌辨識，如下圖所示：

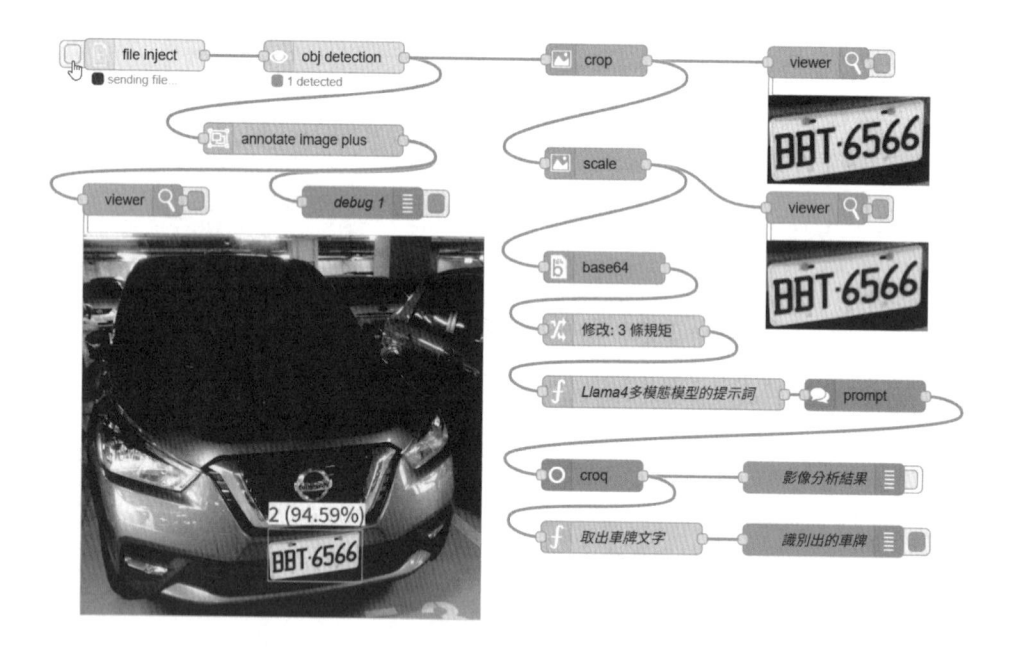

請點選 file inject 節點，選擇 car1.jpg 圖檔，就可以在「除錯窗口」標籤就可以看到偵測出的邊界框座標、LLM 的回應內容和辨識出的車牌字串，如下圖所示：

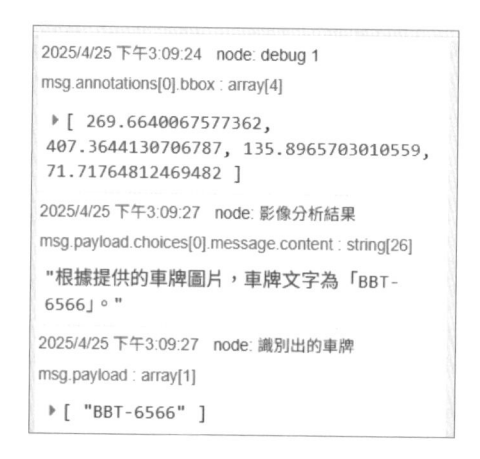

Node-RED 流程在使用 YOLO 偵測出車牌後，即可剪裁和放大，然後建立提示詞，其使用的提示詞和上一節有些不同，如下所示：

> 請針對此車牌圖片，說明你看到的車牌文字是什麼？

上述提示詞的回應內容會包含車牌之外的其他文字，所以最後使用 function 節點來取出車牌文字。JavaScript 程式碼如下圖所示：

```javascript
1   // 取得LLM Vision回應的內容
2   let text = msg.payload.choices[0].message.content;
3   // 車牌的正規表達式
4   const platePattern = /([A-Z]{2,3}-\d{4}|\d{3}-[A-Z]{2})/g;
5   // 取出匹配的車牌號碼
6   const plates = text.match(platePattern);
7   // 將取得結果存入payload
8   msg.payload = plates || [];
9
10  return msg;
```

上述第 2 行取得 LLM 回應的內容，在第 4 行建立正規表達式的範本字串（這是請 ChatGPT 幫我們產生的範本字串），第 6 行取出匹配的車牌號碼，最後在第 8 行存入 msg.payload 屬性值。

16-4 AIoT 與邊緣 AI 專題：Llama Vision 的路況分析

我們準備在 Node-RED 儀表板建立 iframe 節點的即時影像後，使用第 16-1 節的螢幕擷取節點取出即時路況影像，在調整尺寸和剪裁後，使用 Groq API 或 Ollama API 建立 Llama-Vision 路況分析，也就是使用即時道路視訊的影格資料，讓 Llama-Vision 看圖說故事，說明和描述看到的路況。

Node-RED流程：ch16-4.json 是 http://localhost:1880/ui/ 的 Node-RED 儀表板，可以看到即時的道路視訊，請在下方的下拉式選單選擇 API 後，按【分析路況】鈕，就可以使用目前路況的影像來執行 LLM Vision 路況分析，首先是 Groq API 路況分析的結果，如下圖所示：

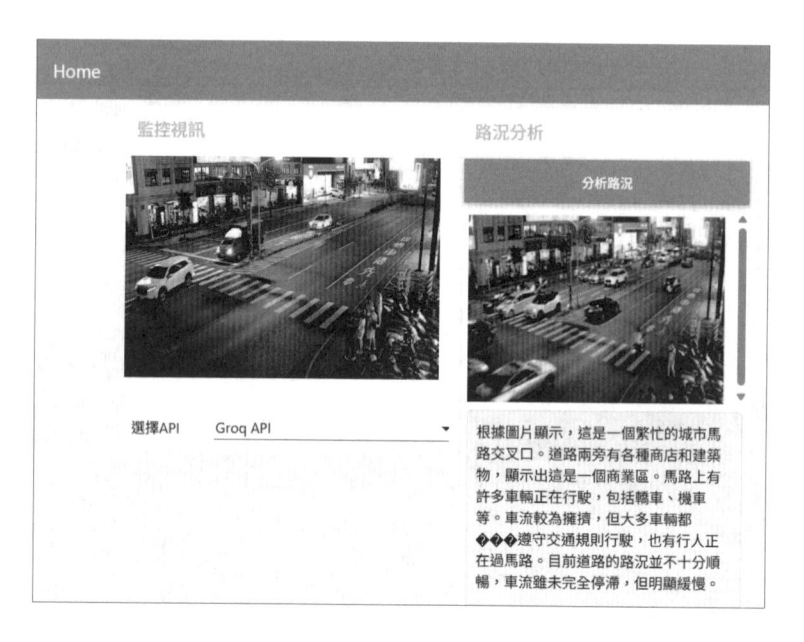

然後是本機 Ollama API 的路況分析結果，如下圖所示：

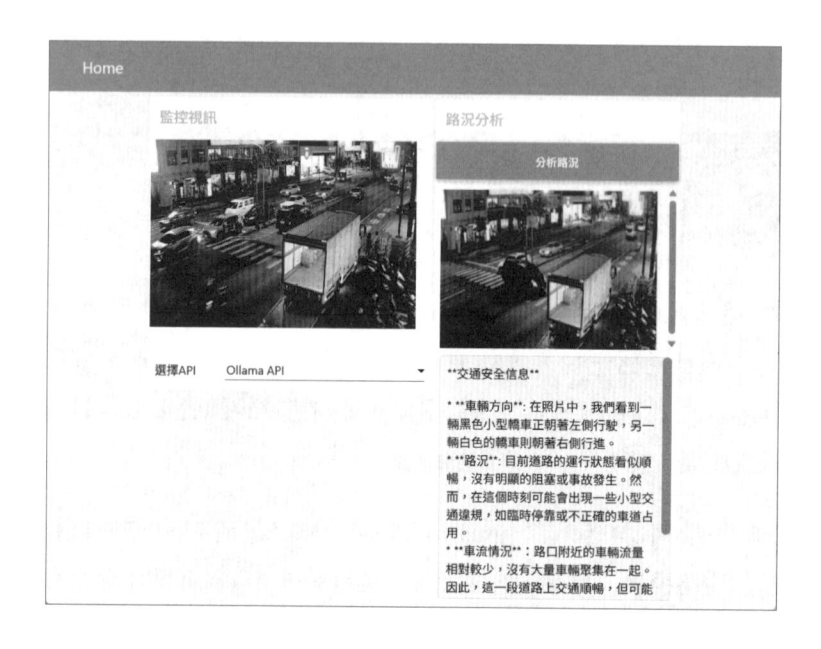

在 Node-RED 流程共有 1 個 iframe 節點的即時視訊、1 個初始 flow 變數的 config 節點和 2 個流程，第 1 個流程是選擇 API，第 2 個流程是執行螢幕擷圖、調整影像尺寸、剪裁影像和顯示影像後，使用 switch 條件判斷使用的 API 來執行 LLM Vision 路況分析，如下圖所示：

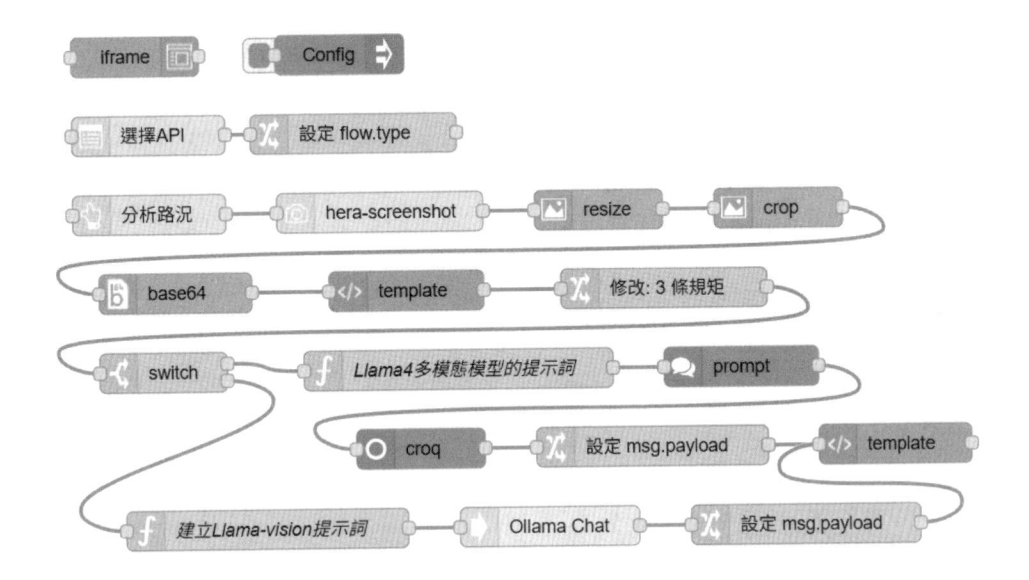

Node-RED 流程的節點說明，如下所示：

- iframe 節點：在【Group】欄選【[Home] 監控視訊】，【URL】欄是視訊的 URL 網址 https://trafficvideo.tainan.gov.tw/6a0feb9b，在【Scale】欄設定縮放尺寸為 50，如下圖所示：

16-21

- config 節點：初始 flow.type 屬性值 0，0 是 Groq API；1 是 Ollama API，如下圖所示：

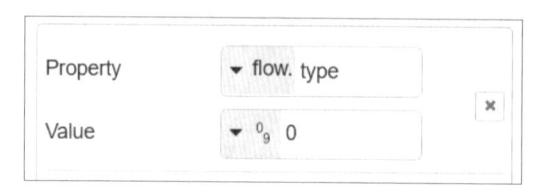

- dropdown 節點：在【Group】欄選【[Home] 監控視訊】，【Label】欄是【選擇 API】，【Placeholder】欄是 Groq API 的預設值，在【Options】欄新增有 2 個選項，值分別是 0 和 1，如下圖所示：

- change 節點：指定 flow.type 屬性值是使用者選擇的 msg.payload 選項值，如下圖所示：

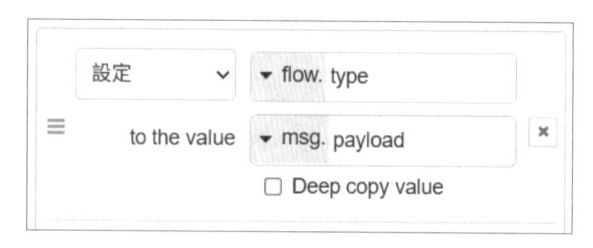

- button 節點：在【Group】欄選【[Home] 路況分析】,【Label】欄是按鈕的標題文字【分析路況】。
- hera-screenshot 節點：預設值。
- 2 個 image 節點：首先調整成固定尺寸 (1200, 750) 後，使用 (330, 180, 280, 200) 剪裁出視訊長方形區域 (x, y, w, h) 的影像。
- base64 節點：預設值。
- 第 1 個 template 節點：在【Group】欄選【[Home] 路況分析】,【Size】欄是 6×4,【Template】欄位是 <img> 標籤，如下圖所示：

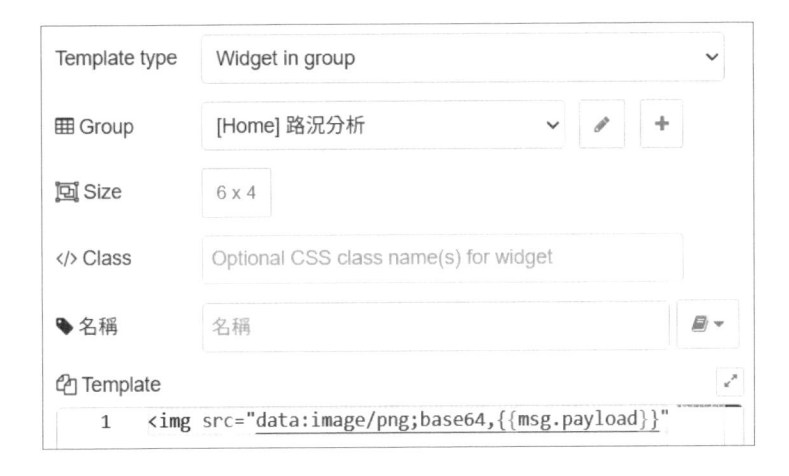

Template type	Widget in group
Group	[Home] 路況分析
Size	6 x 4
Class	Optional CSS class name(s) for widget
名稱	名稱
Template	

```
1  <img src="data:image/png;base64,{{msg.payload}}"
```

- change 節點：指定 msg.text 屬性值的提示詞文字，msg.image 屬性值是影像資料，在最後刪除 msg.payload 屬性值。msg.text 的提示詞如下所示：

請針對此馬路路口的圖片，說明你看到了什麼？目前道路的路況是否順暢，車流的情況是什麼？

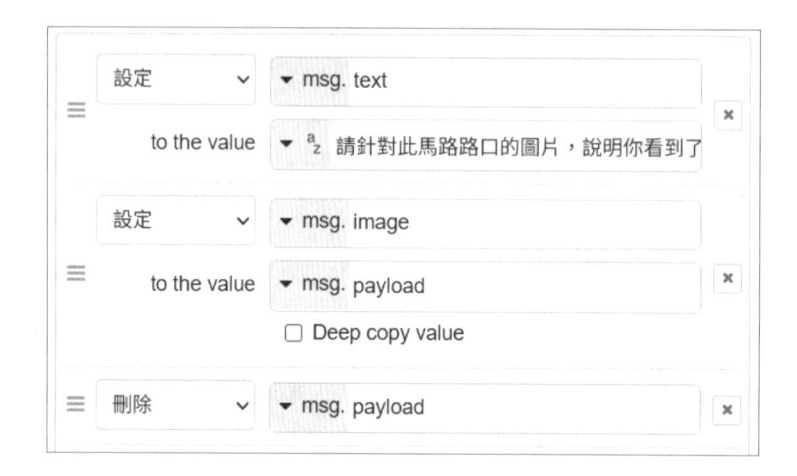

[設定 msg.text to the value 請針對此馬路路口的圖片，說明你看到了]

[設定 msg.image to the value msg.payload]

[刪除 msg.payload]

- switch 節點：依據 flow.type 屬性值決定執行 Groq API 流程，或 Ollama API 流程，如下圖所示：

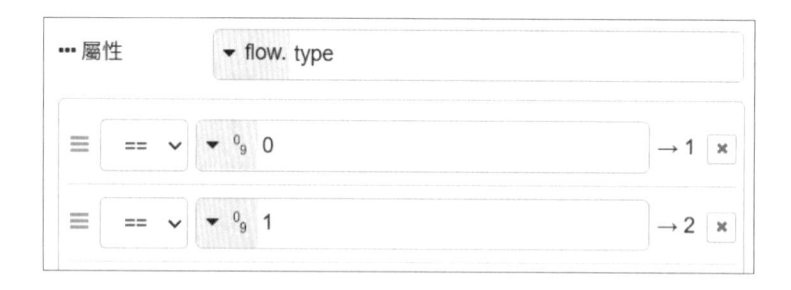

[屬性 flow.type]
[== 0 → 1]
[== 1 → 2]

在之後的 2 個流程就是第 16-2-1 節和第 16-2-3 節的流程，筆者就不重複說明，流程最後的 2 個 change 節點和 template 節點，如下所示：

- 上方的 change 節點：將 Groq API 的回應指定成 msg.payload 值，如下圖所示：

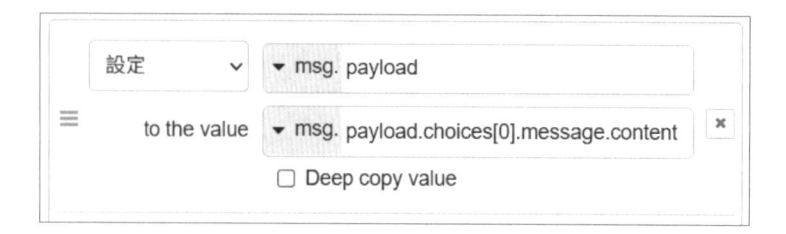

[設定 msg.payload to the value msg.payload.choices[0].message.content]

16-24

- 下方的 change 節點：將 Ollama API 的回應指定成 msg.payload 值，如下圖所示：

	設定	▼ msg. payload	
≡	to the value	▼ msg. payload.message.content	✕
		☐ Deep copy value	

- 第 2 個 template 節點：在【Group】欄選【[Home] 路況分析】，因為 LLM Vision 回應的文字可以很長，所以使用 <div> 標籤 +CSS 樣式建立擁有捲動軸的多行文字方塊來顯示文字內容，在 <script> 標籤的 JavaScript 程式碼是用來處理文字內容中的換行符號，如下圖所示：

```
1  <div
2      style="height: 300px; overflow-y: auto; padding: 10px; border: 1px solid #ddd; border-radius
3      <div ng-bind-html="msg.payload"></div>
4  </div>
5
6  <script>
7      (function(scope) {
8          scope.$watch('msg', function(msg) {
9              if (msg && msg.payload) {
10                 // 如果傳入的payload不是HTML格式，將換行符轉換為<br>標籤
11                 if (typeof msg.payload === 'string' && !/<[a-z][\s\S]*>/i.test(msg.payload)) {
12                     msg.payload = msg.payload.replace(/\n/g, '<br>');
13                 }
14             }
15         });
16     })(scope);
17 </script>
```

16-5 AIoT 與邊緣 AI 專題：IP Camera+MQTT 的 AI 之眼

在第 13 章的 AI 之眼，ESP32-CAM 開發板是一台使用 MQTT 控制支援定時拍照的遠端相機，這一節筆者準備將 ESP32-CAM 建立成第 15-6 節可用的 IP Camera 網路監控攝影機。

IP Camera 又稱為 IP Cam 或 IP Network Camera，這是一種網路監控攝影機，可以讓我們透過網際網路來傳輸影像到電腦或手機，讓我們遠端監看即時影像，換句話說，只需有網路連線就可以進行遠端監看。

▌用 Arduino IDE 上傳 Arduino C 程式　　| esp32cam_ipcam.ino

請啟動第 13 章的 Arduino IDE 開發環境，執行「檔案 > 開啟…」命令，開啟「ch16\esp32cam_ipcam」目錄下的 Arduino C 程式 esp32cam_ipcam.ino 後，就可以上傳 Arduino C 程式至 ESP32-CAM 來建立 IP Camera 版的 AI 之眼。

在此版本的 AI 之眼支援使用 MQTT 訊息的命令來取得 IP Camera 的 IP 位址，並且可以在監看即時影像（需同一 WiFi 基地台或網域）時，使用 MQTT 訊息的命令來回傳目前影格的即時影像。

▌設定檔　　| esp32cam_ipcam_config.txt

在 esp32cam_ipcam_config.txt 設定檔除了和第 13-4 節設定檔相同的 WiFi 連線和 MQTT 代理人的設定外，新增使用 MQTT 取得 IP Camera 的 IP 位址，和出版下達回傳影格命令的 MQTT 主題和命令字串。

請使用記事本或 Thonny 開啟「ch16\esp32cam_ipcam_config.txt」，就可以看到設定檔的內容，如右圖所示：

```
esp32cam_ipcam_config.txt
 7  MQTT_SUB_TOPIC:12345678/control
 8  MQTT_PUB_TOPIC:12345678/status
 9  MQTT_FRAME_TOPIC:12345678/frame
10  MSG_GET_IP:GET_IPCam_IP_ADDR
11  MSG_GET_FRAME:GET_FRAME
12  MQTT_KEEPLIVE:60
13  CAM_NAME:ESP32CAM
14  FRAME_SIZE:6
15  ROTATION:0
16  STREAM_QUALITY:10
17  WEB_SERVER_PORT:80
```

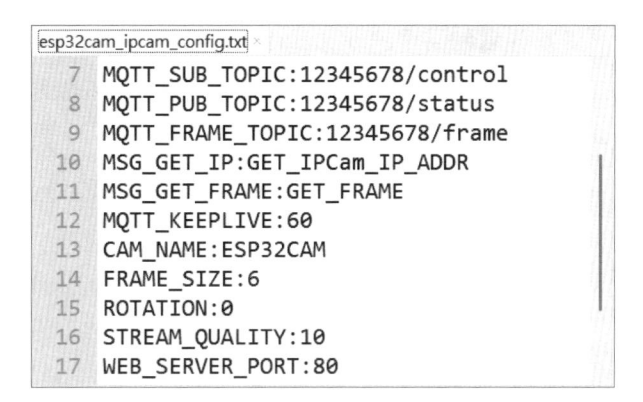

上述第 7 行是 ESP32-CAM 訂閱的 MQTT 主題，這是用來接收第 10~11 行的 2 個命令，在第 10 行是取得 IP Camera 的 IP 位址命令字串，這是使用第 8 行的 MQTT 主題來出版，第 11 行是取得目前影格資料的命令字串，這是使用第 9 行的 MQTT 主題來出版，在第 16 行指定串流品質的 JPEG 壓縮率，值的範圍 0～63，0 是壓縮率最低，品質最好和尺寸最大，63 是壓縮率最高，第 17 行是 Web 伺服器的埠號，預設值是 80。

使用 MQTT 取得 IP Camera 的 IP 位址　　　　　　| ch16-5.json

當成功啟動 ESP32-CAM 的 AI 之眼（IP Camera）後，就可以部署和執行 Node-RED 流程：ch16-5.json，請點選 inject 節點出版 MQTT 訊息的 GET_IPCAM_IP_ADDR 命令後，就可以接收 ESP32-CAM 回應的 IP 位址，然後使用 change 節點，以此 IP 位址來自動建立和指定 iframe 節點的 URL 網址，如下圖所示：

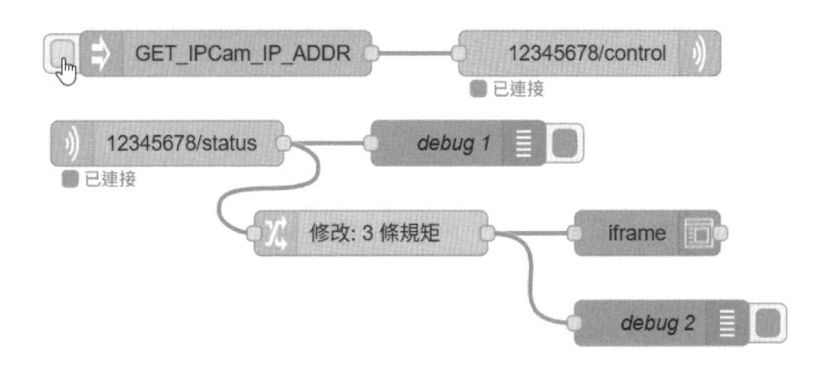

在「除錯窗口」標籤首先看到回傳的 IP Camera 資訊，然後是使用 change 節點從 IP Camera 取出 IP 位址來建立 URL 網址（請注意！在第 15-6 節是使用 stream_url 的 URL 網址，並不是最後的 URL 網址），如下圖所示：

```
2025/4/25 下午7:04:02   node: debug 1
12345678/status : msg.payload : Object
▶ { device: "ESP32CAM", ip:
  "192.168.1.108", port: 80, stream_url:
  "http://192.168.1.108:80/stream" }
2025/4/25 下午7:04:02   node: debug 2
12345678/status : msg.url : string[20]
"http://192.168.1.108"
```

在 Node-RED 儀表板的 iframe 節點可以看到上述 URL 網址的 IP Camera，如下圖所示：

Node-RED 流程的主要節點說明，如下所示：

- change 節點：首先建立 msg.url 屬性值是 http:// 開頭字串的 URL 網址，在之後的 IP_ADDR 是準備取代成真正的 IP 位址，這是使用修改操作來修改 msg.url，將 IP_ADDR 取代成 IP 位址 msg.payload.ip 屬性值，即可建立 iframe 節點所需的 URL 網址，最後清除 msg.payload 屬性值，如右圖所示：

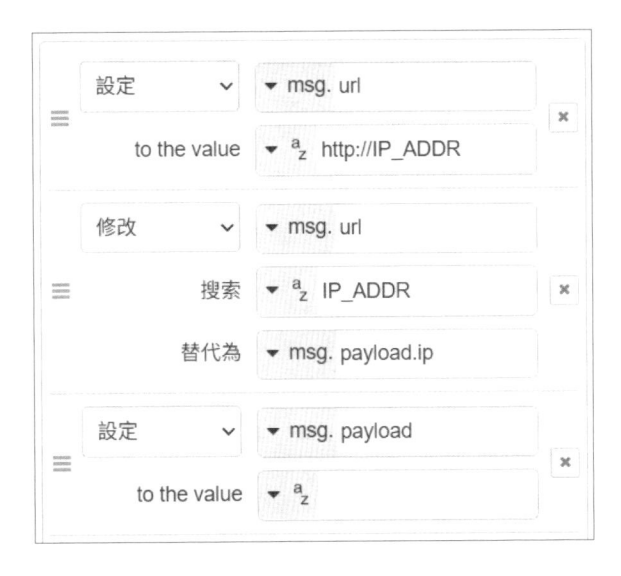

- iframe 節點：因為已經指定 msg.url 屬性值，請清除 URL 欄位值。

使用 MQTT 取得 IP Camera 目前的影格　　　| ch16-5a.json

在部署執行 Node-RED 流程：ch16-5a.json 後，請點選 inject 節點出版 MQTT 訊息的 GET_FRAME 命令，就可以從 MQTT 接收到目前影格的影像資料顯示在 viewer 節點（IP Camera 會暫停一下來傳輸影像），如下圖所示：

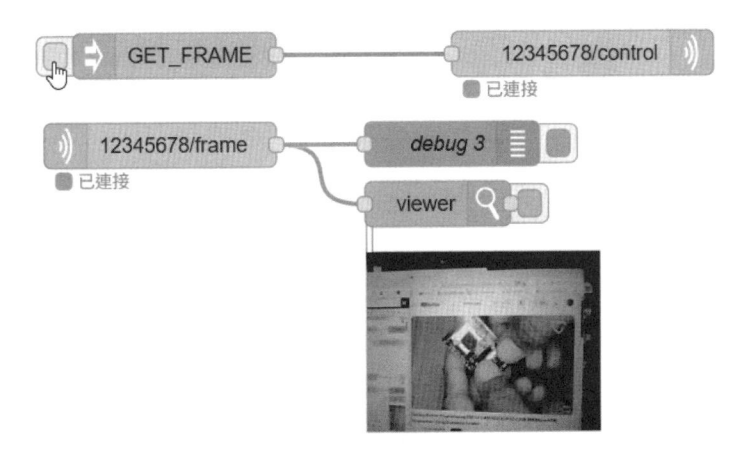

APPENDIX A 在 Windows 安裝本書 Node-RED+YOLO 開發環境：fChartEasy

▶ A-1 安裝 Node-RED+YOLO 開發環境：fChartEasy
▶ A-2 在 Node-RED 刪除沒有使用的配置節點

A-1 安裝 Node-RED+YOLO 開發環境：fChartEasy

Node-RED 是開放原始碼專案，需要 Node.js 開發環境，YOLO 則是使用 Python 開發環境，因為 Node.js 模組和 Node-RED 節點會有版本相容問題，而且 YOLO 相關的 Python 套件也會有版本相容問題。

為了方便老師教學和自學 Node-RED + YOLO，筆者已經建立一套客製化支援 Windows 作業系統，免安裝可攜式版本的 Node-RED + YOLO 開發套件：fChartEasy。

A-1-1 安裝 fChartEasy 開發套件

在客製化 fChartEasy 開發套件已經安裝好所需的 Node-RED 節點、MySQL 資料庫系統和 Python 開發環境，可以直接執行本書 Node-RED 範例流程和 YOLO 的 Python 程式。

請下載書附範例檔，內含 fChartEasy.exe 的 7-Zip 自解壓縮檔，這就是 fChartEasy 開發套件，其安裝步驟如下所示：

Step 1 當成功下載後，請執行 fChartEasy.exe，Windows 10 作業系統如果出現「Windows 已保護您的電腦」對話方塊，請點選【其他資訊】超連結，再按【仍要執行】鈕執行安裝程式。

Step 2 可以看到自解壓縮的對話方塊，請在欄位輸入解壓縮的硬碟，例如：「C:\」或「D:\」等，按【Extract】鈕，即可解壓縮來進行安裝，如下圖所示：

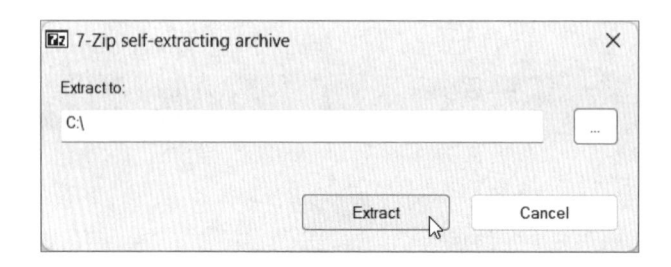

Step 3 在成功解壓縮後，預設建立「\fChartEasy」目錄，就完成本書客製化 fChartEasy 開發套件的安裝。

A-1-2 在 Node-RED 安裝和移除節點

Node-RED 節點管理就是管理節點「工具箱」的節點清單，我們可以在節點管理安裝和移除節點，如果 Node-RED 節點有更新的新版本時，我們也是在介面來更新 Node-RED 節點。

Node-RED 的 node-red-node-tail 節點是用來監聽（Tail）文件檔案，當文件內容有變更時，就如同 inject 節點將檔案內容注入到 Node-RED 流程。簡單的說，此節點可以在文件內容有變化時，觸發 Node-RED 流程來執行特定動作。

安裝和移除節點

因為本書沒有使用 Node-RED 的 node-red-node-tail 節點，所以，我們準備使用此節點來說明如何安裝和移除節點，其步驟如下所示：

Step 1 請執行主功能表的【節點管理】命令，可以在節點工具箱的【節點】標籤看到目前已經安裝的節點清單，請找到 node-red-node-tail 節點，按【移除】鈕刪除此節點。

Step 2 再按【刪除】鈕確認刪除節點，訊息指出節點可能仍然會使用資源，直到下一次重新啟動 Node-RED。

Step 3 稍等一下，可以看到成功刪除節點的訊息文字，如下圖所示：

Step 4 請選上方【安裝】標籤。在欄位輸入【tail】,可以找到 node-red-node-tail 節點,按此節點框的【安裝】鈕安裝節點。

Step 5 再按【安裝】鈕確認安裝節點。

Step 6 稍等一下,可以看到成功安裝的訊息文字,如下圖所示:

更新節點

當 Node-RED 節點有更新時,在節點管理選【節點】標籤,可以在節點清單的方框看到可更新版本的按鈕,例如:node-red-contrib-teachable-machine 節點有更新(請勿更新此節點,因為新版節點並不相容 Windows 作業系統,只支援 Linux 作業系統),如右圖所示:

A-4

按【更新至 x.xx.x 版本】鈕，再按【更新】鈕確認更新此節點。請注意！如同安裝節點，某些 Node-RED 節點的更新需要重新啟動 Node-RED，和需要一些特殊的軟體需求才能成功的更新節點。

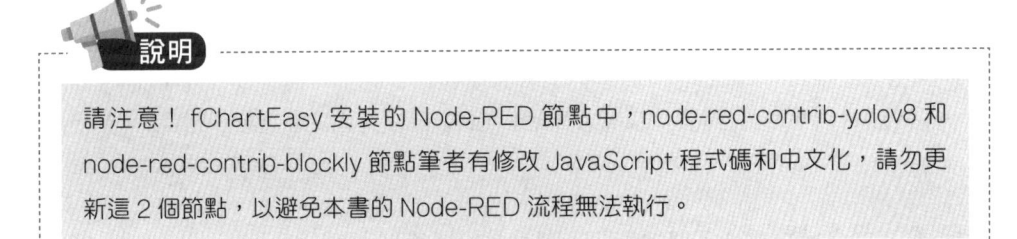

> **說明**
>
> 請注意！fChartEasy 安裝的 Node-RED 節點中，node-red-contrib-yolov8 和 node-red-contrib-blockly 節點筆者有修改 JavaScript 程式碼和中文化，請勿更新這 2 個節點，以避免本書的 Node-RED 流程無法執行。

A-1-3 在 Python 開發環境安裝套件

在第 10~11 章有說明一些安裝 Python 套件的 pip install 命令，這些命令，請在 fChart 主功能表執行【Python 命令提示字元 (CLI)】命令，就可以在此命令提示字元視窗來執行 pip install 命令，如下圖所示：

A-2 在 Node-RED 刪除沒有使用的配置節點

當在 Node-RED 建立多種流程和節點後，一定會使用到一些配置節點，這些節點並不會顯示在 Node-RED 流程，例如：儀表板的 ui_base 標籤和 ui_group 群組節點，MQTT 的 mqtt-broker 代理人節點等。

檢視 Node-RED 流程的配置節點

在 Node-RED 介面的側邊欄可以檢視 Node-RED 流程使用的配置節點清單，其步驟如下所示：

Step 1　請在側邊欄選向下箭頭圖示，執行【配置節點】命令。

在 Windows 安裝本書 Node-RED+YOLO 開發環境：fChartEasy　**A**

Step 2 可以看到目前流程中使用的配置節點清單（虛線框且後方數字 0，表示此節點並沒有使用，可以考慮刪除這些節點）。

刪除不需要沒有使用的配置節點

當檢視 Node-RED 流程的配置節點清單時，我們可以刪除哪些沒有使用的配置節點，這就是沒有其他節點使用的配置節點。另一種情況是當部署流程時，顯示一個訊息框指出有一些未使用的配置節點，即表示有配置節點可以刪除，其刪除步驟如下所示：

Step 1 在部署 Node-RED 流程時，如果看到有一些未使用配置節點的訊息框，請按左下角【搜索未使用的配置節點】鈕。

A-7

Step 2 可以看到未使用的節點清單，以此例是 mybook，請點選此節點。

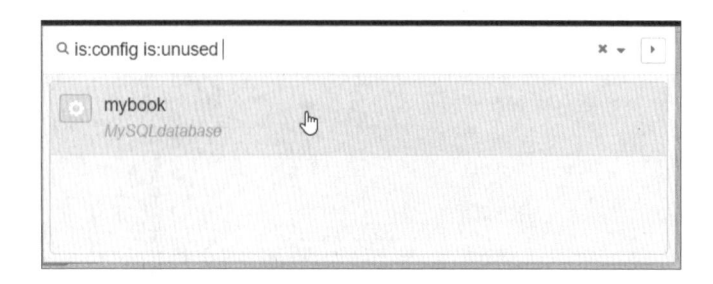

Step 3 即可進行側邊欄的配置節點清單，看到你選的節點在閃爍。基本上，在清單中顯示虛線框的節點，就是沒有使用的配置節點，之後的 0 表示沒有任何節點使用此配置節點，在點選後，請按 Del 鍵即可刪除掉這些沒有使用的配置節點。